数字化设计建造
新技术研究及应用

焦 柯 杜佐龙 主编

中国建筑工业出版社

图书在版编目（CIP）数据

数字化设计建造新技术研究及应用 / 焦柯，杜佐龙
主编 . —北京：中国建筑工业出版社，2022.8
ISBN 978-7-112-27382-9

Ⅰ.①数⋯ Ⅱ.①焦⋯②杜⋯ Ⅲ.①数字技术—应
用—建筑施工 Ⅳ.①TU7

中国版本图书馆CIP数据核字（2022）第081638号

本书是作者及其团队近年来完成的数十项大中型项目的技术研究、设备试制、工程集成及经验总
结。全书共分为4章，包括：正向设计方法、装配式建筑设计、智慧建造技术、设计建造运维集成技术。
围绕上述章节，分别阐述了管理与标准、方法与技术、软件与分析、施工及应用，探索了先进制造升
级和覆盖产业链上下游的一体化协同工作的新思路。全书内容翔实，具有较强的可操作性，可供建筑
行业从业人员参考使用。

责任编辑：王砾瑶 范业庶
责任校对：李美娜 芦欣甜

数字化设计建造新技术研究及应用

焦 柯 杜佐龙 主编
*
中国建筑工业出版社出版、发行（北京海淀三里河路9号）
各地新华书店、建筑书店经销
北京点击世代文化传媒有限公司制版
北京建筑工业印刷厂印刷
*
开本：787毫米×1092毫米 1/16 印张：17¾ 字数：366千字
2022年9月第一版 2022年9月第一次印刷
定价：**83.00**元
ISBN 978-7-112-27382-9
（39491）

前　言

　　数字化建造技术是实现传统建筑业向建筑工业化产业化转型升级、实现我国新型城镇化和低碳发展的关键，通过全面降低现代信息技术在建筑业应用的门槛、扫清建筑信息化技术在全生命周期应用上的障碍，能加快建筑产业现代化进程，对推动建筑业的发展具有重要意义。

　　本书围绕建筑工程正向设计方法、装配式建筑设计、智慧建造技术和设计建造运维集成技术四个专题，介绍了管理与标准、方法与技术、软件与分析、施工及应用。

　　本书是笔者近年来完成的数十项大中型项目的技术研究、设备试制、工程集成应用及经验总结。针对通用构件部品库的搭建、新型节点原理与应用、新型梁柱 3D 打印设备、复杂管线安装工法、全过程数据共享、数字化快速建模、批量成图方法、设计标准、新型建造技术、建筑物运维物联等问题提供了新的解决方法，并探索了先进制造升级和覆盖产业链上下游的一体化协同工作的新思路。

　　数字化设计建造全过程离不开各种软件的应用，笔者除了开发辅助设计、信息化管理软件外，还对数字化设计建造过程中的若干主流软件应用进行了深入剖析，包括流程梳理、操作功能和多软件集成应用方法，通过对软件和工具的合理运用，能够显著提高建筑设计建造的质量和效率。

　　本书在编写过程中得到了广东省建筑设计研究院有限公司、中国建筑第八工程局有限公司、深圳市广厦科技有限公司、广州络维建筑信息技术咨询有限公司大力支持，书中引用的工程案例均来自上述单位完成的工程项目，许多同事为本书编写提供了项目技术资料，在此一并感谢。

　　本书内容繁多，书中论述难免有不妥之处，望读者批评指正。

目 录

第1章 正向设计方法

1.1 BIM 正向设计实践综述

BIM 技术已得到建筑工程各参与方的重视，作为建筑工程项目的源头，设计企业应重视 BIM 技术和设计本身的结合，既要为上游的设计企业技术与管理创新服务，同时衔接好下游施工企业的 BIM 应用。目前，翻模的技术思路占据着 BIM 技术领域的大半江山，除管线综合有明显的效益外，BIM 技术在设计阶段其他方面的应用并不突出。应从正向的角度去思考 BIM 技术与设计的结合，即从 BIM 正向设计去寻求设计本身更好的发展。

BIM 正向设计通常是指基于 BIM 技术"先建模，后出图"的设计方法。有别于以往的设计模式，BIM 正向设计是对传统项目设计流程的再造，各专业设计师集中在三维信息化平台实现工程设计。新技术的应用会对原有工程设计模式产生冲击，引发人们对于 BIM 正向设计方法的思考。本节正是在这样的技术背景下，基于建筑工程项目实践，分别从项目管理、企业 ISO 执行标准、BIM 技术标准、三维设计方法、BIM 软件应用研发、协同管理平台等方面对 BIM 正向设计进行研究探讨，有针对性地提出解决方案或建议，如图 1.1-1 所示。

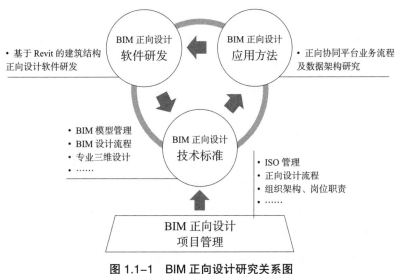

图 1.1-1 BIM 正向设计研究关系图

1.1.1　BIM 正向设计项目管理

项目管理在建筑工程实施过程中始终把控着工程的前进方向，其对质量体系、进度流程、人员架构等多方面进行了规定。因此，本节就这几方面的内容，对 BIM 正向设计过程中如何有效管理进行了探讨。

1.1.1.1　设计企业 ISO 管理标准的衍生

提升工程设计管理质量及企业服务信誉，赢得市场和发展是国内众多设计企业引进国际标准化组织（ISO）的质量管理体系的主要目的。目前设计企业引入质量管理标准（ISO9001）的版本涉及设计、开发、生产、安装和服务多个领域，其中主要包含以下八大原则：以顾客为关注焦点；领导作用；全员参与；过程方法；管理的系统方法；持续改进；基于事实的决策方法；与供方互利关系。

这些原则足以体现质量管理的重要性，引入 BIM 正向设计，将会从人员架构、工作流程、成果文件等方面产生影响，这将意味着质量标准的管理内容需要不断衍生变化。设计企业 ISO 管理标准的衍生变化主要体现在以下几个方面：

（1）交付成果：BIM 技术所体现出来的三维可视化功能，将进一步要求各专业不仅要提交传统的设计成果，还要提交 BIM 成果文件。而对于 BIM 成果文件，在技术标准中需要对各阶段的模型精度和模型内容进行规定。

（2）电子化办公：交付 BIM 模型时，其中重要的一个环节是对 BIM 模型的质量审核。另外 BIM 正向设计技术要求的是协同式办公，要求质量校审文件能在协同平台上与模型进行关联，便于实时查看相关审核文件，这将加快推进质量管理体系的电子化办公的全面覆盖。

（3）人员配置：BIM 技术工种、BIM 技术协调工种、BIM 技术应用成果文件审核及协同管理平台工作权限的设置等内容的新增，意味着将产生新的职能岗位和职责。

（4）策划表格优化：成果文件、技术工种以及办公模式的演变都将要求对原有的 ISO 表格进行更新和优化。比如，根据 BIM 正向设计需要增加 ISO 表格：BIM 专项评审表、BIM 模型检测及校审表、BIM 模型交付记录表等。

1.1.1.2　设计流程的演变

设计流程的演变不仅体现在实施过程的变化，还包括工作模式、协同方法等方面变化，而 BIM 软件的功能应用、设计方法和协同平台的迭代演化流程不同程度上影响着整个设计进程。如方案阶段，利用多种 BIM 软件，在概念设计阶段建立真实的地形模型，随着设计阶段方案推敲、计算土方量、经济技术指标统计等内容的变化，实时导出数据，而这些数据内容将支撑着整个协同平台运行。

不管是"SU+CAD"模式还是 BIM 模式，都可以借助渲染软件如 Lumion、Escape 等快速实现效果图、分析图、视频的可视化效果，更好地帮助设计师和业主评估项目建成后的效果。整个过程都可以在方案协调节点会议中得到有效把控，方案阶段工作流程见表 1.1-1。

方案阶段 BIM 设计工作内容及相关会议 表 1.1-1

阶段	专业	设计内容	BIM 工作
方案设计启动会			
概念及方案设计	建筑	建筑形体创作	体量
	建筑	方案平面及平立面设计	体量到 Revit 构件
	建筑	建筑绿建分析	Revit 导入绿建软件
方案比选会			
概念及方案设计	结构	柱位布置	结构柱
	建筑	机电设计指标数据	体量和空间划分
方案深化会			
概念及方案设计	机电	接收建筑提供的机电指标数据	输入参数化体块
	机电	机房布置	机房体量模型
方案确定会			

初步设计阶段，借助方案模型和初步设计 BIM 模型，以及 VR、视频和动画可以准确评估各类空间关系，帮助设计师更好地优化设计方案。初步设计阶段工作流程见表 1.1-2。

初步设计阶段 BIM 设计工作内容及相关会议 表 1.1-2

设计阶段	专业	设计内容	BIM 工作
初步设计启动会			
初步设计	建筑	平面布置	墙、门、窗、立面、板
初步设计	结构	竖向及平面布置	梁板柱
初步设计协调会			
初步设计	机电	机房布置	三维拉伸模型
初步设计	机电	路由设计	二维线
初步设计	机电	管井布置	拉伸模型
初步设计阶段成果协调会			
初步设计	全专业	净高把控	管线路由评估
初步设计	全专业	管线预综合	管线路由评估
初步设计成果验收			

施工图设计阶段，基于 BIM 正向设计的项目可以在整体层面提高设计效率，减少后期改图、施工配合出现问题的概率。由于模型包含参与设计的所有专业，很多设计

问题都可以及时被发现，有效提高了设计质量。施工图设计协调会将与实际项目实施深度和难度相结合，合理安排协调会次数。施工图阶段设计协调会第一时段工作内容见表 1.1-3。

施工图阶段设计协调会第一时段工作内容　　　　　　　　　　　　　　表 1.1-3

专业配合工作	提出专业	接收专业	设计内容	BIM 工作
建筑提第一版提资视图，防火分区	建筑	各专业	作为机电专业设计的参照底图；结构专业配合依据	建筑链接结构 建筑视图分三层，建模视图、配合底图视图、出图视图。其中配合底图视图与出图视图为关联视图
设备专业给各专业提机房、管井	机电	建筑	管井、机房定位、面积需求	请注意提资视图
结构提资，梁柱资料	结构	各专业	明确开洞情况、梁高，机电专业在设计过程中应规避大梁	及时更新链接
管线初步综合设计	建筑	结构机电	建筑根据初步设计对净高要求复核各专业现有设计成果是否满足需求。同时对建筑平面设计进行优化	BIM 负责人协助建筑专业解决发现的问题

1.1.1.3　项目岗位与职责

BIM 正向设计能够有效解决设计中常见的碰撞、设计深度不够等问题，但综合考虑现有设计人员对 BIM 软件的熟悉程度和设计效率，可在 BIM 设计中增设 BIM 负责人。在原设计体系的基础上，对设计人、工种负责、审核人的工作内容进行优化调整。BIM 技术负责人的主要工作内容如下：

（1）总体负责项目 BIM 应用的规划和实施；

（2）解决项目实施过程中可能遇到的各类 BIM 问题；

（3）组织各专业划分工作集，组织各专业统一各专业模型深度，组织各专业 BIM 视图树，控制各专业链接关系，统一各专业视图样板；

（4）负责模型技术交底、模型维护及通过建模对项目的质量、效率提升等问题做分析总结报告；

（5）负责模型深度控制，满足合同或设计、施工需求；

（6）参与模型碰撞问题协调会，汇总具体问题，记录会议确定的碰撞解决方案并跟进核查管线碰撞问题的落实情况；

（7）组织并完成各项扩展 BIM 应用。

1.1.1.4　正向设计的进阶措施

为推进 BIM 正向设计技术在设计企业的可持续发展，以及促进各专业工程设计人员加快适应 BIM 正向设计的工作模式，应逐层深入加大对设计人员的培训力度。BIM

正向设计技术门槛见图 1.1-2。

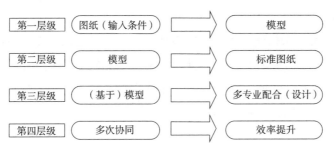

第一层级	图纸（输入条件）	⟹	模型
第二层级	模型	⟹	标准图纸
第三层级	（基于）模型	⟹	多专业配合（设计）
第四层级	多次协同	⟹	效率提升

图 1.1-2　BIM 正向设计技术门槛

第一层级是熟悉软件，要求各专业设计人员熟练掌握建模软件，并将二维图纸转化为三维模型。第二层级是实现模型到图纸，懂得各专业的三维设计方法，以及三维模型转化为二维图纸的处理方法。第三层级是利用模型实现设计配合，掌握三维设计流程，充分利用三维模型实现各专业的设计提资。第四层级是掌握各专业间的协同处理方法，通过多次设计协调实现组织层面的设计效率提升。

针对各专业工程设计人员的 BIM 培训内容主要包括建模培训和出图培训，培训计划可参考表 1.1-4。此外，也可以从 ISO 质量管理标准、协同管理模式等多个方向展开培训。

BIM 正向设计培训计划　　　　　　　　　　　　　　　　　　表 1.1-4

培训专项	建模培训	出图培训
培训内容	在明确 BIM 基础建模软件平台的条件下，懂得各专业模型的三维设计方法	视图管理器的控制，图框的制作与修改，模型不同版本的对比，视图样板的制作与选用，出图管理等
培训教程	《BIM 正向设计项目管理指引》和《BIM 正向设计技术标准》等企业标准	《BIM 正向设计项目管理指引》和《BIM 正向设计技术标准》等企业标准
考核内容	在规定时间内根据图纸建立 Revit 模型	能够在规定时间内完成模型的出图，能够正确应用和修改视图样板

1.1.2　BIM 设计企业技术标准

本节所介绍的设计企业 BIM 技术标准主要包括模型管理、不同设计阶段 BIM 流程管理，以及三维设计方法三个方面的内容，希望为设计企业应用 BIM 进行正向设计提供成套的、可实践的技术标准及细则，以提升在 BIM 设计模式下的工作效率和工作质量。

1.1.2.1　BIM 模型管理

BIM 正向设计最终的成果文件除了传统内容外，还包括 BIM 技术应用所得到的成果内容。这些成果文件大部分都将通过 BIM 技术来实现，所以有必要对成果的数据来源，即 BIM 数据模型进行管理。模型管理的目的在于为整个三维设计制定统一的模型标准，实现上下游设计阶段的模型对接，避免数据在继承过程中丢失。在协同平台中传递可参照的基础数据。

Revit 通过各类族来搭建三维模型，包括设计图面表达也是需要通过族来实现。工程项目类型的千差万别决定了三维模型需要庞大的族库来支撑。BIM 模型管理最为基础的内容就是对族进行管理，本节结合工程设计的需求，提出了新型族库管理工具的建设架构，主要功能需求见图 1.1-3。

图 1.1-3 族库管理工具功能需求

在 Revit 平台上各专业工种的协同方法，主要体现在两个方面，一方面是通过中心文件进行协同，主要应用于专业内的协同操作和部分专业间的协同操作，另一方面是通过链接文件进行协同，它与传统的 CAD 协同方式较为接近，可将各专业模型文件作为独立的文件提资。

除了以上内容外，BIM 模型管理还包括项目样板管理、命名规则、色彩规则、模型内容、模型拆分、成果管理和模型深度等级等内容。

1.1.2.2 BIM 设计流程

以项目管理指引所制定的各设计阶段工作流程为基础，企业技术标准从工作内容、BIM 应用要点等方面入手进行精细拆分和细化。与初始、中间和最终模型的划分方式不同的是，模型将以项目管理中制定的主要协调会为划分依据，结合设计进度逐步完善设计模型和提取设计成果。

结合时段的划分概念，在每个设计阶段模型深度和表达方式也将按划分时段来体现。比如，初步设计阶段主要流程包括：初步设计第一时段模型的建立、初步设计第二时段模型的建立、初步设计最终版模型的建立。在此时间范围内各专业应根据工程复杂程度按进度计划分批次完成该时段设计的工作。时段模型的划分以各设计阶段流程所划分的设计协调会为节点。如图 1.1-4 所示为初步设计阶段管线预综合流程。

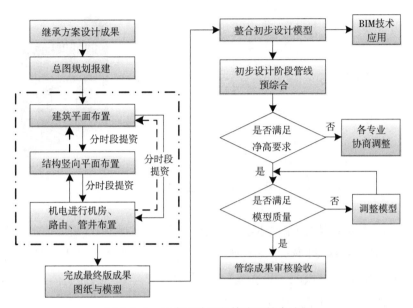

图 1.1-4　初步设计阶段管线预综合流程

1.1.2.3　三维模型的设计方法

三维模型是 BIM 正向设计中基本的数据载体，通过分析现阶段 BIM 软件的使用情况，以及参照协同设计平台对基础模型数据的应用需求，对搭建基础数据模型的设计方法展开描述，将为基于 Revit 的正向设计软件研发提供基础理论方法。本节以 Revit 为基础软件平台，结合对建筑、结构、机电专业 BIM 正向设计需求、流程和方法的研究分析，对 BIM 正向设计中的 Revit 模型搭建、非几何信息添加、施工图生成问题提出相应的解决方案。

（1）建筑三维设计

在利用 Revit 软件进行建筑设计时，流程和设计阶段的时间分配将会与传统的模式有较大区别。Revit 建筑设计是以三维模型为基础的，图纸作为设计的衍生品。Revit 为建筑设计提供了部分常见的构件。企业技术标准给出了轴网、标高、普通墙、叠合墙、幕墙、屋顶、楼梯等建筑基本构件的建模方法。在施工图绘制方面，可通过"详图线""模型线""线处理""平面区域"等命令来深化处理平立剖等图纸视图。

（2）结构三维设计

桩基承台、梁、剪力墙、结构柱等作为结构设计的基本组成构件，Revit 中提供了对应的构件创建命令，可直接调用。从细节处理上来讲，如剪力墙楼板开洞，可通过无实体窗的窗族去表达，并在该窗族的平面视图上增加详图线，以满足剪力墙开洞的平面表达需求，见图 1.1-5。

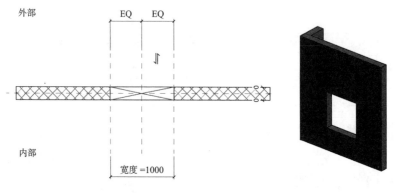

图 1.1-5　剪力墙细节处理

　　结构中最为复杂的为钢筋，混凝土结构构件在设计过程中都需要表达钢筋。对此，企业标准针对每一种构件的钢筋模型都提出相应的表达方法，如外立面饰线的结构部分，通过利用 Revit 中提供的"轮廓族"，结合"内置模型"搭建实体建模，并利用剖切视图建立视图钢筋，见图 1.1-6。

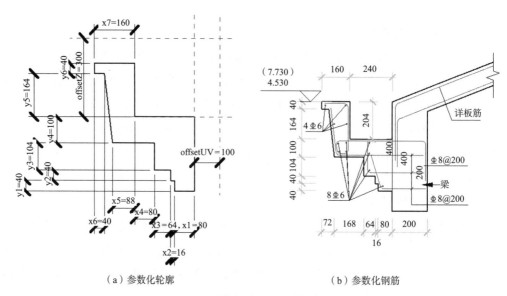

（a）参数化轮廓　　　　　　　　　　（b）参数化钢筋

图 1.1-6　结构天沟模型和钢筋表达

　　模型搭建的最终目的为服务于设计出图。通过分析 CAD 出图和 Revit 出图两者的效益，以及 BIM 软件的出图功能，企业标准对结构专业各类设计图纸提出相应的成图方法，如表 1.1-5 所示，为模板图组成绘制方法。

模板图组成绘制方法　　　　　　　　　　　　　　　　表 1.1-5

项目	推荐做法
结构构件轮廓	三维建模后配合可见性设置进行显示
梁截面标记	采用标签族进行注释
梁编号标记	采用标签族进行注释
板截面标记	采用标签族进行注释
板填充	通过过滤器设置相应的条件后配合可见性设置进行填充
定位标注	采用"尺寸标注"命令进行标注
标高标注	采用"标高"命令进行标注

（3）机电三维设计

暖通、电气、给水排水各专业模型搭建方面，各专业工作内容主要体现在管道类型、管材选用和连接、阀门组件、末端设计及机组设备等方面。单一的软件使用并非高效的设计方法，可借助第三方设计软件来辅助完成，如天正、鸿业等，图 1.1-7 所示为天正消防水"布置喷头"命令窗口，通过添加相应的喷头布置设计参数，满足设计人员快速建模需求。

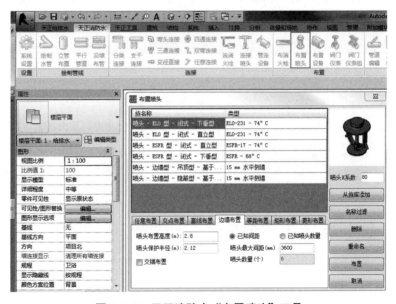

图 1.1-7　天正消防水"布置喷头"工具

1.1.3　BIM 正向设计协同管理平台

从应用功能方面考虑，BIM 正向设计协同管理平台的功能应包含基于模型的协同、文件管理、权限管理、非几何信息的存储、一校两审的需求等方面内容；从协同流程模式方面考虑，BIM 正向设计协同管理平台的功能应能够在基本业务、设计迭代及成果输出、协同提资、质量控制、会审及碰撞过程中得到体现；从现有的 CAD 协同管理模式方面考虑，当前的工程设计协同管理模式应满足 BIM 技术背景下的工程设计需求。这些都是在搭建 BIM 正向设计管理平台时所需要考虑的方向。

1.1.3.1 数模分离架构平台

目前主流的 BIM 设计平台有 Autodesk AutoCAD、Autodesk Revit、Bently Microstation、Trimble Tekla、ArchiCAD 等。建模及操作软件均基于上述 5 套软件，并在其基础上进行二次开发以实现各类扩展功能。然而，设计过程中的关键流程，如图纸管理、校对批注、归档、详细的权限控制等功能，均无法直接在 BIM 平台进行实现。因此，如何高效契合现有 BIM 核心软件、通过内外部数据交互使得 BIM 管理与企业生产经营管理有机结合，是推行协同平台的关键。

Revit 等 BIM 基础建模平台中，对于每一个几何模型都分配唯一的 ID 值。正向设计平台可充分利用这一数据值进行跟踪，并在独立的数据库中对版本、状态等信息进行单独存储，以实现校对、审核审定、工作量统计等功能。因此，当仅对构件的非几何属性（如批注、状态参数、强度属性）进行编辑时，仅修改 MySQL 数据库中相应键值，而不对具体 Revit 模型中的参数进行修改，能极大降低 Revit 运算复杂度，提高 BIM 模型设计效率，这正是"数模分离"的核心所在。结合设计企业的设计管理工作模式，可建立如图 1.1-8 所示的 BIM 正向设计平台架构。

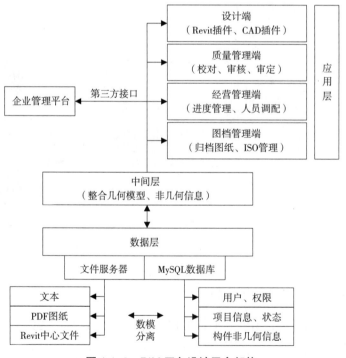

图 1.1-8　BIM 正向设计平台架构

该架构中，数据层分别对二、三维模型文件，构件非几何数据分别存储，通过中间层完成整合后，在应用层提供统一的功能，避免工作过程中反复调用不同的软件、平台而造成数据的不一致。

从搭建细节上考虑，平台数据层将参照项目管理规定中制定的人员岗位职责，设置平台人员组织角色并划分角色权限；参照技术标准规定中 BIM 模型管理等内容，合理提取模型数据，平台文件层间参照整体的 BIM 设计流程，划分整体的图档架构；企业管理对接层将从设计、质量、经营、图档等方面实现对接。在协同实施过程中将逐步优化相关管理和技术标准的内容。

1.1.3.2　业务流程迭代演化

平台的建设开发过程除了把握"数模分离"这一关键存储技术外，另外一点就是要考虑如何将平台功能融入整个 BIM 正向设计流程中去，形成高效的设计业务流程。

项目基本流程，前期阶段主要是录入基本的工程数据信息，计划进度安排；设计阶段主要是完成设计成果的图档管理，进度协调；出图阶段主要是将成图文件、BIM 模型，通过 ISO 相关资料进行复核，完成出图盖章和图文归档。

从图 1.1-9 所示的基本业务流程可以看出，整个协同平台的数据来源于质量管理、设计团队、经营管理等工程模块，通过录入各模块数据信息至协同平台中，实时查看工程项目的人员、进度、设计图纸模型、ISO 质量、图档归档等内容，使得平台架构流程与项目管理、技术标准的内容更契合。而整个业务流程的迭代演化也将体现在图档管理、质量管理、提资管理等方面。

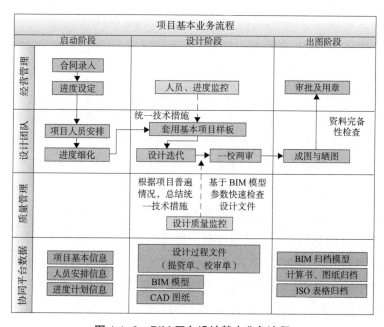

图 1.1-9　BIM 正向设计基本业务流程

协同平台的图档归档作用就在于，通过建立相应的文件层级目录，存储不同阶段的提资单、校审意见等文件，并通过 BIM 模型中构件 ID 值一一对应关系，实现在校审单中可直接查阅对应构件的局部三维视图、二维图纸、查阅构件参数等功能。

在项目质量全流程控制环节，基于协同平台后，在传统的一校两审、施工监测等环节，可采用模型校审、模型批注及修改跟踪。在对质量控制上，也可根据 BIM 应用深度，对相关强条、技术措施，通过技术手段直接写入 BIM 模型参数中，对出图成果进行强制要求，在出图校对时进行相应的提醒。

与现有 ISO 管理中的提资过程相同，设计人员在提资时，也需要填写提资单并提交相应的提资成果至接收人。而在应用 BIM 模型进行提资时，设计人员可直接勾选相应构件、模型视图、模型视图内对应的云线对象后，直接生成电子版的提资单，并通过对模型信息的存储以满足提资资料留痕的要求。当接收人接收提资单后，可直接定位到对应的模型视图中进行查阅。

1.1.4 BIM 正向设计软件研发

通过分析 BIM 技术软件在民用建筑领域的使用情况发现，Revit 软件作为基础建模平台的情况占多数，故以 Revit 软件作为正向设计 GSRevit 系统的基础平台。结合技术标准中提及的建筑结构三维设计方法，用于支撑基础功能的研发。GSRevit 系统的研发过程主要从三个方面展开需求分析：

（1）能够实现在 Revit 直接建模、结构计算和生成施工图，包括了模型及荷载输入、生成有限元计算模型、自动成图、装配式设计、基础设计等功能。

（2）能够实现滚动式结构设计：三维结构模型随着设计深度的变化，可不断添加需要的信息，譬如加偏心、加荷载、加钢筋信息等。

（3）秉承着"一个三维模型往下传递延伸"的理念，模型中只保存一套墙柱梁板信息，即使施工图阶段修改了模型，仍可进行结构计算。

GSRevit 系统实现了结构快速建模、几何模型直接用于结构计算、自动成图及装配式设计等功能，大大降低了 BIM 应用门槛，有力地推动了 BIM 技术在结构设计中应用，帮助工程师从 AutoCAD 走向利用 Revit 完成 BIM 结构正向设计。

1.1.4.1 几何模型及荷载输入

GSRevit 软件在 Revit 中，对各类结构构件独立开发出荷载输入模块，设计师在针对某一类结构构件荷载输入时，可通过对话框输入各种类型的结构荷载，荷载输入后程序将以共享参数和扩展数据形式存于 Revit 文件中。在墙柱梁板荷载对话框中可看到，一个荷载由 4 项内容组成：荷载类型、荷载方向、荷载值和所属工况。

荷载类型有 10 种，可选择的 12 种工况为：重力恒、重力活、水压力、土压力、预应力、雪、升温、降温、人防、施工、消防和风荷载。图 1.1-10、图 1.1-11 分别为板荷载管理界面及梁钢筋图。

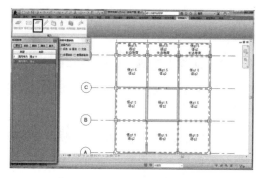
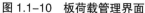

图 1.1-10　板荷载管理界面

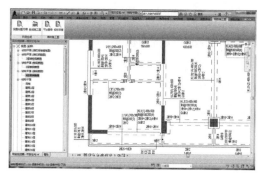

图 1.1-11　梁钢筋图

1.1.4.2　Revit 模型计算分析

利用 Revit 模型进行计算分析的设计思路主要是，将搭建的三维模型通过构件剖分形成有限元模型，并生成相应格式标准的计算数据，存储于模型文件中。计算完成后，将有限元模型再次转换为三维模型，整个过程不会对原有的三维模型产生影响。实现这一过程需要先解决计算模型与施工图模型不统一的问题。GSRevit 通过在形成有限元模型时智能判断如何分段来实现施工图模型的直接计算，保证计算模型和施工图模型的统一。

1.1.4.3　自动成图编制

结构设计是通过计算软件进行计算分析后，再进行设计图纸的表达。利用计算数据自动形成设计图的技术要点主要体现在以下几个方面：

（1）读取 GSSAP、PKPM、YJK 等结构计算软件的计算结果；

（2）将构件计算内力、配筋信息参数数据存储到结构构件中，并利用 Revit 标签工具表达到设计图面中；

（3）根据计算结果实现梁、墙构件的自动分段，对属于同一跨梁或同一墙肢的构件自动合并；

（4）为梁、墙、板、柱各类结构构件创建钢筋标记族，利用共享参数功能将钢筋信息表达到设计图面中；

（5）收集了全国各地设计企业的绘图方法，开发了出图习惯设置和施工图自动成图功能，用于满足不同地区的图面表达要求。

1.1.5　小结

本节针对设计企业开展 BIM 正向设计工作存在的困难，结合现阶段 BIM 软件发展现状、设计企业 BIM 技术的应用水平、CAD 模式下的专业协同情况，对实现 BIM

正向设计的若干关键技术展开研究。主要工作包括以下几个方面：

（1）编制设计企业《BIM 正向设计项目管理指引》，在 BIM 正向设计实施过程，引领工程设计管理人员，从 BIM 设计流程、设计岗位职责、质量管理体系等多个层面，思考和建设有效管理机制。

（2）编制设计企业《BIM 正向设计技术标准》，从模型管理、设计流程内容、三维设计方法等方面，指导专业设计人员快速掌握 BIM 正向设计技术，实现 BIM 正向设计过程的逐层进阶。

（3）研发出基于 Revit 平台的建筑结构设计系统 GSRevit。主要用于解决结构快速建模、直接计算、自动成图及装配式结构深化设计等问题，从而满足建筑结构 BIM 正向设计需求。

（4）提出基于 BIM 正向设计的新型信息化管理平台及业务逻辑，以及数模分离式的存储架构及业务信息流转的方法，将为 BIM 正向设计协调平台的建设提供理论基础。

（编写人员：焦柯，陈少伟，许志坚，浦至，杨新，黄高松，郑昊，蔚俏冬，黄晋毅）

1.2　BIM 正向设计的 ISO 质量管理体系

设计院是最早推行 BIM 设计的主体，但目前使用最积极的反而是施工单位，其中一个重要原因就是目前的 BIM 多为后模型，即在正常设计完成后再用 BIM 进行翻模，不仅很难产生经济效益，也加大了设计人员的工作量，要彻底解决该问题，最有效的方式就是推行 BIM 正向设计。目前由于软件、管理、图审和交付政策等各方面的因素无法和 BIM 正向设计很好地兼容，导致 BIM 正向设计推进较为缓慢，本节从 ISO 质量管理的角度出发，研究具有针对性的管理方式，提升 BIM 正向设计的质量管理效率。

1.2.1　BIM 正向设计的 ISO 质量管理的意义

为提高设计管理的质量，并与国际的质量体系接轨，国内较多设计院已采用 ISO 的质量管理体系，并在设计的质量管理中起到积极的作用。现在设计的电子化、信息化程度越来越高，尤其是建筑信息模型（BIM）的应用和普及，如果设计院还是沿用针对 CAD 及纸质文件的管理体系，在项目策划、人员组织、工种配合、校审及交付等方面就会产生各种矛盾和冲突，大大降低工作效率。推广 BIM 正向设计也是为了提高设计质量，提升工作效率，工作方式的转变也需要配套的管理方式的转变，而 ISO9001 的管理理论是适合于各类项目的，需要改变的是具体的管理方式，对原架构有针对性地进行调整，既能保证前期管理架构的延续，又能提升图纸质量和设计效率。

1.2.2　设计企业 ISO 质量管理体系的现状

（1）多数设计企业都设有 ISO 质量管理体系，但很多企业在创建一套流程后，较少地进行更新，不能适应不断变化的市场环境，使得质量管理多流于形式，不能结合设计人员的实际工作情况进行实时调整，也导致普通设计人员对 ISO 管理流程产生了抗拒心理。目前随着技术的不断发展，业主的各项要求也越来越多，常常 ISO 管理体系不能快速地适应技术的发展变化，需要用新的手段套在旧的表格中。

（2）电子化程度较低，现在管理系统的软件化程度越来越高，但很多设计院 ISO 还是固定的纸质表格文件，多为事后管理，甚至 ISO 的管理人员多为脱产人员，对整个过程控制没有直观的把握和详细的调研，针对现在的 BIM 设计，也是套用原有的纸质表格进行补充，没有针对性地设计一些管理措施。

1.2.3　BIM 正向设计管理与传统绘图管理的区别

（1）项目策划

传统项目大家都较为熟悉，项目策划都相对简单，多数参照都是根据经验来制定的，而对于 BIM 正向设计，因为很多设计手法和理念都与传统作图有较大差别，因此对前期的策划就显得格外重要，项目策划包含项目信息、人员安排、时间安排、流程计划等。

1）项目的基本信息方面，包含项目建设单位、位置、规模、类型、涉及专业等基本信息，此部分内容与传统项目基本一致。

2）项目的人员安排方面，传统做法就是项目总负责人加上建筑、结构、水、电、暖通等各专业设计人员，而对于 BIM 正向设计，有两种组织方式：第一种和传统设计一样，各专业设计人员既为设计人，也为建模人，此种安排的前提为各专业设计人员均需熟练掌握 BIM 的相关软件，对设计人员的 BIM 技术要求较高，且现实中能熟练掌握 BIM 的设计人员较少，人员选择上也较困难，此种配合方式目前在一些简单的项目上可以采用，但是对于复杂项目，采用难度较大，设计周期长；第二种方式是设计人配建模员的双重人员架构，设计人和传统方式配置相同，另外增加 BIM 负责人及各专业负责人和模型员（图 1.2-1），二者相互配合工作，能实现各自专业特长的应用。

3）项目的时间安排方面，为满足业主的进度计划要求，尤其是对于高周转项目，短周期出图是大概率事件，若项目要考虑采用 BIM 正向设计来实施，首先要判断该项目在时间上是否具有可实施性，这是很重要的前提，尤其是在设计人员还没有熟练掌握 BIM 正向设计的全套流程时。确定项目采用正向设计后，需要将前期的时间预留充足，并从项目的整个周期来考虑时间安排的合理性，在设计阶段需要留有充足的时间，可以在后期施工计划和减少变更等方面节省时间。设计中的报建环节，对图纸修改调整的可能性很大，需要预留修改调整的工作量及时间。

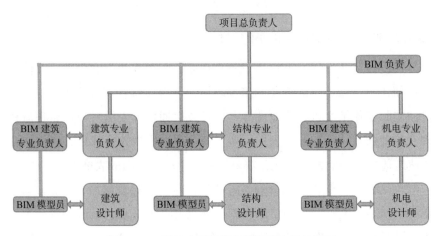

图 1.2-1 设计人配建模员的双重人员架构图

（2）流程设计与管理

项目流程方面，根据我国现行的图纸质量管理及各地的行政管理办法，基本按照前期策划（立项及可研）、方案设计、初步设计、施工图设计等几个主要环节，传统方式及 BIM 正向设计都必须在相关法规的要求下进行。在具体的实施过程，二者有较明显的区别。此处暂不考虑立项及可研等方面的策划，而是具体设计相关的策划并开始逐步进行对比分析。

1）方案设计

方案设计中涉及建筑师的多方位思考，落实到图面的内容只是想法的提炼部分，在方案推敲过程中，建筑师会借助各种软件，如 SU、CAD、Rhino、Revit、Ecotect 等，形成各式各样的概念模型，概念模型会不断地修改调整，直至概念落地成型，而各种过程模型又可以用来做性能化分析，图纸和模型的交付没有明确的标准，根据具体的项目的表达需求而定。虽然与传统方案设计的过程差别不大，但其概念成果会更加深入，落地性会更强。

2）初步设计

初步设计的重点在于工种配合，传统方法中配合只用提交平面图，各专业根据平面图提出及落实相关的条件即可，而 BIM 正向设计由于模型的深化速度较传统方法慢，但精细程度高，为适应各工种配合中的效率，避免不必要的重复工作，可以采用逐步深化法，分三次配合提资：一模只表达平面的关键要素，可供各专业查看即可；二模可标段外立面的初步内容，结构主要梁柱、管井走向等内容；三模则表达一些配合细节、结构次梁、设备中大于 100mm 的管线模型等，并对模型进行初步校对审核。在三次模型完善后，便可根据作图标准制作初步设计图纸。由于模型的表达方式和评审需要的图纸还是有较大的差异，因此需要在 BIM 策划阶段就制定好模型转换为图纸的相关需求，方便在模型的深化过程中同步完成一些相关内容。

3）施工图设计

施工图需要用来指导工地实施的图纸，会增加很多细节及大样。在工种配合方面，方法初步设计类似，也采用逐步深化法：一模需反映建筑的立面细节、结构构件及沉降、管径大于 70mm 的管线等；二模需绘制详图，结构开洞、构造柱等，机电需完成管线建模并做综合管线检查等；三模需进行校对审核等，在此同时检查各细节的碰撞和调整，并按审查表达的要求将模型转化为图纸。传统图纸的大样都是单独索引绘制的，BIM 正向设计中也可以在模型中建立一些细节，但是会导致模型数据过多而变慢，降低工作效率，因此不必在模型中反映所有细节，模型还是以平立剖面表达为主，可以反映一些典型的平面大样，其余大样可以引出以二维的方式进行表达。

（3）协同管理

上述各设计阶段中，协同管理是很重要的内容。二维协同是各专业在每个阶段互提条件，在本专业的图纸上进行修改调整，到最后出图前进行各自的校对审核，在上述过程中需要不断地沟通和逐一修改图纸，才能尽量减少图纸错误，但细节方面的错误还是很难发现。BIM 正向设计是必须要采用三维协同进行设计，各专业在同一个模型上进行绘图，对各专业的修改均需要进行严格的控制。较好的协同平台是必不可少的工具，Revit 软件自身也带有模型协同的功能，但仅限于工种配合之间，从 ISO 管理的角度，需要兼顾项目管理、图纸制作、与工地配合、与运维对接等问题（图 1.2-2）。目前各大软件厂商及设计单位都在此领域进行了研究和探索。

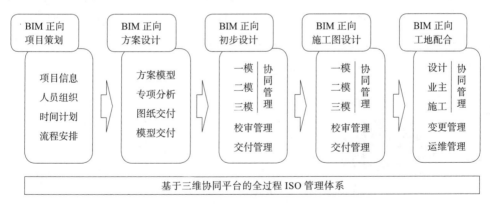

图 1.2-2　基于三维协同平台的全过程 ISO 管理流程图

（4）交付管理

传统方式以蓝图交付即可，电子图纸刻碟交付，一般供存档使用，对电子图的交付没有太多的形式和约束。而对于 BIM 模型的交付，若只采用传统的纸质交付方式，则严重浪费了 BIM 模型的工作价值，电子化交付是 BIM 模型的必要形式，电子化交付的形式也较多，不只是提供一个模型这么简单，还需要有展现 BIM 模型的形式，采用三维协同管理信息平台，可以让 BIM 业主、施工单位、监理、设计都能实时查看模型，从而充分发挥 BIM 模型的作用。

1.2.4 针对 BIM 正向设计的 ISO 过程管理的优点

（1）需要有针对性地进行项目策划

不同类型的项目采用不同的人员配置方式，管理流程也可以根据项目适当调整，不能采用一种形式来管理所有项目，因此在表格管理上需要更加灵活。

（2）电子化 ISO 流程与三维协同的全程融合

很多设计院已采用了二维协同，而三维的实现方式有两种，一种是和传统方式类似，借用二维协同平台进行三维模型的管理，但此种方式还是较为不便，没有跟随时代的步伐，另一种是针对 BIM 正向设计进行的实时三维协同，从项目策划开始，制定好协同及 ISO 管理的基础资料，由于三维协同的实时性，对于重要的修改内容，需要按时间节点对修改内容进行保存并提资，既能告知各专业设计人员进行的变动，也方便管理留存和校对人员查看。

（3）根据不同的需求提交不同的交付成果

BIM 的文件也可以进行纸质图纸的交付，但主要的成果还是需要通过三维形式展现，才能充分体现 BIM 模型的价值，因此，针对三维交付模型的技术标准就显得很重要，不只是一张签收单即可，技术上有施工图审查及相关部门的审查意见，而模型也需要有相关的管理表格。如由广东省建筑设计研究院有限公司开发的装配式建筑协同管理系统 GDAD-PCMIS（图 1.2-3），在交付模型的同时，对 WEB 端模型重建以实现模型轻量化，通过 MySQL 数据库实现业主、设计、监理、施工、质检等各参与方云协同，各方在 PC 端、平板、手机端均可浏览查看。

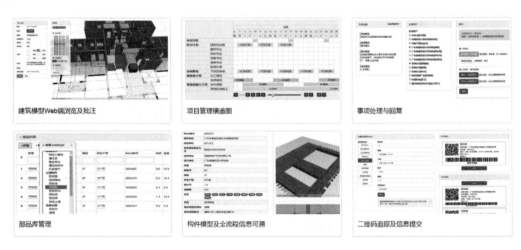

图 1.2-3　GDAD-PCMIS 协同管理平台

（4）整体流程及管理表格优化

通过以上流程的对比分析，对 BIM 正向设计的 ISO 管理的问题和提升点进行了阐述，下面以设计院常用的 ISO 管理为例（表 1.2-1），从管理流程上进行系统地对比，找出不同点和优化点，对 BIM 正向设计的管理过程以及相关成果的品质起到提升作用。

传统设计与 BIM 正向设计 ISO 管理的区别   表 1.2-1

传统项目 ISO 流程	BIM 正向设计 ISO 流程	BIM 正向设计 ISO 管理内容相对于传统项目 ISO 流程的不同之处
设计项目质量记录册	设计项目质量记录册	需补充增加的清单
设计任务单	设计任务单	备注注明采用 BIM 正向设计
工程项目组人员表	工程项目组人员表	增加 BIM 的相关设计人员
设计进度计划表	设计进度计划表	需针对 BIM 正向设计的情况来制定与之对应的时间进度计划
方案设计策划、实施表	方案设计策划、实施表	BIM 参与方案部分的量少
设计大纲	设计大纲	技术要求中增加 BIM 专项部分及 BIM 负责人签名
本项目适用的法律－法规－规范－规程	本项目适用的法律－法规－规范－规程	增加 BIM 的相关技术规程
项目各专业互提技术资料书	项目各专业互提技术资料	增加过程互提资料，以及三维协同的配合清单，形式更加多样化
项目设计评审表	项目设计评审表 BIM 专项评审表	增加 BIM 专项评审表
校审意见书	校审意见书 BIM 模型检测及校审	增加 BIM 的专项校审意见，此类校审更多采用电子化的形式呈现
设计验证评审表	设计验证评审表 模型验证评审表	增加模型验证评审表
—	BIM 模型交付记录表	新增该记录表
服务报告表	服务报告表 BIM 专项服务表	涉及与施工配合、运维管理相关内容的，需要增加 BIM 专项服务内容
纠正／预防措施与验证记录表	纠正／预防措施与验证记录表	增加 BIM 模型的修改和验证记录表
设计资料归档登记表	设计资料归档登记表 BIM 模型归档记录	增加 BIM 模型归档的相关标准及记录表
设计文件签收表	设计文件签收表 BIM 模型提交的电子记录	增加模型成果提交记录
附表会议签到表	附表会议签到表	无

（编写人员：黄高松，焦柯）

1.3　建筑结构施工图 BIM 表达的实用方法

Revit 软件的重点在于提供一个多专业协作的平台，若单论绘图功能，不如原有的 AutoCAD。但利用 Revit 软件的信息关联功能，可以实现几何模型与施工图信息的一致性，减少结构专业内部因多次修改容易产生的错漏及对图工作量，当工程量较大时，能够有效减少错误的出现，从而为工程师节省大量的时间。

利用 Revit 中族的概念，可以改进工程师的绘图方法，将绘图转变为建模。对于整个结构专业，要实现在 Revit 中出施工图，需要的族的数量几乎是无限的，凭借个人、团队、或者某个软件都不可能一次性完成所有结构需要的族的制作，但是对于某个独立的工作室或者某个工程师，一般仅深耕某个工程领域，所以工作中接触到的工程类型也较为有限，对于每一个具体工程，需要的族的数量也是有限的，只要找到一条可行的路径，工程师可以针对某个具体的工程，仅需制作一定量的族，通过一定时间的工程积累，族库也必将趋于完善，使用 Revit 出施工图的效率也将逐渐提高。

有文献探讨了 BIM 背景下的结构施工图表达方法，但对于具体的实现方法并没有进行相应的介绍。本节基于 Revit 软件，给出了墙柱梁板四类结构最重要的构件的施工图表达方法，为 BIM 背景下的结构施工图绘制提供一条实用途径。

1.3.1　共享参数与注释族

在 Revit 中实现平法标注，并将标注的信息与模型信息相关联，主要依靠的是 Revit 的共享参数和注释族功能。

1.3.1.1　共享参数

共享参数是一类创建后可在构件族、注释族、明细表中互相传递并双向关联的参数。使用共享参数时，一般先根据需要注释的内容创建共享参数文件（图 1.3-1），之后，再将共享参数加载到工程文件中。

将共享参数加载到工程文件中有以下两种方法：

方法一：项目参数法。将共享参数作为"项目参数"载入项目中，载入时选择某一类型的族，载入后，共享参数会被载入该类型的所有族中。该方法有一定的优点，但也有一定的局限性。

优点：不需要对构件族进行修改，当项目使用多种构件族，或者是使用某些软件自带的构件族时，会比较方便。

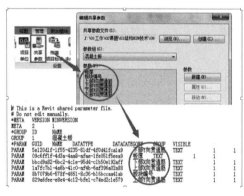

图 1.3-1　共享参数的创建

缺点：项目参数不能与构件族的原参数进行关联或运算，所有参数的具体值都需要手动输入。

方法二：族参数法。将共享参数作为族参数载入构件族中。该方法也有一定的优缺点。

优点：共享参数添加到构件族中后等同于族参数，可以与原有族参数进行关联和运算，充分发挥 BIM 的信息共享、联动优势。

缺点：需要对原有的族进行修改，因而，对于楼板这类无法修改的系统族，无法使用该方法。

工程中应根据实际需要选择共享参数的载入方法。一般来说，由于族参数法可以与原构件族的族参数进行联动，因而，当需要标注构件截面或其他尺寸信息时，通常是采用族参数法，对于本身就需要用户输入的信息，如配筋值等，可以使用项目参数法。但对于无法编辑修改的系统族，则只能使用项目参数法。

1.3.1.2 注释族

注释族是一类可以读取共享参数值的族，一般用于对三维构件的二维注释，制作标注共享参数信息的标签通常采用 Revit 中的"公制常规标记"族样板。不同注释族的区别主要在于以下两个方面：

（1）该注释族是哪种族类型的注释；

（2）该注释族的标签关联了哪些参数。

注释族通过添加相应的标签，并在标签中添加相应的参数，加载到项目中后，就能在相应构件上读取到相应的参数，如图 1.3-2 所示。

注释族只能读取作为共享参数的族参数信息，而不能读取构件族其他非共享参

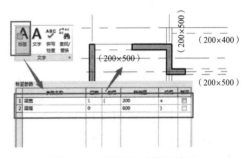

图 1.3-2 注释族的使用流程

数的族参数信息。例如，一个梁构件族有"梁宽""梁高"两个参数，但是注释族无法直接读取这两个参数，若想实现通过注释族来标注"梁宽""梁高"，需要采取下面几个步骤：

（1）创建"梁截面宽""梁截面高"两个共享参数；

（2）将"梁截面宽""梁截面高"作为族参数加载到梁构件族中；

（3）在族参数编辑器中将"梁截面宽""梁截面高"分别与"梁宽""梁高"相关联；

（4）创建注释族，将注释族的类型设定为"结构框架标记"；

（5）在注释族中添加标签，并将"梁截面宽""梁截面高"共享参数作为参数加载到标签；

（6）将注释族载入项目中，选择梁构件读取"梁截面宽""梁截面高"参数。

1.3.2 墙柱平面图

1.3.2.1 柱施工图表达

柱施工图中需要标注的内容有:柱编号、柱序号、柱宽、柱高、柱角筋、柱侧边钢筋、柱箍筋、箍筋肢数。柱施工图的注释建议采用族参数法进行,因为需要注释柱截面信息,并且对于不同类型的结构柱,需要注释的内容可能也有所不同。对于矩形混凝土柱,需要的共享参数见表1.3-1,对于异形柱或钢管柱,可根据实际情况增加相应的参数。

柱共享参数　　　　　　　　　　　　　　　　表1.3-1

参数名	参数类型	示例值
柱角筋	文字	4&25
柱编号	文字	KZ
柱纵筋	文字	12&20
柱箍筋类型	文字	1（5×4）
柱箍筋	文字	&10@100/200
柱序号	文字	1
H边中部筋	文字	2&20
B边中部筋	文字	3&20
柱截面高	长度	600
柱截面宽	长度	600

基于目前软件的功能,柱平法施工图的标注方法有以下两种:

1)柱表法。先针对柱表中需要表达的信息,制作相应的共享参数文件,再将共享参数加入柱族中,通过明细表读取柱族中的参数信息,并形成柱配筋表,可以实现信息的双向关联,如图1.3-3所示。

柱配筋表										
柱编号	柱序号	柱截面宽	柱截面高	柱纵筋	柱角筋	截面B边中部筋	截面H边中部筋	柱箍筋类型	柱箍筋	注释
KZ	1	400	400		4Φ25	2Φ22	2Φ20	1(4x4)	Φ8@100/200	
KZ	2	400	400		4Φ25	2Φ20	2Φ20	1(4x4)	Φ8@100/200	
KZ	3	400	400	16Φ25				1(5x5)	Φ8@100/200	仅首层布置

图1.3-3 Revit明细表创建的柱表

2)详图大样法。制作参数化的柱配筋大样,如图1.3-4所示,用该大样来表示柱配筋,但是该方法也有其不足之处,即柱配筋大样的参数信息与结构柱的参数信息没有关联性。

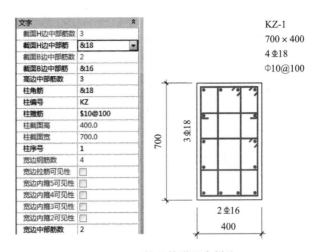

图 1.3-4　柱配筋详图大样族

1.3.2.2　剪力墙开洞的平面表达

Revit 提供了多种剪力墙开洞的方法，但是为了使剪力墙开洞的平面表达能满足平法施工图的需要，并且能用注释族关联开洞信息，如洞底标高、开洞尺寸等，建议采用建筑的窗族来创建剪力墙洞口。创建用来表示剪力墙开洞的窗族时可直接使用 Revit 自带的"公制窗"族样板，通过在窗族中绘制符号线来表达开洞符号（图 1.3-5），符号线在三维视图中不显示（图 1.3-6），仅当洞口被视图剖切到时才在平面视图中显示（图 1.3-7）。

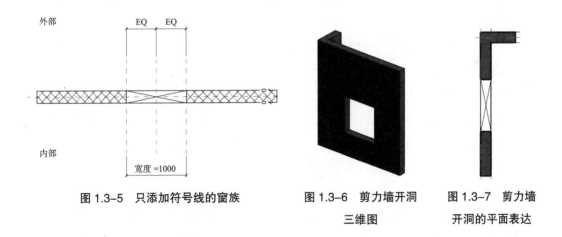

图 1.3-5　只添加符号线的窗族　　图 1.3-6　剪力墙开洞　　图 1.3-7　剪力墙
　　　　　　　　　　　　　　　　　三维图　　　　　　开洞的平面表达

1.3.2.3　剪力墙暗柱区的配筋表达

剪力墙配筋图中单片剪力墙可分为墙身区域、暗柱区域、边缘构件区域，但 Revit 中墙体无法进行区域分割，并且，由于剪力墙边缘构件的形状及配筋方式无法穷举，因而无法通过在 Revit 中用自建"族"的方法来完全解决该问题。再者，即使创建了完备的剪力墙配筋详图族，也无法使其与构件配筋信息相关联。因而，在 Revit 中绘制剪力墙配筋图一直为本专业的难点。经过多种方法的探讨及对比，本节提出一套目前较为可行的实现方法，主要实现步骤如下：

（1）采用 Revit "填充区域"功能绘制边缘构件区域；

（2）在"填充区域"的"注释"属性中填写边缘构件编号；

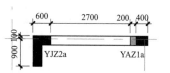

图 1.3-8　暗柱区域表达

（3）通过"注释族"标注边缘构件编号；

（4）在剪力墙图元的"注释"属性中填写墙身编号（图 1.3-8）；

（5）在 CAD 中绘制剪力墙配筋详图，然后导入 Revit（图 1.3-9）。

该方法操作方便，质量可靠，避免了繁琐的建族问题。但是剪力墙的配筋详图需要从 CAD 中进行导入，并且详图信息无法与构件属性信息相关联。

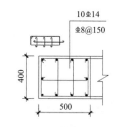

图 1.3-9　暗柱配筋表达

1.3.3　梁平面图

使用 BIM 平台绘制梁施工图，与传统方法相比，有如下优势：

（1）梁截面标注与真实截面相关联，不会出现模板图梁截面与配筋图梁截面不对应的情况。

（2）梁面标高标注与真实梁面标高相关联，不会出现图中表达内容与设计师原设想不对应的情况。

（3）不需要人为设置梁线的虚实关系，也不需要对相交处的梁线进行打断处理。

1.3.3.1　注释内容

模板图中需要注释的内容包括：梁编号、梁跨号、梁截面、梁面标高。

梁配筋图中需要注释的内容包括：梁集中标注、梁原位标注。其中，梁集中标注主要内容为：梁编号、梁跨号、总跨数、截面、对称标记、箍筋、架立筋、底筋、腰筋、标高；梁原位标注主要内容为：截面、箍筋、架立筋、底筋、腰筋、标高、左负筋、右负筋，梁原位标注中，与集中标注相同的内容不再标注。

结合 Revit 的实际情况，建议对梁的注释采用族参数法进行。先针对需要注释的内容创建共享参数，再将共享参数添加到梁族中，成为梁的族参数，为实现标注内容与真实的梁截面同步更改，个别共享参数（如梁宽、梁高）需要与梁的相应族参数相关联。

梁需要的共享参数见表 1.3-2。

梁共享参数　　　　　　　　　　　　　　　　　表 1.3-2

参数名	类型	示例值
梁宽	长度	250
梁高	长度	800
梁编号	文字	KL
梁序号	文字	1
梁跨号	文字	1
对称标记	文字	（D）
梁跨数	文字	5
梁箍筋	文字	$8@100/200（2）
上部通长筋或架立筋	文字	（2&14）
梁下部纵筋	文字	3&25
纵向构造筋或扭筋	文字	N2&16
支座上部纵筋（左）	文字	2&20
支座上部纵筋（右）	文字	3&22
梁加腋	文字	PY500×250
竖向加腋筋（左）	文字	2&25
竖向加腋筋（右）	文字	2&25
水平加腋筋（左）	文字	2&25
水平加腋筋（右）	文字	2&25

1.3.3.2　模板图中的梁注释

模板图中主要标注的是梁的编号、截面和标高，表示梁截面的共享参数应设置为与梁的截面参数相关联，不需要由用户输入，梁编号需要用户输入，也可以使用二次开发的方法实现自动编号，为避免出现两个梁图元拥有同一编号、跨号的情况，编号、跨号均相同的梁应使用同一个图元。

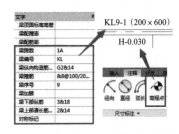

图 1.3-10　模板图中梁注释效果

梁面标高采用系统的"高程点"命令进行标注，按照传统的习惯，若梁面标高与板面标高相同，则不需要标注梁面标高，可仅对梁面标高与板面标高不同的梁进行标注。

填完信息后就可以用标签标注梁信息，见图 1.3-10。

1.3.3.3　配筋图中的梁注释

配筋图中梁的注释方法与模板图中的注释方法基本相同，其注释效果如图 1.3-11 所示。

使用 Revit 出施工图时，设计师普遍反映工作效率不如传统的 CAD 制图法高，梁配筋图的信息量大，且大部分信息都需要用户自己输入，因而效率问题显得尤为突出。

为提高工作效率，可采用以下两种方法：

（1）由于梁配筋信息的信息量太大，并且基于目前的平法规则，有些配筋并不需要在图面上表达出来，因此，为提高工作效率，在配筋图中对梁进行标注时，可以只填写需要标注的信息，不标注的信息可不填写（图 1.3-12）。

（2）可以利用标签内容与参数的双向关联性，先在需要标注的地方附上标签，然后通过填写标签来加入参数。

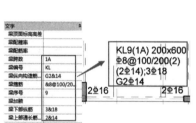
图 1.3-11　配筋图中梁注释效果

图 1.3-12　标签内容的修改对话框

1.3.4　楼板平面图

1.3.4.1　注释内容

对于板施工图，需要注释的内容主要有：板面标高、板厚、板面筋、板底筋。当使用楼板集中标注时，尚需要标注：板块编号、贯通钢筋。贯通钢筋包括：上部 X 向贯通钢筋、上部 Y 向贯通钢筋、下部 X 向贯通钢筋、下部 Y 向贯通钢筋。

由于楼板族无法编辑，共享参数不能添加到族参数中，只能使用共享参数结合项目参数的方法添加楼板参数。楼板需要的共享参数见表 1.3-3，主要用于楼板集中标注，若施工图中没有对楼板进行集中标注，可不必创建楼板共享参数文件。

楼板共享参数　　　　　　　　　　　　　　　　　　表 1.3-3

参数名	参数类型	示例值
板块编号	文字	LB1
上部 X 向贯通筋	文字	X&12@200
上部 Y 向贯通筋	文字	Y&12@200
下部 X 向贯通筋	文字	X&12@200
下部 Y 向贯通筋	文字	Y&12@200

1.3.4.2　板厚标注

由于 Revit 没有提供直接读取结构楼板厚度的方法，因而建议将楼板族类型名设为相应的厚度，如 120 厚的楼板，其族类型名为"h=120"，通过使用注释族读取楼板的类型名来实现对楼板板厚的标注，如图 1.3-13 所示，该方法可以实现注释内容与楼板实际厚度的关联性。

1.3.4.3 板面标高标注

板面标高的标注采用系统的"高程点"命令，新建板面标高的高程点族类型，设置"符号"属性为"高程点"，选择需要标注的楼板即可进行标高标注，如图 1.3-14 所示。

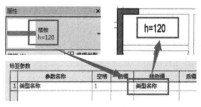
图 1.3–13 板厚注释

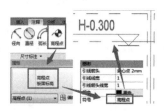
图 1.3–14 板面标高注释

1.3.4.4 楼板填充

绘图中经常用填充来表示一定区域内楼板的厚度或配筋，在 Revit 中，可采用以下两种方法实现楼板的填充：

（1）使用 Revit 的"填充区域"功能，沿楼板边缘绘制轮廓线来指定填充范围（图 1.3-15）。

（2）使用 Revit 的过滤器功能，在视图设置中添加一个过滤器，并设定过滤条件，可以实现对满足该条件的楼板进行自动填充。如要对降板 –400mm 的卫生间沉板进行自动填充，可设定过滤条件为"自标高的高度偏移"为"–400"，并设置好填充样式，软件会自动筛选降板 –400mm 的楼板，并自动进行填充（图 1.3-16）。

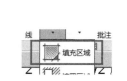
图 1.3–15 填充区域按钮

图 1.3–16 过滤器设置

1.3.4.5 板筋标注

板筋的集中标注通过项目参数法进行，参考表 1.3-3 制作共享参数文件，并将共享参数作为项目参数加载到工程文件中，通过注释族读取参数信息即可实现板筋的集中标注，如图 1.3-17 所示。

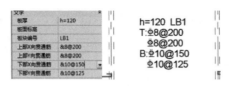

图 1.3-17 楼板集中标注

分离式的板筋标注借助于详图大样族，大样族仿照传统绘图方法绘制出的板筋进行制作，利用 Revit 的参数化功能可以实现板筋长度的参数化表达，可以通过参数来控制板筋的长度，不必像传统绘图方法一样用"拉伸"命令绘制出大致的长度。制作出来的详图大样族如图 1.3-18、图 1.3-19 所示。

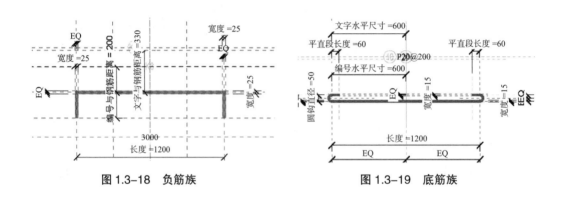

图 1.3-18　负筋族　　　　　　　　　　　图 1.3-19　底筋族

详图大样法可以表示常见的配筋情况，如图 1.3-20、图 1.3-21 所示，并且绘制的方法与传统方法相似，绘图速度与传统方法几乎没有差别。但其缺点是详图大样仅仅作为图例存在，与楼板并没有实际的信息关联。

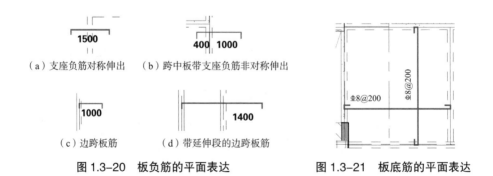

图 1.3-20　板负筋的平面表达　　　　　图 1.3-21　板底筋的平面表达

1.3.5　小结

Revit 软件提供了一个较为成熟的 BIM 平台，利用 Revit 软件的信息关联功能，实现图纸标注与真实模型的关联，减少结构专业内部因多次修改容易产生的错漏及对图工作量。利用 Revit 中族的概念，改进工程师的绘图方法，将绘图转变为建模。结构施工图需要注释的内容较多,目前软件的族库不能满足使用Revit出结构施工图的要求,但是只要找到可行的表达方法,工程师可以通过一定时间的工程积累完善族库,逐步提高Revit的使用效率。为找到基于Revit软件的结构施工图表达方法,结合Revit的软件功能与传统施工图的表达方法,对BIM背景下墙、柱、梁、板的施工图表达进行探讨。主要结论如下:

（1）在Revit中实现平法标注信息与模型信息的关联性,主要依靠的是Revit的共享参数和注释族功能;

（2）对共享参数的使用可分为"项目参数法""族参数法"两种方法;

（3）柱编号与配筋注释建议采用"族参数法",柱配筋的表达可借助于明细表或配筋详图大样;

（4）剪力墙开洞建议采用加符号线的窗族,以方便平面表达;

（5）剪力墙暗柱区的表达为专业难点,建议在平面图上使用"区域填充"进行绘制,配筋大样在CAD中完成;

（6）结构梁在梁模板图、梁配筋图中的注释建议采用"族参数法",其标高信息的标注可借助于"高程点"命令;

（7）为方便对楼板板厚进行标注,建议楼板的族类型名根据楼板厚度命名;

（8）楼板填充可以采用"区域填充""视图过滤器自动填充"两种方法,考虑到信息的一致性和联动性,建议采用"视图过滤器自动填充"方法;

（9）楼板板面标高的标注借助于"高程点"命令;

（10）楼板配筋的表达可采用"项目参数法",对于分离式配筋,采用配筋详图大样进行表达。

（编写人员:焦柯,陈剑佳）

1.4　结构专业快速 BIM 建模

目前,基于Revit平台的BIM技术在结构工程专业的推广应用中遇到的阻力比较大,一部分原因是软件功能的限制,另一部分原因则是结构工程师缺乏相应的操作技巧。为克服软件操作上的困难,笔者在参考相关文献基础上,对Revit的功能及操作技巧进行了大量的研究,并成功将其应用于实际工程的BIM建模中。本节吸收了实操建模技巧的精华,对Revit结构建模的三大关键难点:视野设置、结构坡屋面、桩基础的建模进行详细的分析介绍。本节介绍的操作方法均可在原生态的Revit中实现,不需要进行二次开发,适应性较强,且能满足一般建筑结构的建模要求。

1.4.1 Revit 建模的必要性

Revit 中创建的三维结构模型与传统的 CAD 二维模板图有着本质的区别。

其一，传统二维 CAD 模板图缺失 Z 向数据，缺乏空间表达能力，需要设计人员通过空间想象来还原建筑模型。这对于标高众多、外形复杂的建筑尤为困难，其施工图的出错概率亦会增大，且结构梁的高度对整个空间的影响无法在图纸中进行反映，从而造成了目前大量的施工图返工现象。而 Revit 三维结构模型则可以有效地克服以上缺点，不仅极大地提高了校对审核的效率，同时可明显提高出图质量，减少返工次数。因而从结构专业出图质量和整个设计周期考虑，使用 Revit 创建三维的结构模型，并以此为信息载体和出图模板，其意义重大。

其二，传统二维施工图的信息具有随意性和缺失性，这导致了其不能有效地将结构信息传递给后期软件，如造价软件、施工管理软件、建筑维护软件等，造成了大量的重复工作。而 Revit 结构模型不仅具备完整的三维几何信息，而且作为有效的参数化信息载体，其数据信息可供下游软件读取使用。因而从提升整个建造环节的工作效率考虑，利用 Revit 创建结构模型十分必要。

而为了使在 Revit 中创建的结构模型能够有效地为后续工作提供可视化和参数化的信息，下文就视图设置、结构坡屋面建模、桩基础建模的方法进行详细的介绍。

其中，视图设置的样板可有效提高建模和校对的效率；结构坡屋面建模可有效克服 Revit 建筑坡屋面无法添加结构参数的缺点；而本节独创的桩基础建模方法则可以让桩体自动附着到持力层，给下游的造价软件提供准确的材料用量信息。

1.4.2 视图设置技巧

Revit 的"视图范围"设置与"可见性"设置是相互关联的，巧妙地利用两者的关系进行图面视图设置可以有效地减少建模的出错概率，同时也可为校审提供高效的可视化图形。

1.4.3 建模视图样板

本节以金山谷七期项目为例，介绍其建模时的视图设置方法。

金山谷项目位于广州市番禺区，本案例所采用的七期 14 号楼，建筑层数 32 层，消防高度 98.5m，为剪力墙结构，抗震设计等级为七级，属于高层建筑。

案例通过利用 Revit"可见性"中截面和投影的显示区别，并结合恰当的"视图范围"设置，即可令结构的上下层构件清晰地展现在同一平面上。若将其设置创建为一个独立的"视图样板"，即可在其他工作平面中应用该样板，避免重复设置。根据不同的显示需求，创建不同的视图样板，可实现显示效果的快速切换，如此可大大提高建模和各专业协同校审时的工作效率。

（1）视图范围设置

Revit 的视图范围设置中分为"顶""剖切面""底"及"视图深度"，除视图深度外，其余三项的设置构成了视图的主要范围。其中"剖切面"应设置在当前楼层标高范围内。"底"设置在楼板板底标高之下（默认板剪切梁，若梁剪切板时，"底"设置在楼板板面标高之下即可），否则被覆盖的梁线将无法自动显示为虚

图 1.4-1　视图范围设置

线。"顶"设置为楼层顶部标高，而"视图深度"的标高可设置与"底"标高一致，如图 1.4-1 所示，"标高之上"指本工作平面标高之上的第一个标高，"相关标高"指本工作平面标高，"偏移量"以向上为正，向下为负。

（2）可见性设置

可见性设置中，"截面"是指被视图范围中剖切面所剖切到的部分，而"投影"则是指剖切面以下的非剖切部分，可理解为下层的竖向构件。

墙、柱的"投影"类别中"线"设置为红色虚线，不设置填充图案；而"截面"类别中，"线"不作设置，填充图案设置为灰色实体，从而区分上下层构件的关系。

此外，系统默认楼板无填充，容易出现楼板漏建的情况，因而建议将楼板的投影填充设置为半色调的淡色填充。

同时，结构框架（即框架梁）的投影填充亦宜设置为淡色填充，以方便在平面上区分墙体和梁。以上设置如图 1.4-2、图 1.4-3 所示，可见本层与下一层的竖向构件及梁、板均清晰地显示在同一工作平面上，如此可大大降低建模出错的概率。

图 1.4-2　可见性设置参考

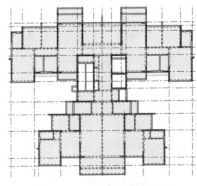

图 1.4-3　可见性设置示例

完成上述设置后，可在项目浏览器中右键点击该楼层平面，在弹出的对话框中选择"通过视图创建视图样板"即可将该工作平面下的所有视图设置集成为一个视图样板，

其他工作平面直接应用该样板即可，无需重复设置。

1.4.4 快速楼板区分

实际工程中，同一建筑层的楼板厚度及标高一般不会完全一致，而 Revit 默认的平面视图中又无法直观地查看楼板的厚度数据和标高数据，这将对进行楼板厚度和标高校核带来极大的麻烦。一般校核楼板厚度和标高只能通过信息标注或点击属性栏查看，这两种方法的工作效率都极低。

故本案例通过 Revit 过滤器的方法对楼板信息进行颜色区分。在建模时即可通过颜色识别楼板的厚度、标高等信息，如此可大大减少校核工作量，提升工作效率。

具体操作方法如下：在可见性的过滤器选项卡中创建新的"过滤器"，过滤类别选择为楼板。区别楼板厚度时,过滤条件选择为"类型名称"（Revit 中一个类别对应一种厚度）；区别标高时，过滤条件选择为"自标高的高度偏移"，并设置偏移值。建议将颜色设置为半色调，避免与其他构件有颜色冲突。完成后楼板显示效果见图 1.4-4。

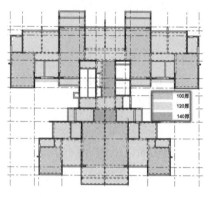

图 1.4-4 楼板区分示例

1.4.5 局部楼层的三维观察

无论是建模还是校审都需要进入三维视图中对局部楼层进行检查，但 Revit 默认的三维视图为全楼模型，且 Revit 的局部楼层提取命令又十分隐秘，这导致了大部分设计人员除了使用插件进行楼层提取外，并不知道 Revit 自身就能实现该功能。

Revit 中利用三维视图下的 ViewCube 工具可实现某一标高楼层的三维提取。操作方法如下：鼠标右键点击 ViewCube→选择定向到视图→选择楼层平面→选择需要提取的楼层平面。由于操作流程较长,故建议将其设置为快捷键,快捷键设定页面中搜索"定向到其他视图"即可找到该命令。

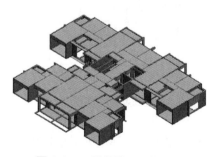

图 1.4-5 局部楼层三维视图

使用该命令提取的三维视图，其楼层的高度范围由视图范围对话框中的"主要范围"决定，即工作平面"顶"与"底"的标高范围。这也是视野范围中"顶"要设置为上一层标高的原因，如此可观察到整个楼层的构件。此外，由于图 1.4-1 所示视野范围中"底"设置在本层标高以下的位置，故可在三维视图中看到下一楼层的梁板构件，如图 1.4-5 所示，如此对校验上下层构件的关系十分有利。

此外，局部构件若遮挡了目标对象，可使用"HH"快捷命令对遮挡物进行临时隐藏。取消勾选属性栏的"剖切框"，即可还原为全楼模型。

1.4.6　坡屋面建模技巧

Revit 的"结构模块"不提供坡屋面的建模功能，而"建筑模块"创建的坡屋面又不具备任何的结构属性，不能满足结构专业及下游专业的使用需要，故如何创建带有结构属性的坡屋面一直为 BIM 结构工程师建模的难点。

经过笔者的大量建模尝试，总结出两种使用结构楼板快速创建坡屋面的方法，下文以某一别墅实例进行详细介绍。

1.4.7　借助建筑坡屋顶建模

Revit 建筑模块具有十分强大的坡屋面建模功能，其创建的建筑坡屋面虽不能为结构专业直接使用，但能提供屋脊线位置、板边高度等三维位置信息，可起到辅助结构楼板建模的作用。

该方法的优点是屋面板可分板块绘制，可选择"坡度"或"尾高"两种方法实现楼板的倾斜，适合较为复杂坡屋面的结构建模，效果可靠，且导入计算软件（广厦、盈建科等）可保持坡屋面形状；其缺点是建模速度较慢。

总体操作流程：通过建筑模块绘制"建筑坡屋面"→调整建筑坡屋面高程位置→分板块绘制结构板→定义各板块的坡度→通过三维捕捉创建坡屋面梁。

其中，需要对建筑坡屋面高程位置进行调整的原因是 Revit 默认建筑坡屋面板底与楼层标高平齐，而结构楼板则为板顶与楼层标高平齐。若不对建筑坡屋面的高程进行修改，会导致出现三维捕捉建模时结构构件高程出错的现象。建筑坡屋面高程调整前后的建模效果对比如图 1.4-6 ~图 1.4-9 所示。

图 1.4-6　调整前布梁效果

图 1.4-7　调整后布梁效果

图 1.4-8　调整前楼板对梁的剪切效果

图 1.4-9　调整后楼板对梁的剪切效果

结构楼板的坡度定义有两种方法，一种为通过板边线定义坡度，另一种为通过添加"坡度箭头"定义。其中"板边线坡度定义法"以选中的板边线为旋转轴，角度为正时，向下旋转；角度为负时，向上旋转。而"坡度箭头定义法"则提供坡度和尾高两种方法来实现楼板的倾斜，适用范围更广。

坡屋面梁构件的建模必须遵循一定建模准则，否则建模效果难以满足使用需求。

准则一：创建屋面梁时，宜先将结构楼板临时隐藏，保证捕捉对象为建筑坡屋面，如此可避免出现捕捉对象出错的问题。

准则二：宜先创建水平梁，后布置斜梁，否则斜梁端部的连接处理会出现问题。

准则三：坡屋面中进行水平梁布置时，不宜勾选"三维捕捉"，宜勾选"链"模式，同时建议通过设置"Y轴偏移值"实现梁的偏移。

准则四：绘制斜梁或非层标高处的梁时，宜勾选"三维捕捉"，如此可减少大量梁标高调整工作。

准则五：绘制斜梁时，应捕捉水平梁交线的端点，而不应捕捉坡屋面的轮廓外端点，否则会导致梁端部高程出错，从而影响视图的正确表达。

1.4.8 修改子图元法建模

该方法主要通过"添加分割线"来绘制屋脊线，见图1.4-10，通过"添加点"和"修改子图元"来定义屋面脊线高度，见图1.4-11。

该方法优点：若已知屋脊点高度，可实现快速建模。

该方法缺点：整个屋面板为一块大板，无法区分板跨，无法通过坡度对屋面进行定义，该方法创建的坡屋面在导入计算软件后会变成平板。

操作方法：创建结构楼板→添加楼板分割线→点击修改子图元→点击楼板"点"，修改点标高→创建坡屋面梁→完成建模。

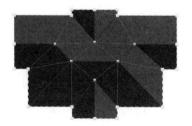
图 1.4-10 添加楼板分割线

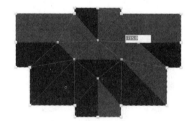
图 1.4-11 修改楼板"点"标高

完成坡屋面板建模后，采用上节方法创建坡屋面梁即可。

以上两种方法创建的结构板坡屋面均可输入任何类型的结构信息，供后续的施工图绘制使用和供下游软件调用，相比封闭的"建筑属性"坡屋面具有较为明显的优势。

1.4.9　桩基础建模技巧

Revit 自身既不提供桩基础的建模工具，亦不提供桩基础族，故在 Revit 中创建结构专业所需的桩基础具有一定的难度，这也在一定程度上阻碍了 Revit 在结构行业的推广。实际上，只需要掌握一些操作技巧和变通手段即可快速创建各种形式的桩基础，且其几何信息精度可达到概预算的使用要求。

一个完整的桩基础由承台和桩体组成，但承台形状、桩体布置形式、桩数都具有不确定性，从而出现无穷多种组合，故无法通过创建族的方式来解决该问题。因此，建议将两者分开，对承台和桩体独立建模。

1.4.10　桩基础的承台建模

Revit 中创建桩承台最方便的方法为利用已有独立基础族进行改造。由于本方法的桩体用柱族来代替，而 Revit 中"柱类别"的构件不能创建于"结构基础类别"构件的底部，否则会出现如图 1.4-12 所示的警告。

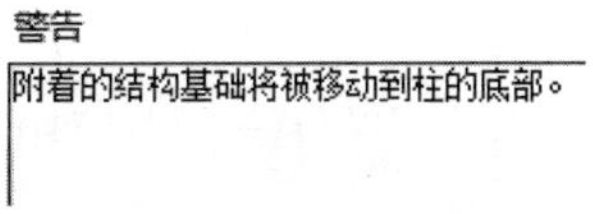

警告
附着的结构基础将被移动到柱的底部。

图 1.4-12　警告提示

故必须将独立基础的族类别改为"常规模型"，并在族参数处勾选"可将钢筋附着至主体"，如此既可解决端部附着的问题，又能保持原基础族的所有功能。族类别更改后，该族将会被存放于"构件"命令菜单中。

注意到原独立基础族为一阶的矩形基础，并不能满足多阶异型承台的创建要求。经作者的大量尝试和对比，解决该问题最好的方法为创建"空心构件"。

该方法本质上是以系统默认的矩形承台为"坯体"，首先通过轮廓修改来完成构件的大体形状创建，然后通过布置"空心构件"的方式对其进行细部雕刻，以完成整个承台构件的创建。该方法可快速创建任意形状的承台，具有很强的适用性。

具体操作方法：点击独立基础构件→编辑族→更改族类别→修改构件轮廓→通过"空心拉伸"功能创建空心构件→另存为新族→载入项目使用。

由于"内置构件"属于"族编辑"的操作内容，会对该族的所有类型产生影响，故在载入项目前需另存为一个新族，以避免覆盖项目中的原族版本，从而造成不必要的麻烦。

1.4.11　桩基础的桩体建模

对结构专业而言，桩与柱两者之间具有大量的共同点，不仅受力形式相似，配筋形式相似，而且构件外形也大致相似，故在 Revit 中用"结构柱族"来作为结构桩体的替代品十分合适。

除了方桩外，常规的桩型还有圆桩和圆管桩，其外形的变换只需进入"族编辑"

图 1.4-13 多桩双阶
异型承台基础效果

界面进行简单的轮廓编辑即可。注意载入项目前宜另存为新族，避免覆盖原族版本。

利用结构柱来替代桩体的方法需要对其柱族进行少量的改造，但完成一次族编辑后，即可批量使用，无需重复工作。同时，由于桩族是由结构柱族改造而来，归属于同一个族类别，故其建模方式与柱建模方式完全一致，可在承台上实现任意形式的布置，操作简单且适用性强。采用该方法创建的多桩双阶异型承台基础效果如图 1.4-13 所示。

1.4.12 桩底持力层的附着

在建筑基础中，每根桩的桩体长度并不一致，其实际长度与持力层位置有关。根据规范规定：桩底进入持力层的深度，宜为桩身直径的 1 ~ 3 倍。

为了在 Revit 中使用"明细表"功能输出桩体的混凝土用量，供概预算使用，则桩体的实际长度应大致准确，其长度计算宜以规范要求为依据。

在 Revit 中，结构柱类别的构件可以自动附着于楼板，故只需采用结构板来创建持力层即可实现桩体的自动附着。

土层的创建方法：将结构板厚度改为 10mm（Revit 最小值），然后在持力层的大致位置创建一个标高，在此标高平面绘制一块覆盖场地范围的结构板作为持力层。根据地质报告中钻孔的位置创建楼板控制点（即"添加点"），然后通过"修改子图元"命令来修改各点的相对高程位置，使其与地质报告中的位置一致。如此即可创建三维的空间土层。

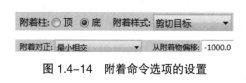

图 1.4-14 附着命令选项的设置

完成土层创建后，框选所需的桩体，点击"附着顶板/底部"命令，附着的选项设置如图 1.4-14 所示。其中"剪切目标"即以桩体为主体剪切土层，如此可避免统计时桩体混凝土用量减少的现象。"从附着物偏移"设置为"-1000.0"是为了满足桩底深入持力层 1m 的施工要求。

上节别墅案例的桩基础即采用该方法进行创建，其桩基础效果如图 1.4-15 所示。

由图 1.4-15 可见，其桩体自动附着于相应的持力层，其桩长由程序自行判断，与传统的桩长估算方式相比，其统计精度可得到明显的提高。

图 1.4-15 桩基础最终效果

1.4.13　小结

本节以某一高层剪力墙项目为例，介绍了如何创建一个高效的建模视图样板。该视图样板不仅可减少建模出错的概率，亦可大幅提升结构校审的效率，一定程度上解决 Revit 平台下工作效率低下的问题。

此外，本节还以某一别墅项目为例，对结构坡屋面及桩基础的快速建模方法进行了详细介绍。由本节方法所创建的坡屋面楼板可添加大量的结构信息，供后续工作使用，弥补了建筑属性坡屋面无法添加结构信息的缺陷。而用本节方法创建的桩基础，其承台和桩体可自由组合，具有很好的适用性，且桩体可实现自动附着持力层，避免了繁琐的桩长计算工序，有效提升了建模效率。

笔者通过大量建模尝试和分析研究，总结出了视图设置、结构坡屋面建模和通用桩基础建模这三大难点的解决方法，供建模人员参考使用。同时，这几大难点的解决，也说明了 Revit 平台下的结构建模困难是可以克服的，随着软件的不断发展及操作技巧的累积，在 Revit 中实现建筑全生命周期的 BIM 管理指日可待。

（编写人员：周凯旋，焦柯，杨远丰）

1.5　全过程结构 BIM 设计方法

BIM 的推广应用是不可逆转的时代潮流，结构专业作为建筑设计的重要支柱，同时又是建筑行业的上游专业，应率先完成 BIM 的过渡，使其信息参数化、三维可视化、信息管理化。但转型过程中遇到了不少的阻碍，其中主要为效率问题和工作流程问题。这两大问题大大降低了结构设计人员的工作热情，使得结构专业 BIM 技术应用远远落后于建筑专业和设备专业。为加快结构专业从传统 CAD 向 BIM 的转型，本节进行了结构 BIM 专项研究及实践应用，通过对结构 BIM 全过程设计方法研究和大量的插件开发，有效提升了 BIM 建模及设计出图效率，同时解决了 Revit 平台下的专业协同问题。

1.5.1　结构 BIM 的必要性

Revit 中建立的 BIM 模型和传统的二维结构施工图有着本质的不同。

其一，传统二维结构施工图缺失高度方向数据，难以进行空间表达，设计人员只能通过空间想象还原模型。正因如此，对于复杂建筑而言，传统方法容易造成大量的错漏，对整个工程进度及建造质量造成了极大的影响。

而 Revit 模型，由于其具有三维可视化、颜色区分化的特点，可进行"可视化管理"。

通过切换预设的视图样板，可有针对性地对模型进行三维检查。如此可有效发现设计问题，大大提高了同专业和多专业间校对效率，明显提高出图质量。

其二，传统二维结构施工图的信息具有随意性和缺失性，导致了其不能有效地向下游软件传输结构信息数据。这不仅造成了大量的重复工作，而且无法进行后期的建筑参数化管理。

而 Revit 结构模型则是个有效的参数化信息载体，其数据信息可供下游软件读取使用。因而从提升整个建造环节的工作效率和建筑全生命周期管理考虑，结构 BIM 的应用意义重大。

可见，无论从提高设计质量，控制建造进度考虑，还是从建筑的全生命周期的管理考虑，结构 BIM 的应用都有无法替代的优势。

1.5.2 工作效率问题

Revit 平台下的工作效率问题一直被结构工程师所诟病。原因主要有以下三方面：

第一方面是 Revit 平台改变了传统的二维绘图方式，转型阶段工作方式的改变导致了效率的降低，使得一部分工程师难以接受。

第二方面是未经深化设置的 Revit 平台，存在各种线型问题、表达问题，操作简易程度问题等，其创建的模型难以用于出图。这导致设计人员仍需进行二维施工图绘制，无形中增加了设计人员的工作量。

第三方面则是 BIM 模型没有被有效利用。视图样板的设置、插件的二次开发可有效地提升三维模型的可视化效果和工作效率，大大减少出错概率，缩减设计周期。这也是 Revit 模型的核心，即结构 BIM 模型的有效管理问题。

1.5.2.1 工作方式的效率问题

研究发现，解决第一方面的问题并不难。Revit 中虽为三维建模，但一般仍在二维下的工作平面工作，建模方式与传统的结构软件建模方式类似。而稍有区别的内容都可在 Revit 中找到替代品，如标准层在 Revit 中则可用"组"来替代。

真正存在工作阻碍的是部分构件的建模问题，如结构模型的坡屋面建模、桩基础建模。

经过大量的尝试，发现结构类型的坡屋面，可以借助建筑类型的坡屋面来进行辅助创建，从而实现快速使用"结构板族"来进行坡屋面建模。而通过"结构板族"创建的坡屋面可以在其上添加大量的类型参数，从而使其成为有效的信息载体。

研究同时发现，可以在 Revit 中创建结构桩体，而且 Revit 中创建的桩体只需进行一定的"族类别"处理，即可实现柱端自动附着持力层，自动计算桩长的功能。其方法为将承台族的族类别更改为"常规模型"族类别，如此即可在承台底部布置"结构柱"类别的桩体。而持力层则以楼板族替代，在各个勘察孔位置添加楼板的控制点，从而实现持力层的折面绘制。Revit 中"结构柱族"的构件可以自动附着至"结构楼板族"构件，利用底部附着功能和偏移功能即可实现桩体自动深入持力层相应深度，满足相应规范要求。

可见，由于工作方式转变而产生的建模效率问题，只需稍加变通即可解决。

1.5.2.2　施工图绘制问题

Revit 平台下的结构施工图绘制，一直为困扰结构 BIM 工程师的大问题。一是施工图标注注释问题，Revit 平台下施工图的注释效率不高，同时要实现注释与构件信息的参数化联动需要大量的前期族准备和规定；二是施工图线型问题，由于 Revit 中的每根线都与构件相关联，不能像 CAD 那样任意更改和删除，故难以满足千变万化的施工图要求；三是施工大样图绘制问题。

（1）施工图标注注释问题

研究发现，解决施工图平法注释效率和参数化联动问题并不困难。只需在建模前创建好用"共享参数"关联好的构件族和标注族，并在建模时使用该族进行模型创建和构件标注即可实现平法标注与构件内部参数的关联，从而在标注族中进行配筋输入即可实现构件内部信息的同步输入。

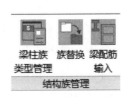

图 1.5-1　插件功能面板

操作"创建类似"（快捷键 CS）的命令即可实现标注的复制和构件附着，双击标注族即可输入配筋信息。这与目前传统的施工图绘制方法几乎完全一致，不存在任何工作方法的改变问题。

此外，为了加快输入的速度，可开发专门用于配筋输入的插件，见图 1.5-1、图 1.5-2。

通过预制好的族和插件，可以快速地实现施工图配筋的标注输入，故施工图标注效率问题和参数化信息输入效率问题可得到有效解决。

此外，进行施工图标注时，大量的标注信息会导致标注的重叠，为减少标注位置的调整，研发了 Revit 平台下的标注避让插件，见图 1.5-3。其避让效果见图 1.5-4、图 1.5-5。

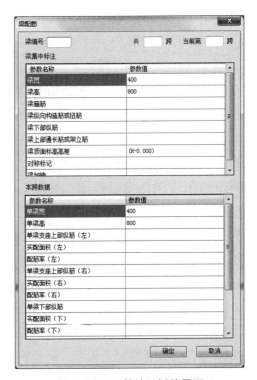

图 1.5-2　配筋输入插件界面

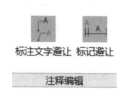

图 1.5-3　标注避让插件　　　图 1.5-4　避让前效果　　　图 1.5-5　自动避让后效果

（2）施工图线型效果问题

施工图线型问题中，最常见的为梁中部的楼板线问题。由于传统施工图不需绘制各板跨的楼板轮廓，故梁中线不存在该线。而 Revit 则既不能隐藏该线，又不能删除该楼板，故该问题一直影响着出图质量。

研究发现，使用 Revit 的"连接"命令将相邻楼板进行连接即可消除该线。而对于相邻楼板标高不一致的情况，只需将楼板和梁的材质设置为一致，再通过连接命令，刷新图面显示即可消除。

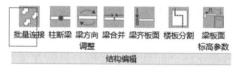

图 1.5-6　插件功能面板

为了解决手工连接的效率问题，开发了"批量连接"命令以解决该问题，插件如图1.5-6、图 1.5-7 所示。

（3）施工大样图绘制问题

施工大样图的绘制一直为 Revit 平台下工作的一个难点。虽然 Revit 具有强大的剖切功能，但其剖切出来的效果难以达到施工图出图的标准。较为折中的做法为采用 Revit 的剖切图作为模板图，导出 CAD 后再进行深化处理。但该方法涉及多平台的转换，且与 BIM 的理念不符。为了在 Revit 平台下实现结构全过程的设计，本节研发了 Revit 平台的大样图绘制工具。该插件提供了快速创建大样轮廓并标注尺寸、创建点钢筋、拉筋、箍筋等功能，能帮助设计人员在 Revit 平台下快速绘制大样图，避免在 Revit 与 AutoCAD 之间反复导图。其插件功能见图 1.5-8，节点大样示意见图 1.5-9。

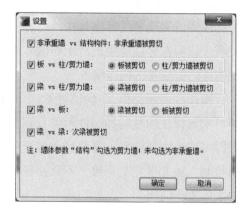

图 1.5-7　插件设置界面

图 1.5-8　节点大样插件

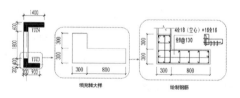

图 1.5-9　节点大样示意

1.5.3　结构 BIM 模型的利用

结构 Revit 模型的利用程度，决定了工作的效率。通过创建不同的视图样板来实现显示效果的快速切换，可使构件间关系清晰地以二维或三维形式进行显示，方便建模和校核。

本节创建的视图样板包括：施工图样板、建模样板、结构专业校核样板、多专业校核样板等。

如图 1.5-10 所示，结构专业内校审视图样板将不同类型的柱以不同的颜色进行显示。

如图 1.5-11 所示，多专业校核视图样板将建筑部分内容以半透明的形式显示，同时高亮结构构件，方便校对结构构件是否满足建筑要求。

如图 1.5-12 所示，建模视图样板以不同的颜色区分梁、柱、板构件和上下层构件，楼板以不同的颜色区分其厚度，方便进行建模检查，减少出错概率。

如图 1.5-13 所示，施工图视图样板将所有的构件颜色调整为黑白，方便观看打印效果，同时对构件线型进行深化设置，确保线型粗细能满足出图要求。

设计人员可以根据需求选用合适的样板快速开展相关工作。

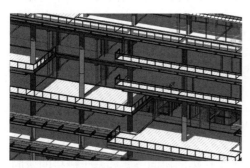

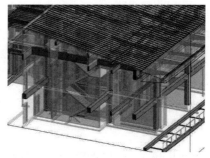

图 1.5-10　结构专业内校核视图样板效果　　　图 1.5-11　多专业校核视图样板效果

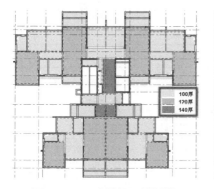

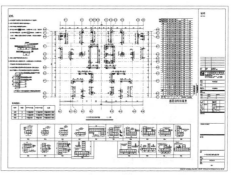

图 1.5-12　建模视图样板效果　　　图 1.5-13　施工图视图样板效果

在进行结构校审时，校审人员往往需要对有特殊变化的柱进行详细的审核。为了提升校审速度，编制了相应的插件，可对梁上柱、墙上柱、收分柱、偏位柱、孤柱和底层柱进行高亮颜色区分。插件参数设置界面及效果分别见图 1.5-14、图 1.5-15。

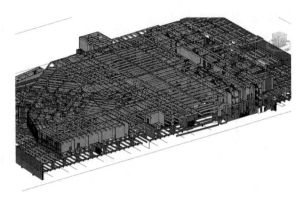

图 1.5-14　插件设置界面　　　　　图 1.5-15　高亮显示效果

协同工作流程问题：

协同工作是设计人员日常的工作常态，但结构设计人员从传统二维 CAD 设计过渡到三维 BIM 设计时往往都会有协同方法和工作流程方面上的疑虑，不清楚 BIM 下的设计工作应如何安排，流程应如何制定，如何才能发挥出 BIM 的作用，缩短整个设计周期。这些问题如不能得到有效解决，也会成为结构 BIM 推广道路上的绊脚石。

为了解决该问题，本节对 Revit 平台下的协同方式和多专业间的协同流程进行研究和探讨。

1.5.4　Revit 协同方式的优选

Revit 提供了两种协同方式，分别为基于工作集的协同方式和基于链接的协同方式。这两种方式的优缺点见表 1.5-1。

工作集与链接协同的优缺点　　　　　　　　　　　　表 1.5-1

	基于工作集
优点	1）基于同一中心文件以工作集的形式进行协同设计，本地模型可随时同步到中心文件，方便查阅或调用其他工程师的工作成果； 2）单人使用工作集可以通过控制图形的显示来提高工作效率； 3）通过工作共享，本地与云端都保留了项目文件，可以提高项目文件的安全性
缺点	1）项目规模大时，中心文件非常大，使得工作过程中模型反应很慢，降低工作效率； 2）工作集在软件层面实现比较复杂，Revit 软件的工作集目前在性能稳定性和速度上都存在一些问题，特别是在软件的操作响应上

续表

基于链接	
优点	1）无需建立中心文件，各部分独立一个模型文件，单个模型文件的数据量不大； 2）不受局域网影响，各模型文件相对独立，工作不受计算机域名、计算机权限控制，管理相对灵活
缺点	1）链接式的协调没有中心文件，本质上还是多对多的协同方式，与传统的协同方式类似，没有体现BIM 的优势； 2）链接的模型部分不能进行结构分析

基于以上的优缺点分析和实际工程的协同尝试，我们总结出了大量的实操注意事项。同时，研究发现，结构专业内协同时，由于同专业人员一般会在同一个部门，其工作方式较为容易统一，方便创建统一的服务器，且单专业的模型信息规模相对多专业而言要小很多，使用工作集方式进行同步更新时能获得较好的工作效率，故一般情况下，结构专业内的协同宜优先选择基于工作集的方式。

而多专业间进行协同对比时，由于一般要采用不同的工作模板文件，更新时一般只需单向更新即可，且多专业文件汇集时模型较大，故不适宜采用工作集的协同方式，改用稳定性更高且权限管理更为简单的链接形式更为适宜。

1.5.5 结构与其他专业的协同流程

结构专业与其他专业的协同流程宜根据不同的工作阶段进行选定。

可根据生产需求及实际工作能力针对不同的设计阶段制定不同的协同流程方式。

（1）方案阶段流程

方案阶段结构专业一般不需要出图，一般仅作为"顾问"的角色予以配合，比如确定柱网和剪力墙大致位置。故该阶段，结构专业一般不需要提供精确的 BIM 模型。对于机场、体育馆等大跨度复杂结构，在协同流程中宜通过相应的插件将结构软件中的模型导出到 Revit 平台，供建筑方案进行提资即可，故方案阶段的协同流程如图 1.5-16 所示。

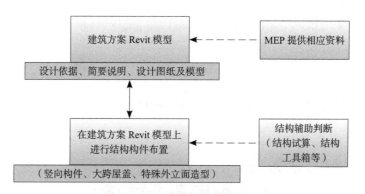

图 1.5-16 方案阶段协同流程

（2）初设阶段流程

初设阶段结构专业需要根据建筑方案，进行结构构件的布置及方案比选，确定截面并绘制结构平面图。因此需要结构专业和建筑专业进行多次的交付修改工作，故其流程宜按图1.5-17进行。

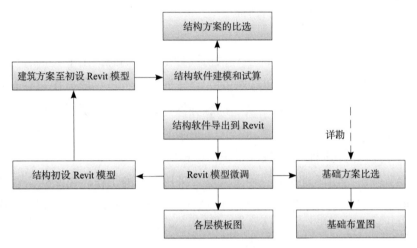

图1.5-17 初设阶段协同流程

（3）施工图阶段

施工图阶段由于涉及大量精确图形绘制和标注，以及多重的相互提资工作，导致其协同流程十分复杂，宜根据不同的需求确定协同流程。图1.5-18和图1.5-19所示是根据笔者单位的实际情况，研究制定的两种较为可行的协同流程方案。这两种协同流程方案的优缺点分析见表1.5-2。

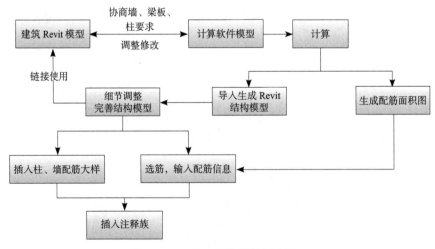

图1.5-18 施工图协同流程方案一

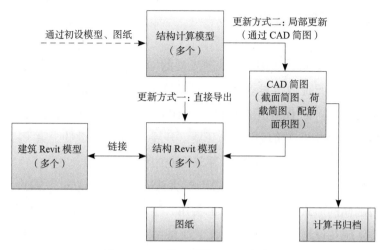

图 1.5-19　施工图协同流程方案二

方案一和方案二流程的优缺点　　　　　　　表 1.5-2

方案一	
优点	1）沿用目前的设计流程，结构工程师容易适应； 2）结构模型的方案修改完全在结构计算软件中进行，能避免 Revit 结构模型的反复修改的问题
缺点	1）建筑专业无法及时获取 Revit 结构模型； 2）没有改变传统的专业间协同方法，没发挥 Revit 协同的优势
方案二	
优点	1）建筑专业可以及时提取 Revit 结构模型； 2）结构专业可以在 Revit 中实现与其他专业的协同修改； 3）适用于模型局部需要反复修改的项目
缺点	1）需要专门安排人员进行 Revit 结构模型与计算模型的修改更新工作； 2）Revit 结构模型的修改信息反馈给计算模型进行修改是通过"衬图"的功能实现，目前只有 YJK 拥有该功能，PKPM 和广厦修改起来会较为麻烦

设计工作组根据实际的工作状况选用合适流程开展工作即可。

1.5.6　小结

本节对结构 BIM 全过程设计方法研究，是根据实际工作需要，为加快结构专业的 BIM 转型而开展的。对阻碍结构 BIM 推广的设计效率问题和工作流程问题展开了深入的研究。本节通过制定不同需求的工作模板和进行大量的插件开发，从而有效地提升了结构专业在 Revit 平台下的工作效率。此外，本节以不同的项目为试验对象，制定出了不同设计阶段、不同需求下的结构 BIM 工作流程。通过本节研究大大降低了在结构专业推广 BIM 技术的门槛，为 BIM 技术在全专业应用上扫清了障碍。

（编写人员：焦柯，杨远丰，周凯旋，陈剑佳，杨新）

1.6 正向设计软硬件配置研究

BIM 技术在整个建筑行业中得到快速发展的同时，其起到的应用效果也得到广泛认可，特别是在国家行业政策推动信息化建设等条件下，BIM 技术渐渐在建筑行业中占据举足轻重的地位。而 BIM 正向设计作为 BIM 技术全生命应用周期的"源头"，其应用深度影响着后续各实施阶段的工作开展。开展 BIM 正向设计，除了提高整个设计阶段的工作效率外，可进一步带动整个建筑行业的信息化建设。

纵观现在整个 BIM 技术的设计应用现状，大部分的应用单位对于 BIM 技术的使用，几乎都是采用翻模的形式，即逆向设计的使用方法。在此基础上，开展后续的 BIM 功能应用，主要体现在设计方案的优化、工艺工法的可视化交底，专业模型的碰撞检查、模型数字化信息的集成调用等。这就引发了一个重要问题，设计师在完成原有 CAD 图纸设计的任务后，还需要参照设计图纸进行翻模，才能实现各项 BIM 技术应用，这无疑会对设计人员造成负担，使 BIM 技术的推广在设计初期就出现问题。因此有必要从"源头"上使用合适的方法——即 BIM 正向设计，解决问题。

BIM 正向设计是依托三维模型环境，充分利用 BIM 软件参数化功能的建模方式，搭建可视化三维模型，实现各专业协同设计和二维平面自动出图的设计方法。这是一种先有模型后有设计图纸的设计方法，而 BIM 设计软件作为搭建三维数据模型的基础，实现这一方法的首要技术手段就是选择合适的 BIM 设计软件。

目前的 BIM 设计软件种类繁多，有的用于满足各建筑领域的发展规划需求，如民用建筑、市政基础等；也有的用于满足各专业功能的使用需求，如设计图面表达，后期效果处理，结构的受力计算，流水采光通风分析等。在这样一个林林总总的软件环境下，配置合适的 BIM 软件，对提高设计效率、优化设计表达、深化 BIM 技术应用等方面，都将起到事半功倍的效果。

1.6.1 BIM 设计软件需求分析

工程设计项目在决定采用 BIM 技术辅助设计时，需要对相关的 BIM 设计软件进行调研分析，筛选合适的 BIM 设计软件，以满足工程设计项目的 BIM 设计应用需求。本节从建筑、结构、机电三个设计专业出发，对相关的软件需求展开分析，以此明确软件使用需求分析应综合考虑的方向。

1.6.1.1 BIM 基础建模软件

正向设计的应用思路在于，先有设计模型，后有设计图纸。BIM 技术应用的理想状态就是在同一套基础模型下继承并展开应用。正向设计的应用思路和理想状态决定了基础建模软件的选用思路。纵观 BIM 技术的应用领域，既有民用建筑工程领域，也有市政路桥基础设施、航空航天机械设计等领域。行业领域发展方向的定性同样也决定了 BIM 技术基础建模软件的选用思路。目前市场上使用较为普遍的 BIM 软件，按照使用领域的不同，主要分为以下类型：

（1）Autodesk 公司的 Revit 系列软件，包括建筑、结构和机电专业，主要应用在民用建筑领域；

（2）Graphisoft 公司的 ArchiCAD 系列软件，包括建筑、结构和机电专业，主要应用在民用建筑领域；

（3）Bentley 公司的 Bentley 系列软件，包括建筑、结构和设备专业，主要应用在工厂设计和基础设施领域。

（4）Dassault System 公司的 CATIA 系列软件，主要应用在航空、航天、汽车等机械设计领域。

以上几大主流 BIM 软件都有属于自己的 BIM 系统平台和交换数据接口，各专业数据模型在同一平台上的数据交换较为流畅，功能应用较为成熟。因此，可以选择对应工程领域的 BIM 软件搭建基础模型。但这并不限定整个工程设计过程一定要完全使用同一软件厂商配套的 BIM 软件，借助其他软件厂商的个别 BIM 软件，或许能取得更好的表达效果，不过这都是在同一基础模型的基础上实现使用功能。

1.6.1.2 设计软件类型

基础建模软件的选用，是对行业发展领域的定向选择，也是专业应用和功能考虑的结果。同一平台的 BIM 设计软件在继承基础建模软件的 BIM 模型后开展 BIM 技术应用。即使在同一软件平台，只是选用一款软件产品来实现一个项目所有专业的 BIM 正向设计也是比较困难的，需要考虑其他软件的辅助作用。例如对于复杂造型的设计方案，可以运用 Rhino 或其他辅助软件进行表达，视频的动画效果可以使用 Lumion 进行表达，但要注意软件与软件之间端口的对接问题。

综合考虑整个工程设计实施过程，在选用 BIM 设计软件时，除了需要考虑专业类型，同时也需要考虑各专业软件的基础使用功能。BIM 设计软件按照专业类型和使用功能的不同可划分为以下几种类型：

（1）按照专业类型可以分为：建筑、结构、暖通、给水排水、电气；

（2）按照使用功能可以分为：专业设计、计算、可视化、日照、风环境分析等。

部分 BIM 设计软件和基础功能如表 1.6-1 所示。

BIM 设计软件类型   表 1.6-1

公司	软件	适用专业	基础功能
Trimble	SketchUp	建筑	可视化
Robert McNeel	Rhino	建筑	可视化
Autodesk	CAD	建筑 / 结构 / 机电	二维图面 设计

公司	软件	适用专业	基础功能
Autodesk	Revit	建筑/结构/机电	工程设计
	3DMAX	建筑	可视化
	Navisworks	建筑/结构/机电	可视化
	Civil 3D	建筑	总图设计
	Echotect	建筑	日照分析
Progman Oy	MagiCAD	机电	机电设计
Trimble	Tekla Structure	钢结构	钢结构设计
建研科技	PKPM	结构	结构设计
广厦科技	GSRevit	结构	结构设计
盈建科	YJK	结构	结构设计
探索者	TSR	建筑/结构/机电	工程设计
鸿业	HYBIMSPACE	建筑/机电	工程设计
天正	天正 TR	建筑/结构/机电	工程设计
理正	理正 for Revit	建筑/结构/机电	工程设计

1.6.1.3 软件性能分析

目前市面上存在的基于 Revit 平台的 BIM 设计软件种类较多，如 Autodesk、广厦、天正、鸿业等。每款软件都有它本身的优越性和局限性，在选择软件进行各阶段设计时，需要综合考虑工程设计项目的实际情况和不同阶段的专业使用需求。当软件的使用功能无法完整地表达设计所要涵盖的内容或无法涵盖设计的各个阶段时，需要考虑多种软件的配合使用，同时，需要考虑软件与软件之间使用性能的差异和模型数据接口的转换等问题，使得设计软件能在工程设计项目中发挥最大的实际效用。

综合考虑工程设计项目的使用需求后，主要从以下几个方面去分析各类设计软件的使用性能：多专业协调性、软件兼容性、参数化功能、可出图性、渲染能力。以好、较好和一般三个等级进行评估，部分建筑专业设计软件分析如表 1.6-2 所示。

（1）多专业协调性主要强调的是工程设计过程中，专业与专业之间在同一个使用平台上的协同配合能力；

（2）软件兼容性主要强调的是使用不同平台设计软件时，设计模型在不同阶段、不同软件之间的可继承性和交互实用性；

（3）参数化功能主要强调的是 BIM 设计软件在建模过程中，模型构件的参数化调整和设计能力；

（4）可出图性主要强调的是 BIM 设计软件在建模后，生成二维 CAD 图纸的自动出图能力；

（5）渲染能力主要强调的是 BIM 设计软件生成渲染图的能力。

建筑专业设计软件分析　　　表 1.6-2

软件	多专业协调性	软件兼容性	参数化功能	可出图性	渲染能力	适用阶段
Revit	好	好	较好	好	较好	方案 / 初步 / 施工图设计
Navisworks	好	好	—	—	较好	方案 / 初步 / 施工图设计
ArchiCAD	好	好	好	好	较好	初步 / 施工图设计
SketchUp	一般	一般	一般	一般	好	方案设计
Ecotect	一般	一般	较好	—	较好	方案设计

注：引用自中建股份《BIM 软硬件产品评估研究报告》。

1.6.2　BIM 设计硬件需求分析

BIM 正向设计打破了传统的设计流程，使得设计不再是专业本身的独立设计，更强调专业间的高度协同。而协同设计很大程度上是指基于网络的一种设计沟通交流手段，形成这种交流手段的硬件设施包括两个方面——支持 BIM 设计软件的个人计算机和实现各专业交流的中心服务器。

BIM 设计软件既包括三维的模型软件，也包括二维的平面软件，其可实现的功能比较多，软件的性能比较高，因此对于计算机的配置要求较高，主要体现在图形图像的显示能力、后台数据的运算能力和信息交互处理能力。从各专业设计对功能使用要求考虑，建议从以下两个层级进行区分：

标准配置：满足各设计专业建模，多专业协同设计、管线综合、采光日照性能分析需求；

高级配置：高端建筑性能分析，精细渲染。

表 1.6-3 为当前版本 Revit 软件平台硬件配置建议。

个人计算机硬件配置　　　表 1.6-3

硬件	标准配置	高级配置
操作系统	Windows 7 64 位 Windows 8 64 位 Windows 10 64 位	Windows 7 64 位 Windows 8 64 位 Windows 10 64 位
CPU	I7 7700 主频 3.6 GHz 以上	I7 7700K 主频 4.2 GHz 以上
内存	DDR4 16GB	DDR4 32GB
显示器	分辨率 1920×1200 以上	分辨率 1920×1200 以上
显卡	GTX1050 以上	GTX1070 以上

BIM 正向设计需要应用多专业的协同设计。Revit 软件中的工作集协同方法是通过局域网进行，当工程设计项目体量较小或资源配置有限时，可以以某台个人计算机为服务器，实现 BIM 软件数据和信息的存储共享。当数据的存储容量、用户数量、使用频率、数据吞吐量较大时，需要考虑搭建中心服务器。表 1.6-4 为搭建数据服务器小

于 100 个并发用户硬件配置建议。

服务器硬件配置 表 1.6-4

硬件	基本配置	标准配置	高级配置
操作系统	Microsoft Windows Server 2012 R2 64 位	Microsoft Windows Server 2012 R2 64 位	Microsoft Windows Server 2012 R2 64 位
CPU	E3-1230 4 核以上，主频 3.4GHz 以上	E5-2620 6 核以上，主频 1.7GHz 以上	双 CPU，E5-2620 12 核以上，主频 1.7GHz 以上
内存	8GB RAM	16GB RAM	32GB RAM
硬盘	5T+RAID 磁盘阵列	10T+RAID 磁盘阵列	20T+RAID 磁盘阵列

1.6.3 软件的配置其他因素

综合上文分析，配置合适的 BIM 设计软件主要考虑软件使用平台、企业发展方向、专业设计类型，专业实现功能等。除了这几类因素外，也可以从以下几个角度出发，对软件进行分析和评估：

从工作效率进行分析和评估：BIM 软件的开发除了满足基本的设计使用功能需求外，是否还包括配套的使用工具，配套工具是否能够高效地提高工作效率。

从软件的市场使用情况进行分析和评估：BIM 软件的开发速度比较快，市场的占有率也有所差异，市场需求的不同，反映了 BIM 软件本地化的使用要求和数据交换需求。

从软件的可开发性进行分析和评估：BIM 软件提供的功能有时候并不能完全满足设计师的使用要求，需要二次开发人员不断完善软件的使用功能。

从契合的建筑类型进行分析和评估：利用 BIM 软件进行模拟建造时，建筑的使用功能、结构承重体系和外部装饰效果等因素，直接影响到模型的设计和表达效果。需要借助不同的软件，满足不同建筑类型建筑的表达需要。

1.6.4 工程应用

某项目为 29 层的超高层建筑，总建筑面积为 164552m²，主要用于商业办公，结构采用钢管混凝土框架 – 钢筋混凝土核心筒设计，外立面采用铝合板玻璃幕墙设计。运用 BIM 技术服务于全过程设计和施工管理，主要涉及专业包括：建筑、结构、机电和幕墙。

结构混凝土的基础模型主要是利用 YJK 的计算模型，钢结构模型主要是利用 Tekla 的计算模型，再将两者的模型导入 Revit 中，避免了设计人员多次重复绘制模型，提高工作效率。建筑和机电专业的 BIM 基础模型都是在 Revit 上实现建模。在 Revit 和 Navisworks 中进一步完成管线综合的优化调整，提前解决综合管线的碰撞问题。同时，利用 3D Max 模拟幕墙安装节点和幕墙吊装工艺，指导幕墙施工安装。

在设计阶段主要使用的 BIM 软件包括 Revit 和 SketchUp 等，表 1.6-5 为 BIM 设计软件配置表。

BIM 设计软件配置表　　　　　　　　　表 1.6-5

序号	软件	专业	实现功能
1	AutoCAD	建筑 / 结构 / 机电	图面表达
2	Revit	建筑 / 结构 / 机电	可视化建模 / 管线综合
3	Navisworks	建筑 / 结构 / 机电	可视化模拟
4	SketchUp	建筑	方案表达
5	Tekla Structure	钢结构	钢结构计算
6	3D Max	幕墙	幕墙模拟
7	YJK	结构	受力计算

1.6.5 小结

BIM 技术在设计阶段的应用优势已经得到广泛认可，如何推动 BIM 技术在设计阶段的进一步发展——BIM 正向设计，首要环节就是选用合适的 BIM 设计软件。如何在这样一个软件种类繁多、平台使用类型多样、各地方 BIM 思想各异和 BIM 应用软件水平参差不齐的软件使用环境因素中，使用合适的设计软件，提高设计效率和推广 BIM 应用，既离不开软件厂商对软件使用功能的优化，也需要软件使用者对软件使用性能、硬件配置条件等内容的研究探索。

（编写人员：陈少伟，陈剑佳，焦柯）

1.7 建筑结构 BIM 正向设计软件实现

建筑设计行业的 BIM 技术应用大都选择了 Revit 软件作为平台，故基于 Revit 结构模型实现直接建模、计算和自动出图是大势所趋。

目前 Revit 结构设计功能较弱，尚不满足我国制图规范和设计规范的要求，阻碍了结构专业 BIM 应用的推广。在 Revit 上开发一套满足我国设计规范要求的结构 CAD 系统成了当务之急。基于 Revit 的结构 BIM 正向系统正是下一代以 BIM 技术为基础的结构 CAD 系统，将有力推动我国 BIM 技术的落地应用。

BIM 技术的应用是一个复杂的系统工程，本节针对建筑结构设计，提出在当前软硬件条件下实现基于 Revit 的结构 BIM 正向设计的方法，并且在 GSRevit 系统开发中，研究总结了适合我国行业应用的结构计算模型 BIM 数据标准和适应全国各地设计单位习惯的结构施工图 BIM 数据标准，以解决 Revit 快速建模、BIM 模型计算和 BIM 出图三个关键技术。

1.7.1　逆向设计和正向设计流程对比

本节所研究的正向设计是以三维 BIM 模型为出发点和数据源，完成从方案设计到施工图设计的全过程任务，而逆向设计是以"翻模"为特征，在设计的每一个阶段各自根据需要将二维数据转换为三维 BIM 模型，BIM 模型的使用价值较低。

当前大多数工程项目的结构 BIM 应用均属于逆向设计，建造过程中需要多次重复建模。结构设计人员初步设计时绘制一遍模板图，结构计算时输入一遍计算模型，施工图设计时根据初设模板图进行深化，碰撞检查时重新建立三维精确模型。整个结构设计过程重复建了 4 次模型，虽然个别阶段模型能重复使用，但总体工作效率比较低。

而正向设计可以做到一模多用。设计时只需要建立 1 个模型，结构设计人员初步设计时建立三维模型，通过平面剖切形成的模板图用于初步设计，在该模型上添加荷载即可用于结构计算，再添加钢筋信息就可以绘制施工图，该三维模型可直接用于碰撞检查，最后该模型可用于算量、施工和运营维护，如图 1.7-1 所示。

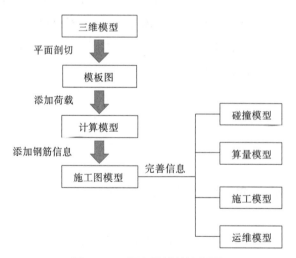

图 1.7-1　正向设计的流程图

结构 BIM 正向设计可实现以下三个目标：

（1）在 Revit 上直接进行建模、计算和结构施工图绘制；

（2）实现滚动式结构设计：三维结构模型随着设计深度的变化，不断添加需要的信息，譬如加偏心、加荷载、加钢筋信息等；

（3）只需要维护一个三维模型，模型中只有一套墙柱梁板数据，即使施工图阶段修改了模型，仍可进行结构计算。

1.7.2 结构 BIM 应用一体化解决方案

Revit 的结构设计功能较弱，为实现高效、可靠，且符合工程师习惯，在 Revit 的主菜单上增加了如图 1.7-2 所示的 8 个子菜单：模型导入、结构信息、轴网轴线、构件布置、荷载输入、模型导出、钢筋施工图和装配式设计。只要采用 Revit 代替 AutoCAD 进行结构方案设计，后续各设计阶段就能实现结构 BIM 正向设计。

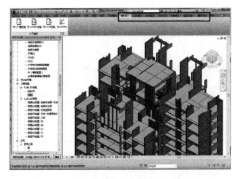

图 1.7-2　Revit 结构 BIM 正向设计
系统子菜单

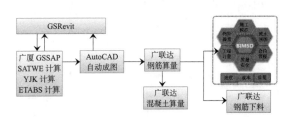

图 1.7-3　结构 BIM 应用一体化解决方案的
实现流程图

结构 BIM 应用一体化解决方案的实现流程如图 1.7-3 所示。其实现过程主要有以下三个关键步骤：

（1）在 GSRevit 中建立 BIM 模型，输入构件几何信息、结构总体信息、荷载信息、设计属性等，结构计算需要用到的所有信息都录入 BIM 模型中；

（2）通过 BIM 模型生成计算数据，无缝对接 GSSAP 进行结构计算，也可导出模型到 PKPM 或 YJK 进行结构计算；

（3）读取 GSSAP、SATWE 或 YJK 的计算结果，在 Revit 或 AutoCAD 中生成结构施工图，GSRevit 生成的施工图可导入广联达软件进行钢筋量、混凝土量计算，并可对接广联达 BIM5D 实现 BIM 模型的扩展应用。

1.7.3　基于 Revit 的结构快速建模

基于 Revit 研究结构计算模型 BIM 数据标准，用于管理结构的几何和非几何信息。非几何信息包括：总信息、各层信息、墙柱梁板设计属性、墙柱梁板荷载等。设计信息的编辑与修改与传统结构设计软件的操作方式相同，方便应用。

1.7.3.1　族及共享参数

为使 GSRevit 建立的 BIM 模型有更好的兼容性，GSRevit 尽量采用 Revit 本身的建模逻辑进行 BIM 模型建模。结构墙、结构板采用 Revit 的墙系统族、板系统族，结构梁采用结构框架族，结构柱采用结构柱族。

为了能够在构件中添加结构信息，通过项目参数在结构构件中添加共享参数。

1.7.3.2 结构总信息

Revit 中缺少关于结构非几何信息的表达方式，结构的非几何信息需要设计师自行开发程序进行输入。

为满足结构计算的需求，GSRevit 中通过对话框输入结构设计总信息（图 1.7-4）、墙柱梁板设计属性（图 1.7-5），为减少工程师操作新软件时的陌生感，其界面设计与 GSSAP 一致。

图 1.7-4　结构设计总信息对话框

图 1.7-5　墙柱梁板设计属性对话框

1.7.3.3 轴网输入

GSRevit 开发了轴网输入模块，菜单见图 1.7-6，工程师可通过该模块实现轴网快速输入。

1.7.3.4 墙、柱、梁、板输入

为方便工程师快速建模，降低工程师使用 BIM 软

图 1.7-6　轴网输入模块

件的门槛，GSRevit 根据传统结构设计软件的输入习惯，开发了墙、柱、梁、板的输入模块。通过该模块进行结构构件建模，仅需要输入构件截面尺寸，不需要考虑 Revit 中关于族的定义及相关操作。图 1.7-7 所示为梁构件截面定义对话框。

1.7.3.5 荷载输入

虽然 Revit 中有输入结构荷载的功能，但其操作方法、显示方式等均与传统习惯差异较大，且在操作便捷性上也不如传统方法。

GSRevit 软件在 Revit 中独立开发荷载输入模块，工程师可通过图 1.7-8 所示对话框输入各种类型的结构荷载，荷载输入后程序将以共享参数和扩展数据形式存于 Revit 文件中。

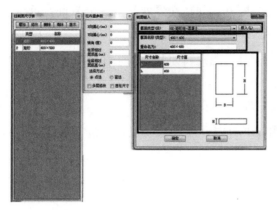

图 1.7-7　梁构件截面定义对话框

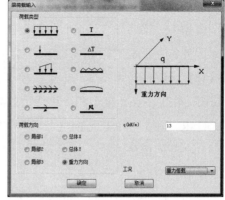

图 1.7-8　荷载对话框

1.7.4　基于 Revit 模型的结构计算分析

1.7.4.1　构件模型与有限元模型

工程师在 GSRevit 中建立构件模型后，生成计算模型，通过构件剖分形成有限元模型，并生成相应格式标准的计算数据。计算完成后，将有限元模型转换为构件模型，工程师所见的计算结果即构件模型的结果，方便设计使用。

1.7.4.2　计算模型和施工图模型的统一

结构设计的过程就是不断深化和反复修改的过程，因此要实现 Revit 模型直接用于结构计算，需要解决计算模型与施工图模型的统一问题。通过研究分析发现，主要有以下问题要解决，如图 1.7-9 所示。

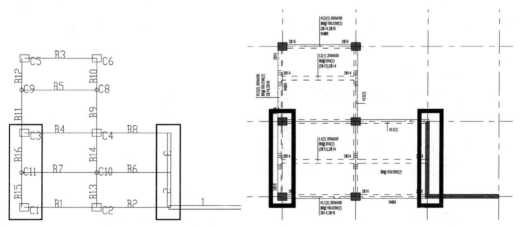

图 1.7-9　计算模型和施工图模型

（1）计算模型中主次梁交接处，主梁需要断开，并在交界处新增一个节点，而在施工图模型中，主次梁交接处主梁不需要断开。

（2）计算模型中梁墙交接处，墙肢需要断开，并在交界处新增一个节点，而在施工图模型中，梁墙交接处墙肢不需要断开。

因此，在形成有限元模型时 GSRevit 通过智能判断如何分段来实现施工图模型的直接计算，保证计算模型和施工图模型的统一。

1.7.4.3　Revit 模型和计算模型双向互导

GSRevit 结构可实现 BIM 模型与 GSSAP 有限元计算双向互导，包括墙柱梁板的几何和非几何信息。

总体信息包括：计算总信息、地震信息、风计算信息、调整信息、材料信息、地下室信息、时程分析信息、砖混信息等。

各层信息包括：结构层高、构件混凝土等级、砂浆强度等级、砌块强度等级、标准层号、对应 Revit 中原有标高等。

设计属性包括：构件抗震等级、计算长度、约束释放情况、施工顺序号、刚域长度等。

荷载类型包括：线荷载、集中荷载、局部线荷载、分布扭矩、集中扭矩、温度变化、曲线变化荷载、风荷载等。

荷载工况包括：重力恒载、活载、土压力、水压力、预应力、雪荷载、升温、降温、人防荷载、施工荷载、消防荷载、风荷载等。

1.7.5　基于 Revit 的自动成图技术

众所周知，国内各地设计单位的施工图绘制习惯大都不同，GSRevit 开发了一套墙柱梁板钢筋标记族和大样族，族参数中增加了相应的绘图习惯选择，满足各地设计单位的需要，形成了适合全国各地设计单位习惯的结构施工图 BIM 数据标准。

1.7.5.1　技术要点

GSRevit 自动成图技术主要有以下技术要点：

（1）自动读取 GSSAP、PKPM、YJK 等结构计算软件的计算结果。

（2）将构件计算内力、配筋等先作为文字信息存储到对应的结构构件中，再通过标签进行相应信息的显示。

（3）根据计算结果实现梁、墙构件的自动分段，对属于同一跨梁或同一墙肢的单元自动合并。

（4）板钢筋族包括 3 个板标记族、3 个底筋族和 3 个面筋族，见图 1.7-10。

（5）梁钢筋族包括 12 个梁标记族和 1 个密箍吊筋大样族，见图 1.7-11。

（6）柱钢筋族包括 4 个柱标记族，见图 1.7-12。

（7）墙钢筋族包括 3 个墙身标记族和 6 个暗柱标记族，见图 1.7-13。

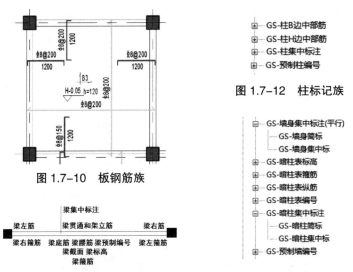

图 1.7-10　板钢筋族

图 1.7-12　柱标记族

图 1.7-11　梁标记族位置

图 1.7-13　墙身和暗柱标记族

1.7.5.2　定制施工图习惯

钢筋施工图一般采用平面表示法，但各地设计单位的绘制方法不完全相同。我们收集了全国各地设计单位的绘图方法，将其贯入自动成图软件功能中。GSRevit 软件开发中，根据以往积累的施工图习惯信息，在 Revit 中针对墙、柱、梁和板钢筋施工图开发了一套施工图族，可满足施工图习惯的要求。施工图绘制习惯设置对话框见图 1.7-14。

图 1.7-14　施工图绘制习惯设置对话框

1.7.5.3　模板图和钢筋施工图

GSRevit 可读取 GSSAP、PKPM、YJK 等结构计算软件的计算结果，在 Revit 中自动生成与 AutoCAD 中一样的墙柱梁板模板图和钢筋施工图。而且，GSRevit 生成施工图时，会将配筋信息输入结构构件中，方便用户对结构信息的联动修改和二次利用。GSRevit 生成的施工图如图 1.7-15 ~图 1.7-17 所示。

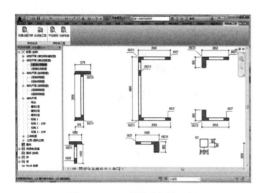

图 1.7-15　墙钢筋平面图

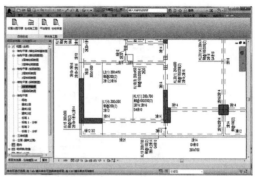

图 1.7-16　梁钢筋平面图

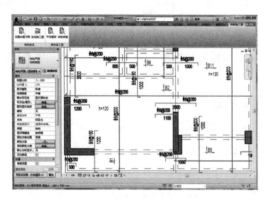

图 1.7-17　板钢筋平面图

1.7.6　小结

GSRevit 是基于 Revit 的正向设计最新研发成果,实现了直接建模、计算和绘制施工图,大大降低了 BIM 应用门槛,帮助工程师从 AutoCAD 走向 Revit 完成 BIM 结构正向设计,将有力地推动 BIM 技术在结构设计中应用。

综上所述,使用 GSRevit 进行结构 BIM 正向设计有以下优势:

(1)不改变原有设计流程;

(2)不改变原有施工图表达形式;

(3)不改变软件操作习惯;

(4)改进了结构设计方法。

(编写人员:吴文勇,焦柯,童慧波,陈剑佳,黄高松)

1.8　Revit 梁平法快速成图方法及辅助软件

基于 BIM 技术的结构设计中,结构专业所遇到较大的阻碍中,结构钢筋的合理表示方法和工作效率是困扰结构工程师的一大难题。在计算机性能允许的条件下，考虑造价分析、施工分析等要求，结构钢筋应作为实体图元在结构模型中建模。但是对于设计人员来说，若以实体钢筋建模作为结构配筋方式，存在着标注困难、易错漏、校审困难、设计周期过长等实际问题，且与传统方法差异过大，大部分工程师需要一定的适应期。本节提出一种解决方案，先采用传统的标注方法，在梁族中以文本的方式加入钢筋信息，再通过二次开发技术，读取图元的钢筋文本信息，根据文本信息生成实体钢筋。

本节提出一种梁配筋的改进方法，并基于 Revit 二次开发技术开发出针对该方法的辅助软件，该方法相对传统的梁平法标注方式稍有改变，但操作方法与传统方法基本相同，工作效率与传统方法差异不大，能满足设计中反复修改的需求，且能通过辅助软件自动生成三维钢筋。

本节所述方法既能满足实体钢筋建模的需求，又能继承原有的设计习惯、校审习惯，并减少错漏。

1.8.1 快速成图方法

本节介绍的梁平法快速成图方法基于钢筋手动输入，再通过辅助软件提高手动输入钢筋的工作效率，以此来满足实际工程中工程师按结构设计要求调整钢筋的需求。

梁平法快速成图方法的工作流程如下：

（1）结构模型三维建模。

（2）梁方向调整为正方向（可由软件自动完成），避免后面生成的标签方向与习惯方向不相同，梁正方向定义为与水平方向的夹角处于以下区间：$(-pi/2，pi/2]$。

（3）新建梁配筋工作视图，该视图与最后的施工图视图有所不同，仅用于辅助添加钢筋信息，在该视图中不显示结构梁截面尺寸等非配筋信息。

（4）添加梁类型信息。将梁的类型信息（如 KL、LL、L 等）填入"梁编号"参数中。

（5）指定连续梁。将某几跨梁根据一定的规则指定为连续梁。此时，如果项目中梁的数量比较少，也可不指定连续梁，每跨梁都单独编号，这样做可以使图面更为简洁。

（6）添加梁编号信息和梁跨号信息。依据传统模板图的注释方式在梁图元中添加梁编号、梁跨号信息，如 KL1-3，将梁序号信息"1"、梁跨号信息"3"分别填入"梁序号""梁跨号"两个参数中。

（7）输入默认配筋信息。根据梁类型、梁尺寸，将传统施工图中采用列表方式表示的内容（如箍筋表、腰筋表等）加入梁图元中，降低后期工作量。

（8）添加配筋小标签。每跨梁添加文字高度为 1mm 的配筋小标签，用于在原位输入配筋信息。小标签仅表示钢筋信息，不表示梁尺寸、标高等几何信息。高度设为 1mm 是为了尽可能地避免文字位置冲突，如图 1.8-1 所示。

（9）链接配筋结果。通过链接 CAD 图形的方式链接计算软件的配筋结果。

（10）原位添加配筋值。基于计算结果，通过小标签在原位添加配筋值，操作过程与传统在 CAD 平面图中配筋类似。

（11）新建梁配筋施工图视图。该视图用于作为梁平法的施工图视图，以每跨梁都集中标注的形式对梁截面、配筋、标高进行注释。

（12）添加配筋标签。给每跨梁添加高度为 2.5mm 的配筋标签，包括集中标注、左右负筋、腰筋、箍筋等，如图 1.8-2 所示。

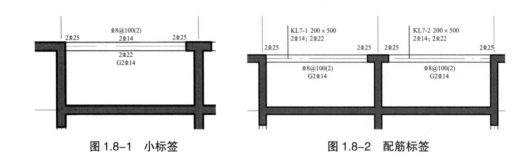

图 1.8-1　小标签　　　　　　　　　图 1.8-2　配筋标签

（13）移动标签位置。标签高度为 2.5mm，如果按 Revit 默认的起点、中点、终点位置，一般来说文字位置会出现冲突的情况，需要调整标签位置，满足施工图要求。

（14）生成实体钢筋。通过二次开发的插件，读取梁图元中的配筋文字信息，依据规范的要求生成实体钢筋。

1.8.2　快速成图方法的优点

（1）通过高度 1mm 的标签输入配筋信息，标签高度小，自动生成的标签基本不会重叠，减少调整的工作量，小标签只标注钢筋信息，不标注截面信息，以此减少信息冗余；需要截面信息时，选择梁图元即可在属性窗口中看到。

（2）通过高度 2.5mm 的标签进行出图，所出施工图与传统方法基本一致，方便校审、施工单位读图。

（3）每跨梁都有完整的钢筋信息（传统方法中，除集中标注的梁跨，其余梁跨仅包含与集中标注不同的信息，而非完整信息），并以每跨梁都进行集中标注的方法规范标注方式；该方法提高了信息的规范性和完备性，方便后期通过二次开发程序生成实体钢筋。

（4）Revit 中梁为实体，通过二次开发技术识别梁尺寸、梁类型，自动添加箍筋、腰筋信息，将传统方法中通过"配筋表"表示的信息直接添加到梁实体图元中，方便查询。

（5）保证每根梁都有完整的钢筋信息，基本不增加多余的工作量。

（6）该方法继承传统的绘图方法，缩短结构设计人员的适应期。

1.8.3　辅助软件开发

梁平法快速成图辅助软件分为 4 个模块，梁编号模块、梁配筋模块、实体钢筋模块和辅助工具模块，软件界面简单直观，操作方便，如图 1.8-3 所示。考虑到不同用户使用的梁族可能不同，软件提供设置界面，允许用户自己设置梁族和对应的配筋参数，设置界面如图 1.8-4 所示。

图 1.8-3　软件界面

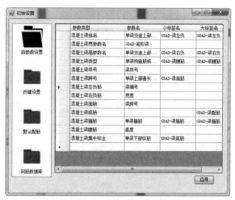

图 1.8-4　族参数设置界面

梁编号模块主要实现梁的自动编号、手动编号功能，主要添加梁的类型信息、序号信息和跨号信息，如添加信息"KL1-4"。

梁配筋模块主要实现辅助输入梁配筋信息功能，主要添加的信息有：梁负筋、梁架立筋或通长筋、梁底筋、梁箍筋、梁腰筋、加腋钢筋等信息。该模块的特点是，对不同类型的钢筋采用不同的输入方法，软件会自动根据所选标签的类型，弹出不同的操作窗口。如果选择的标签为梁负筋标签、梁架立筋或通长筋标签、梁底筋标签，则软件弹出窗口如图 1.8-5 所示，用于在"文字"窗口下填入钢筋值，在"预览"窗口中会显示即将被输入的字符，点击"确定"后，程度将预览窗口中的字符输入到梁对应的共享参数中。如果选择的标签为梁腰筋标签，弹出窗口如图 1.8-6 所示，程序截取抗扭筋标记"N"或"G"后面的字符，填于下方文本框中，用户若勾选"是否抗扭"，则在输入的文本前加入字符"N"，若不勾选，则加入字符"G"。如果选择的标签为梁箍筋标签，弹出窗口如图 1.8-7 所示，用户可在"文字"文本框中输入字符，也可直接在下方的列表中选择箍筋直径、间距、肢数等。为提高工作效率，本模块支持使用字母代替数字进行输入，通过该功能，工程师输入配筋值时左手无需离开键盘，对工作效率有很大的提升。并且，用户可根据自己的需要进行改键设置，如图 1.8-8 所示。

图 1.8-5　梁纵筋配筋界面　　　图 1.8-6　梁腰筋配筋界面　　　图 1.8-7　梁箍筋配筋界面

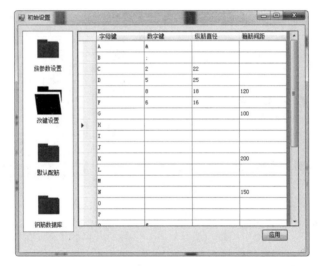

图 1.8-8　改键设置界面

实体钢筋模块主要实现三维钢筋快速建模功能。基于本节方法，每根梁构件上都包含独立完整的钢筋信息，该模块读取图元上的钢筋信息，自动根据钢筋信息生成实体钢筋，如图 1.8-9 所示。基于程序自动生成三维钢筋，生成的钢筋通常需要根据碰撞检查的结果人工调整位置，如果每次钢筋都全部重新生成一遍，则每一次生成的数据都会覆盖掉人工调整的结果，难以在工程中实际应用。因此，该模块提供了三维钢筋修改功能，钢筋标签值有修改时，可自动检测实体钢筋与标签信息的不同之处，并针对不同之处按照一定的规则对钢筋局部进行修改。

辅助工具模块主要包括一些针对常用操作所开发出的系列插件，用于提高工作效率。主要提供的功能包括：梁方向自动调整、批量生成梁标签、标签避让等。

1.8.4　工程应用

图 1.8-9　三维钢筋

某装配式剪力墙结构高层住宅，建筑面积约 1.02

万 m^2，地面以上 27 层，建筑总高度 78.3m，塔楼部分的三维模型如图 1.8-10 所示。本节以标准层为例，使用该辅助软件进行手动配筋。梁配筋工作视图如图 1.8-11 所示。梁施工图视图如图 1.8-12 所示。本层基于广厦计算软件（GSSAP）的计算结果进行手动配筋，总耗时 1h，由于标签生成和位置调整都由辅助软件完成，该部分耗时比在 CAD 中操作少，但修改标签数据时，由于 Revit 软件的响应问题，修改标签后会稍微卡顿，该部分耗时比在 CAD 中操作稍长，总耗时与 CAD 相当。

图 1.8-10 塔楼结构三维模型

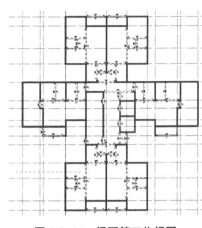

图 1.8-11 梁配筋工作视图

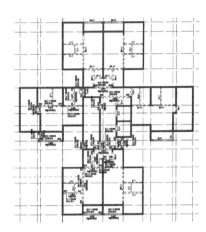

图 1.8-12 梁施工图视图

1.8.5 小结

本节介绍了一种改进的梁平法配筋方法，并针对该方法开发出一套梁平法快速成图软件，具有操作简便、配筋高效、信息完备等特点。通过梁平法快速成图软件的三维钢筋模块，可接力梁配筋文本数据，生成三维钢筋。本节主要结论如下：

（1）在 Revit 中输入梁平法标注信息，主要依靠的是 Revit 的共享参数和注释族功能；

（2）为加强梁配筋信息的完备性，基于 Revit 的梁配筋方法可在传统方法的基础上稍作改变，使得每根梁都具有完整的配筋信息，而不是将部分信息放在集中标注中；

（3）通过使用字母符号代替数字符号的方法，大大提升工作效率；

（4）结合辅助软件，按本节方法添加钢筋文本信息后，可方便地生成三维实体钢筋；

（5）工程应用表明，本节提出的梁平法快速成图方法与传统 CAD 绘图方法拥有大致相当的工作效率。

（编写人员：陈剑佳、焦柯）

1.9 正向协同设计平台模式研究

在建设项目设计全过程中，工作成果的信息化、沟通协同的实时性、离散成果的合理归类与检索，决定了 BIM 正向设计应用的效率与成果质量。传统基于 CAD 的协同设计流程见图 1.9-1，其核心均为对工程文件夹内图纸文件、文本文件进行一定程度的管理，并采用规定统一文件名、图层名称、图纸外参等一系列辅助方式更进一步提高文件协同过程中的规范性与便捷性。

但采用该方式时，建筑设计过程中的各类信息仍旧分存在不同 CAD 文件内对应的图层中，各类功能的二次开发难度极大。

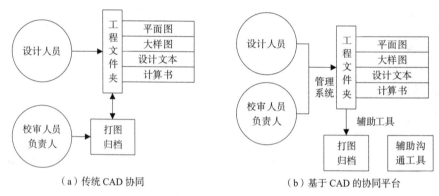

（a）传统 CAD 协同 （b）基于 CAD 的协同平台

图 1.9-1 基于 CAD 的两种设计核心流程

随着 BIM 的逐步发展，以带参数构件为基本单元作为一个存储整体、模型切图及标注进行图纸表达逐步成为信息化设计的主流，设计人员、校审、负责人由面向图纸转变为面向模型，整体流程见图 1.9-2。

在这种设计模式下，协同设计平台需要解决的问题，由基于文件架构协同转向了基于构件协同，对数据架构和形式有了更深入的要求。

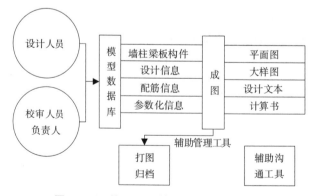

图 1.9-2 基于 BIM 的正向设计核心流程

1.9.1　正向协同设计的难点

目前，设计院推行三维信息化设计过程中，结构专业对抗震计算模型信息已能进行熟练存储及调用、设备专业也能对设备系统进行 BIM 模型设计、交底、管线综合等工作、建筑专业能较好地完成本专业的建模与后续的部分辅助分析工作。然而，在对建设项目的整体推进过程中，基本仍无法做到全流程的多专业协同设计，仍以单专业的三维设计为主，以传统的二三维互提资料进行协同，主要原因如下：

（1）三维设计增加的工作量：基于三维设计后，除二维平面信息外，设计人员还需指定三维信息、空间裁剪关系、构件优先级关系、非几何信息的表达方式等。

（2）反复修改下的协同流程：CAD 设计时通过在图纸上直接进行标注，互相参照二维图纸时直接查阅对应位置的批注，沟通直接有效。而当采用三维协同时，则需处理模型中的批注，并能在不同视图中均进行体现。

（3）设计知识的可重用性、二维与三维成果如何无缝对接：在二维设计过程中，大量具有较强规律性内容，都采用通用大样进行设计说明及描述，目前我国也发布了大量规范、标准、通用图集等一系列措施，需要施工技术人员现场再作处理。在采用三维设计后，通常理解为施工技术人员可以不依赖上述的这些内容，依照三维模型即可施工。这对模型的精度和准确性提出了非常高的要求，然而目前相关软件技术手段均无法保证。

（4）工作拆分及工作量统计方法：对于中心化存储的设计模型信息，参与者较难以传统 CAD 图纸拆分与外部参照的方式对工作面及工作内容进行分割，因此如何合理有效地基于 BIM 进行工作面、工作内容的拆分尤为重要。

（5）技术与企业管理一体化协同：在传统行业推行信息化过程中，以信息化技术改进既有生产方式、提高生产效率、降低错误与返工率等方面均有广泛的研究。而对于建筑行业而言，广泛的参与者、多样化的数据形式、密集的资金投入等都是其特点，但同时也是推行信息技术的主要挑战。

（6）建筑工业化的可扩展性：目前已开展上海、深圳总承包企业编制施工图设计文件的试点。因此，从工程总承包的角度出发，在实际运用 BIM 正向设计的过程中，需要具有类似制造业工业化的相关做法，例如能与加工系统相匹配、与物料系统相结合的概念及功能。

上述（1）、（3）点通过基于 BIM 建模平台二次开发进行解决，而（2）、（4）、（5）、（6）点可通过开放通用性的数据协同平台进行解决。

1.9.2　正向协同平台的基本功能需求

通用数据协同平台既需满足数据来源广泛而准确的要求，还需在协同迭代过程中，保证各来源数据的一致性。具体应用过程中有以下需求：

（1）基于模型的设计信息协同方法

由于建筑工程的复杂性，目前较为成熟的 BIM 建模平台均由专业软件公司开发，如 Autodesk 的 Revit 等。设计单位基于现有 Revit 平台的链接模型、工作集进行设计模型的协同。这两种方式均依托文件服务器，可对模型文件进行拆分、参照协同。

（2）各阶段的文件管理器

为弥补各类建模软件对于文件权限、文件版本、文件归档等相关功能的不足，需采用二次开发完善设计平台中文件管理器的相关功能。基于 Revit 平台进行协同时，由于模型拆分的不确定性，目前仍未有成熟的项目模型架构管理平台，仅依赖统一命名方式进行模型、族的管理。

（3）项目构件级的权限管理

在较大型项目中，参与专业众多，以往 CAD 平台可根据 CAD 图纸文件，对各专业的工作内容、工作阶段进行带权限的管控。而当采用基于 BIM 平台进行协同设计时，如何处理好不同角色在模型中可操作的区域系统尤为重要。

（4）一校两审、项目 ISO 管理、归档方式

在设计过程中，每个设计成果均需要经过校对、审核、审定后，方可正式归档及下发。在以往 CAD 协同平台中，通过不同的 DWG 文件能对设计成果进行批注处理后，生成符合出图归档要求的打图文件。

（5）技术与企业管理一体化协同

随着建筑产业化的逐步深入，设计、施工一体化也展开试点，在推行过程中，BIM 正向设计平台需与企业管理平台进行一体化整合，设计信息、设计过程信息、统一技术标准、经营管理等各类信息需要能在设计过程中实时与构件加工、现场情况得以同步。

1.9.3 主流 BIM 及协同平台对比

目前主流的 BIM 设计平台有以下 5 个，其侧重点及数据协同功能见表 1.9-1。

各 BIM 平台协同功能汇总　　　　　　　　　　　　　　　表 1.9-1

功能		AutoCAD	Revit	Microstation	Tekla	ArchiCAD
功能侧重		二维图纸设计	民用建筑	基础设施	钢结构深化	建筑方案
二次开发	难度	容易	容易，限制较多	难，较为开放	较难	较难
	数量	多，成熟	多，较成熟	少，内部应用	少	少
数据中心		无	基于模型速度慢	基于数据库，速度快	基于模型	基于模型
协同功能		无	有，较弱	有，需二次开发	无	有，较弱

（1）Autodesk AutoCAD，基于平面图的外部参照进行协同，即俗称的"叠图"，此后通过人工校审完成对不同专业的设计成果进行协同校对等工作。

（2）Autodesk Revit，可采用基于工作集的协同，在文件服务器中设置中心文件，各设计人员存储本地文件，通过工作集共同对模型进行编辑修改等操作。对于多专业协同，同样采用模型链接的方式进行校对。

（3）Bently Microstation（ProjectWise），有较完善的协同功能，采用 Web 端浏览与批注。

（4）Trimble Tekla，该软件主要用于钢结构构件、节点的深化设计，对于构件深化加工功能较强，但协同功能较弱。

（5）ArchiCAD，主要用于建筑单专业的全流程设计，在建模、出图、协同中功能较强，但对于结构、设备等其他专业的应用较少。

其中，Microstation 本身独立提供多终端的 ProjectWise 协同平台，且由于 Microstation 平台底层数据架构的效率优势，在基础设施行业得到深入的开发，如华东勘测设计研究院利用 Microstation 进行二次开发后进行三维协同设计已十分成熟。而 Revit 平台凭借完善的建模、族、界面友好、操作便捷等优势，在民用建筑领域应用广泛，各类二次开发小工具完善，但协同主要依赖模型拆分、工作集，缺乏成体系的协同设计平台，基于 RVT 模型文件进行数据存储的效率也较低。

1.9.4　协同平台的技术架构

从技术层面而言，受制于 BIM 相关平台开发规模较大、构件类型与数据关系复杂，目前建模及操作软件均基于上述 5 套软件，并在其基础上进行二次开发以实现各类扩展功能。然而，设计过程中的关键流程，如图纸管理、校对批注、自动出图及归档、详细的权限控制等功能，均无法直接在 BIM 平台进行实现。因此，如何高效契合现有 BIM 核心软件、通过内外部数据交互使得 BIM 管理与企业生产经营管理有机结合，是推行协同平台的关键。

主流数据存储方式分为文件存储与关系型数据库存储，其中，文件服务器为传统的设计协同方式，即对工作中的模型文件、图纸文件、文本文件存储于共享的文件服务器中，并根据特定的权限需求，给予不同设计人员调用、查看、编辑、出图等操作；而基于关系型数据库存储时，则是将所有参数化数据以关系型数据存储于不同分类的"表"中，通过程序预处理后直接对表中的字段进行增删、修改、排序、统计等数据库操作，架构形式见图 1.9-3。

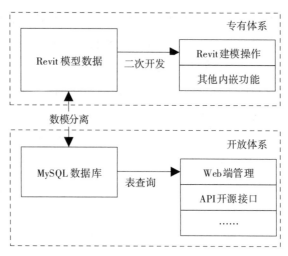

图 1.9-3　BIM 正向协同平台体系架构

在该协同模式核心为"数模分离"，即在如 Revit 等 BIM 建模平台中，进行几何模型及加工模型的建模、调整、出图等操作，并记录其构件对应的 ID 值。而在正向设计平台中，可对该 ID 值进行跟踪，并在独立的数据库中，对版本、状态等信息进行单独存储，以实现校对、审核审定、工作量统计等功能。通过 ID 值关联，当仅对构件的非几何属性（如批注、状态参数、强度属性）进行编辑时，仅修改 MySQL 数据库中相应键值，而不对具体 Revit 模型中的参数进行修改，能极大降低 Revit 运算复杂度，提高 BIM 模型设计效率，同时也能满足项目设计深度、设计成果一致性、批量校核等要求。

常规设计单位设计管理过程中的相关工作，主要分为以下五个部分：

（1）数据终端：基于 BIM 的正向设计过程，包含 Revit 模型文件、CAD 大样图、文本及计算书。

（2）设计端：包含设计信息协同、提资的收发、模型构件信息的协同。

（3）经营管理端：用于确定项目定位、人员分配、进度计划、财务管理等内容。

（4）质量管理端：用于各项目一校两审的批注处理、各项目常见问题总结、质量相关的数据统计。

（5）图档管理端：用于图纸归档、查询、打印等操作，可跟晒图公司对接。

结合上述工作架构，基于 BIM 架设的正向设计平台的典型结构见图 1.9-4，该架构中，数据层分别对二三维模型文件、构件非几何数据分别存储，通过中间层完成整合后，在应用层提供统一的功能，避免工作过程中反复调用不同的软件、平台，造成数据的不一致。基于该模式，笔者此前已完成装配式建筑的轻量化协同管理平台的二次开发，能高效完成各项定制化的数据处理查询功能，见图 1.9-5，在广州市白云区某保障性住房的装配式设计过程中，对构件的设计阶段、版本进度进行控制，能有效保证设计成果与加工图纸的一致性。

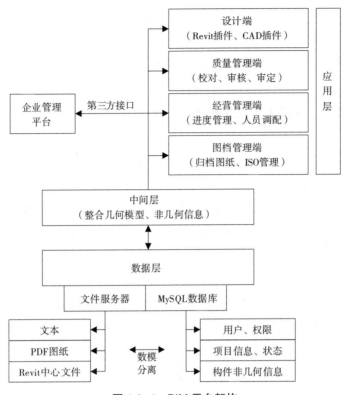

图 1.9-4　BIM 平台架构

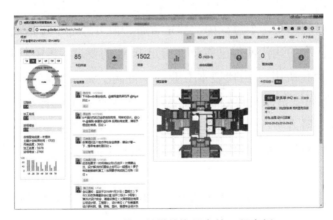

图 1.9-5　基于数模分离平台的工程案例

1.9.5　小结

本节在传统 CAD 协同设计的基础上分析了 BIM 正向设计流程的需求，如基于模型的协同、文件管理、权限构件管理、非几何信息的存储、一校两审的需求，并对现有设计单位协同设计架构、BIM 设计需求、相关平台实现功能进行对比分析，提出了基于关系型数据库 + 文件服务器方式进行数模分离的正向设计协同管理平台的架构。该方法能使现有的模型文件协同方式与信息化的协同方式相结合，通过唯一 ID 值保证了数据的一致性，避免了建模软件、协同平台、企业管理系统、通信软件之间的重复工作，后续可基于该架构指导正向 BIM 协同设计平台的开发完善。

1.10　桩基础设计 P–BIM 软件研究

目前 BIM 在建筑结构领域的实施有两种思路，一种是全生命周期各环节信息在同一个核心软件上集成，这需要相关专业软件公司将其软件在此核心软件上重新开发；另一种是大体上不改变工程师原有的使用习惯，将已有专业软件 BIM 化，以达到 BIM 实施的要求。这方面的首倡者是中国建筑科学研究院黄强研究员，并将其命名为 P-BIM。

上述两种思路对应软件设计行业的两种开发思路，前者对应自顶向下的开发流程，其思路是一开始设计好软件的各个组成部分，然后再逐步完成各个部分的开发。但对于基于 BIM 的这样庞大信息的软件，核心软件要及时适应多专业的需求是不可能的（有些需求的满足可能会导致核心软件的架构做重大调整）。同时，将多个专业软件需求集成在一起，软件性能将难以保证，而且信息过于集中，对使用者来说反而是个障碍。

后者对应自底向上的开发流程（例如敏捷建模过程），其思路是承认人们对事物的认识是逐步增强的。在这个过程中，变是常态，但可通过小步迭代的过程保证变化稳定可控。通过多次的迭代使得已有软件满足 BIM 的要求。P-BIM 认为 BIM 的本质是"聚合信息，为我所用"：由代表本专业的软件向上游软件索取信息，可保证信息量的最有效化；同时变信息在核心软件上的大聚合为在各个已有专业软件上的接口上流动。在当前我们努力实现"互联网 +"的时代，数据通过互联网实现实时流动是很方便的。当数据流动起来后，将会变化出新的软件需求，经过多轮软件迭代，最后实现 BIM 的目标。

基于这种思想，本节以灌注桩基础为例，开发了一套灌注桩从设计到施工全过程的原型软件。本节研究内容是中国建筑科学研究院主持的《BIM 技术在地基基础工程建设标准实施与监督中的应用研究》的一部分。

1.10.1　桩基础 P–BIM 软件的设计流程

为了充分研究数据在接口上的流动，我们将桩基础 P–BIM 软件划分为足够小的模块，每一个模块可单独成一套软件，供不同工种工程师使用，也可多模块合并使用。

在图 1.10-1 所示的软件流程图中，软件被分为 12 个模块。其中圆角框和方框代表软件模块；箭头表示数据的流向；箭头上的数字表示流动数据的索引号。模块内容和数据内容下面做逐一说明：

软件模块：

（1）广厦 AutoCAD 基础软件，为已发布软件，可做独立基础、桩基础、弹性地基梁和筏板基础整体设计，该软件设计好的桩数据可导入桩基设计模块；

（2）勘测软件，采用理正勘测软件，读入勘测信息；

（3）桩基设计软件，完成桩身承载力、钢筋、裂缝、软弱层验算等设计内容；

（4）桩基深化设计软件，计算钢筋笼、焊缝、焊料，可统计材料用量和工程量；

（5）桩基施工组织设计软件，计划桩基施工过程，统计施工时间；

（6）桩基施工项目部管理软件，分配施工任务，汇总手机上传的施工成果，形成竣工模型，并与深化设计得到的合同模型作比较；

（7）桩基手机实施软件，通过现场录入桩基数据、现场拍照，将施工过程实时回馈，输入实际工程量和材料用量；

（8）桩基监理管理软件，填写检测报告，显示检测结果；

（9）~（12）为各种管理软件，事实上可能远不止 4 个。

数据内容：

（1）导入 GS、PK 模型上部结构柱墙定位，柱墙内力；

（2）承台与桩的编号、定位和尺寸信息；

（3）桩内力；

（4）土层资料和土层设计参数；

（5）桩设计信息：详细尺寸、桩钢筋等；

（6）桩施工进度计划；

（7）桩基检测报告；

（8）实际施工进度计划、实际工程量，施工日志；

（9）实测桩位、尺寸、沉降；

（10）补桩信息；

（11）修正土层资料；

（12）工程基本资料；

（13）业主资料、施工方资料；

（14）场地信息；

（15）计划工程量；

（16）钢筋焊接、分段，焊料，套筒信息。

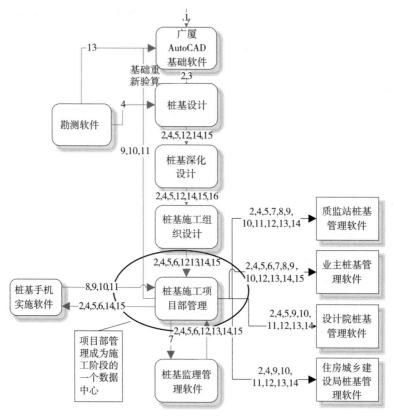

图 1.10-1　软件实现流程图

从图 1.10-1 可看出，桩基施工项目部管理成为施工阶段的一个数据中心。在具体实施时可把此部分数据上传到云端，方便其他各种管理软件获取数据。

1.10.2　数据交换内容

数据内容是 P-BIM 实施的关键。数据可分为全过程流动的基本数据、已经明确需求的专业数据和需求尚不明确的专业数据。例如桩的定位和尺寸为基本数据。明确需求的专业数据尽量要具备前瞻性，例如，在桩身钢筋的设计中，钢筋根数在不同断面有可能是不一样的，因此这类数据应尽量用数组表示。第三类需求虽不明确，但有可能是同类软件的竞争优势所在，因此在数据标准中要允许第三方数据扩展。获得公认的第三类需求可作为数据标准的升级依据。关于 P-BIM 的桩基标准，可参考《地基基础设计 P-BIM 软件技术与信息交换标准》（征求意见稿）。

1.10.3　数据交换格式

数据格式应支持元数据描述。所谓元数据是指描述数据的数据。以可扩展标记语言 XML 格式的一个片段为例：

< 桩长　　　3 米　　　　/ 桩长 >

其中，"桩长"描述了"3 米"的具体意义，"桩长"即元数据。有了它以后，软件在读取数据时可根据元数据读取或者忽略某个数据。例如上游厂商增加了某个数据，这个数据可帮助下游厂商获得某个效果。但下游厂商不是要马上升级这个数据接口，它不修改代码即可忽略这个数据，原有的软件照样运行。在多个厂商参与的 P-BIM 软件的多轮迭代中，保持软件一定的稳定性十分重要。同时，厂商独立增加的数据可以帮助厂商立即得到更好的软件，而不需要等待数据标准的更新。

支持元数据描述的数据格式有很多，基于文本的 XML 冗余度太大，可压缩后传输。P-BIM 目前推荐的是 ACCESS 数据库的 MDB 格式，但因为手机系统目前支持的数据库是 sqlite，可能这是个更好的选择。

1.10.4　软件功能及应用

本系统的实施分为设计和施工两个阶段。设计部分做到深化设计和施工组织设计为止，深化设计的目的是提供合约模型。施工阶段需要在施工项目部架设无线网络，施工项目经理在施工项目部管理软件中将施工任务分配到负责每根桩对应的工长的手机上，工长负责将每天的施工进程用手机回报给施工项目部，形成实施模型，实施过程中发生的问题由施工项目部分发数据给各个相关部门。实施过程的最终模型就是竣工模型。这种操作过程对施工人员是简便易行的。

（1）PC 端软件功能

图 1.10-2 所示软件界面分为功能区（上面菜单栏）、图形操作区、桩属性修改区（右侧），其中菜单显示了多个模块，可通过参数控制拆分其为独立的软件。

其他管理软件，软件内嵌了百度地图（图 1.10-3），在上面可以展示工地的位置。点击工地标签，则会切换到标签标示工地的桩基施工详细情况。

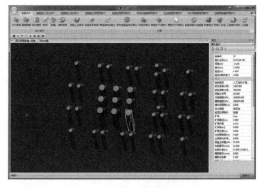

图 1.10-2　桩基 P-BIM PC 端原型软件的界面

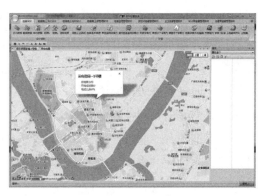

图 1.10-3　通过百度地图管理工地信息

（2）手机端软件功能

手机端软件可记录桩基施工的全过程，并最终建立竣工模型。手机端软件的主要功能包括：通过对比竣工模型和深化设计提供的合约模型，企业可分析计划费用和实际费用的区别；设计院可及时帮助解决施工中发生的问题；监管部门可准确、有效地监管工地的质量和安全情况。手机端软件的主要界面见图 1.10-4。

图 1.10-4（a）为初始工作状态，可用手指放大缩小桩平面图；点击其中一根桩，可弹出图 1.10-4（b）桩修改界面，界面左边竖条为桩工作进度，右边可填写实际发生工程量，以及类似微信的日志流；点击桩工作进度条，可弹出图 1.10-4（c）的桩状态输入界面；图 1.10-4（d）为桩平面图显示的桩进度概要。

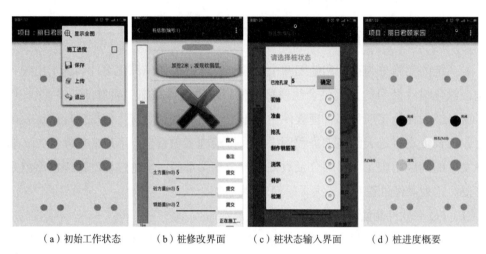

（a）初始工作状态　（b）桩修改界面　（c）桩状态输入界面　（d）桩进度概要

图 1.10-4　手机端软件的主要界面

1.10.5　P–BIM 应用的优越性

通过本节研究和开发工作，可总结出以下 P-BIM 的特点和优越性：

（1）采用由下游软件（需求方）向上游软件提需求的方法，使各专业只按需求去获取信息，而不是自己在一个汇总数据库中去查找，这种分而治之的思路更具现实可操作性。

（2）通过业务的分层达到数据的分层，最后再得出顶层数据库所需要的基本数据。在顶层数据库中处理各专业的协调问题。

（3）把现有专业软件充分利用起来，对现有软件稍加改造，即可实现 BIM 所需要的功能，将大大节省开发成本。在此基础上迭代软件，更新 BIM 标准，以达到最优的状态。

（4）本节开发的 P-BIM 软件可得到桩施工的即时算量，方便控制工程成本，减少施工浪费；施工方可及时将桩施工中出现的问题与甲方、设计方沟通，甲方和设计方可直接接入上传的数据获取当前施工状态，甚至不需要到达现场就能解决问题。

（5）政府各监管部门也可即时获得桩施工的状态，不必到达现场就能即时了解或发现桩施工过程中的质量和安全问题，起到更有效的监督作用。

（编写人员：童慧波，焦柯）

1.11　参数化体块在概念方案中的应用

我国建筑行业正处于高速发展阶段，但 BIM 技术在方案阶段的应用仍处于起步阶段。目前建筑业 BIM 技术多运用于施工图与施工阶段，还未达到全过程应用的理想状态。随着当前建筑设计技术的不断升级与发展，BIM 技术的应用也越来越深入。本节对 BIM 参数化应用在方案及项目室外风环境模拟及项目估算中的应用进行探索，旨在建筑概念方案阶段即实现投资估算与 CFD 模拟协同设计，减少后期返工，从根本上提高设计效率。

1.11.1　设计阶段对参数化的需求

建筑方案设计是建筑设计中最为关键的一个环节，是设计从无到有、去粗取精、去伪存真、由表及里的过程；也是一个集工程性、艺术性和经济性于一体的创造性过程。传统方案设计的流程是以设计任务书作为输入条件，输入的条件如建筑容积率、建筑覆盖率、建筑面积、返还面积等。建筑师根据具体指标要求进行大概的建筑找型，之后进行立面及平面设计。如果依据成果估算出来的项目成本超过预期或风速放大系数过高则需要方案返工进行修正。多种因素导致的重复工作是设计效率不高的主要原因，因此需要我们寻找新的方法减少重复工作，提高方案设计的效率。

1.11.2　参数化在设计阶段中的应用价值

在建筑设计概念方案阶段，使用本节介绍的参数化体块的方法可以便捷地获得具体的经济技术指标（例如容积率、总建筑面积、绿化率等技术指标）。之后通过提取各个体块的数据和图形实现获取建筑经济技术指标、制作投资估算和进行项目室外风环境模拟。帮助设计师在方案阶段直观全面地了解经济技术指标及室外风环境等基础性问题，对该方案合理性进行评估，全局综合考虑。建筑师可以在找到符合经济指标、CFD 模拟要求与合理投资估算的体块表达后再进行更深入的立面设计与平面设计，从而避免设计返工。

1.11.3 Revit 参数化体块在概念方案阶段中的实施方法

1.11.3.1 Revit 参数化体块模型与 CFD 模拟、投资估算软件迭代设计原理

设计师按参数化体块组合成的方案模型按图 1.11-1 所示的流程进行计算和模拟，可以快速得到三组数据，分别是经济技术指标、投资估算、场地 CFD 风环境模拟。之后通过不断修正输入参数达到参数的最优解，在得到最优解之后再输出成果，进行下一步平面设计。

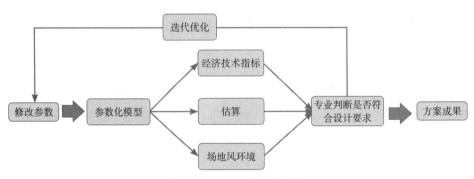

图 1.11-1 参数化流程图

1.11.3.2 Revit 参数化体块导出经济技术指标原理

导入所需体块，通过赋予组成方案设计的各个体块相对应的功能信息（如办公、商业等）和期望的尺寸参数数据，使体块模型的功能属性、参数数据能够在 Revit 体块明细表中体现。之后各相交体块进行剪切命令，使每个空间只归属于一个体块。提取各体块数据至明细表并将相关数据导入 Excel 后通过数据关联和计算便可以得到具体的经济技术指标，从而使 Revit 参数化体块达到参与项目概念方案阶段设计的目的，具体应用流程如图 1.11-2 所示。

图 1.11-2 Revit 体块导出
经济技术指标流程图

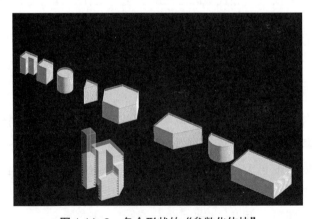

图 1.11-3 各个形状的"参数化体块"

1.11.3.3　设计概念方案得到参数化的详细步骤（以下以项目"雄帝大厦项目"为例）

首先需要根据造型新建数个不同形状的"概念体量族"（图 1.11-3），将体块族导入项目中，输入参数让各个体块模型达到设计师想要的尺度，通过组合和剪切命令设计师可以获得所需的项目整体外形（图 1.11-4），之后赋予体块使用功能属性、为每个体块附上楼层参数和所需共享参数（图 1.11-5），最后导出体块族的参数明细表（表 1.11-1）。

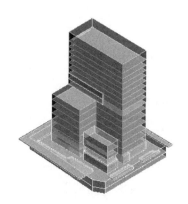
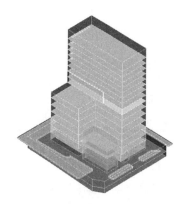

图 1.11-4　由体块组成的项目方案　　　图 1.11-5　赋予体块各个功能属性后的方案

本项目体块参数明细表　　　　　　　　　　　　　表 1.11-1

总楼层面积（m²）	体量族模型	核增核减	功能
231.65	基地面积 1	核增	商业
1585.43	基地面积 2	核增	厂房
10600.02	商业 -1	核增	厂房
10290.96	商业 -2	核增	厂房
510.21	厂房核减 -1	核减	商业
463.30	厂房核减 -2	核减	商业
137.62	厂房核减 -3	核减	厂房
121.25	厂房核减 -4	核减	厂房
158.96	商业 - 屋顶	核增	商业
240.94	核增面积	核增	商业、厂房
8789.33	地下室面积	核增	地下室
1472.06	绿化面积	核增	绿化

1.11.3.4　由 Revit 参数化体块得到经济技术指标的步骤

由以上步骤可得到参数化体块数据，将项目中所需要的技术指标如建筑容积率、建筑覆盖率、建筑面积、返还面积等套入写好公式的经济技术指标表格文件中，并使用 Excel 表格中的数据关联功能，即可得出经济指标结果（表 1.11-2）。

本项目经济技术指标表 表 1.11-2

一、项目概括			
项目名称	雄帝大厦新建项目	用地单位	深圳市雄帝科技股份有限公司
宗地号	G02302-0016	用地位置	龙岗街道宝龙工业区
二、主要经济技术指标			
总用地面积（m²）	5242.20	总建筑面积（m²）	31071.65
计容积率建筑面积（m²）	22523.26	容积率 / 规定容积率	4.30/4.0
地上规定建筑面积（m²）	20302.47	不计容积率建筑面积（m²）	8789.33
地上核减建筑面积（m²）	1232.38	地下规定建筑面积（m²）	0
地上核增建筑面积（m²）	240.94	地下核增建筑面积（m²）	8789.33
建筑基地面积（m²）	1817.08	建筑覆盖率（%）	34.66
绿地面积（m²）	1472.06	绿化覆盖率（%）	27.71
最高高度（m）	73.20	最大参数（地上 / 下）	15/2 层

完成以上工作后，当我们再去调整建筑形体的时候只需修改各个体块的参数，导出明细表并覆盖之前数据就可以很方便地得出新的经济技术指标结果，效率上是明显高于传统方法中使用 AutoCAD 用 Pline 线框面积的方法。

1.11.3.5 Revit 参数化过程中所存在的优缺点问题及对策

优点：通过该方法可以快速得出项目计划经济指标，简单易学。

缺点：设计过程中需要根据造型及使用功能的不同，创建多个体块族，如长方体、球体、三角体、圆柱体等。

对策：关于需要创建多个体块族的问题，我们可以通过建立参数化体块模型库，可在类似项目直接调用予以解决。Revit 平台不同于传统设计软件的使用，只有设计人员整体提高软件熟悉程度灵活运用才能更好地运用 Revit 软件的参数化功能。

1.11.4 Revit 参数化体块求室外场地风环境和投资估算的方法

1.11.4.1 Revit 参数化体块模型导入 CFD 软件关键步骤

由于 Revit 软件导出格式有限，无法直接对接 CFD 软件 xflow，因此需要借助 AutoCAD 作为中转软件。将 rvt 格式模型导出为 dwg 格式模型（图 1.11-6），在 AutoCAD 软件中导出为 iges 格式，最后在 xflow 软件中导入 iges 格式的方案模型。

利用 CFD 软件进行项目室外风环境模拟分析，可知该建筑方案的风速放大系数为 1.55，符合绿色建筑设计规范。若风速放大系数过大，可在 Revit 平台中参数化调整各组成提料的尺寸，并重复上述步骤即可快速求得新的建筑方案的风环境情况，如图 1.11-7 所示。

1.11.4.2 Revit 参数化体块模型导入 Excel 进行估算的关键步骤

利用上阶段 Revit 参数化体块得出建筑项目中的各类经济技术指标，通过 Excel 中

图 1.11-6 AutoCAD 平台中
对体块模型进行格式转换

图 1.11-7 输入参数的体块模拟

关联功能关联到对应公式中即可得到各类投资估算估算总数,实现数据传递。其中"经济指标(元/m²)"为定量,"数量(面积)"为自变量,"投资估算(人民币:万元)"为因变量,每次设计的迭代优化都只需更新变量即可自动求得投资估算。同时可以将投资估算估算表制作为模板,将下一个项目的 Revit 参数化体块明细表关联进估算模板中即可方便求得该投资估算,并能解决以往投资估算人员因方案设计的修改导致重复计算的问题,估算成果如图 1.11-8 所示。

序号	项目编码	项目名称	工程量		造价(人民币:万元)					经济指标(元/㎡)	投资比例(%)	备注
			单位	数量	建筑及装饰工程	设备及安装工程	室外配套工程	其他费用	合计			
一		建筑安装工程费用	㎡	30080.21	6563	3380	149	195.52	10287.15	3419.91	86.58%	
(一)		建筑及装饰装修工程	㎡	30080.21	6563	0.00	0.00	0.00	6562.70	2181.73	55.23%	
1		土石方工程	㎡	22080.00	110.40					50.00		
2		备注先护工程	㎡	4416.00	220.80					500.00		
3		地下部分土建装饰工程	㎡	4416.00	1104.00					2500.00		
4		地上部分土建装饰工程	㎡	23150.00	3009.50					1300.00		
5		外立面幕墙工程	㎡	13350.00	1602.00					1200.00		本项、面积、公共运动空间
6		装修饰工程	㎡	2590.00	516.00					2000.00		
(二)		设备安装工程	㎡	30080.21	0.00	3380.14	0.00	0.00	3380.14	1163.00	28.45%	
1		给排水工程	㎡	30080.21		240.64				80.00		
2		消防/自喷淋系统工程	㎡	30080.21		300.80				100.00		
3		变配电变配电工程	㎡	30080.21		360.96				120.00		
4		电气工程	㎡	30080.21		601.60				200.00		
5		火灾、扁电等自动报警工程	㎡	30080.21		300.80				100.00		
6		智能化系统工程	㎡	30080.21		0.00				0.00		暂不考虑
7		采暖空调工程	㎡	30080.21		1203.21				400.00		
8		电梯工程	㎡	30080.21		220.00				73.14		
9		燃气工程	㎡	530.00		2.12				40.00		
10		外立面泛光工程	㎡	30080.21		150.00				49.87		
(三)		绿色建筑增加费	㎡	30080.21	0.00	0.00	0.00	195.52	195.52	65.00	1.55%	暂按二层考虑
(四)		室外配套工程	㎡	2771.33			148.79		148.79	536.88	1.25%	
1		室外铺地工程	㎡	2771.33	0.00	0.00	148.79	0.00	148.79	536.88		
1.1		道路、广场、停车场工程	㎡	1299.27			45.47			350.00		
1.2		雨水泵收稅化工程	㎡	1472.06			36.80			250.00		
1.3		室外给排水工程	㎡	2771.33			33.26			120.00		
1.4		室外照明工程	㎡	2771.33			33.26			120.00		
		工程费用合计	㎡	30080.21	6562.70	3380.14	148.79	195.52	10287.15	3419.91	86.58%	
二		工程建设其他费用						1028.72	1028.72		8.65%	土石方批价与勘察设计、招标、监理代理等费用
三		预备费						565.79				
1		基本预备费用						565.79	565.79		4.76%	
2		价差预备费										
		总投资(一)+(二)+(三)	㎡	30080.21	6562.70	3380.14	148.79	1790.03	11881.66	3949.99	100.00%	

图 1.11-8 本项目建设方案设计投资估算

1.11.5　小结

　　建筑设计与建筑项目质量息息相关，同时也是项目施工图阶段与施工阶段的前提，重要性不言而喻。为了使建筑项目能够满足基本的建设条件要求，保证项目后期的工作能顺利进行，方案阶段的设计一定要符合项目所需求的技术指标，避免后期因为技术指标不达标或造价过高导致返工，同时也能节约设计人员的时间、精力，使项目能够在有效周期内按时完成，保证各方效益。

　　如果设计人员能利用好新一代软件，充分结合多个软件的优点，实现数据和图形的传递，将达到工作效率倍增的目的。很多项目的方案设计时间紧，工作量大，设计人员容易出现漏算、错算的情况。利用该方法可以很好规避以上问题，实现除基数输入工作外的参数化、自动化、电算化。把复杂的工作交给计算机，同时也提高设计人员的设计效率。需要注意的是在实施该参数化设计的过程中，需要相关造价、绿建人员参与并提出专业意见，从而保证该项工作的有效性，使设计工作更加顺利。

（编写人员：吴彦斌，郑昊，沈晓琳）

第2章 装配式建筑设计

2.1 装配式高层住宅设计方法

　　预制装配式建筑是将建筑的部分或全部构件在工厂预制完成，然后运输到施工现场将构件通过可靠的连接方式组装而建成的建筑。我国装配式建筑市场产值2011年约为43.2亿元，到2015年已上升到约1287.0亿元（图2.1-1），装配式建筑市场潜力巨大，发展迅速，然而目前建筑设计行业并未有成熟的针对装配式建筑的设计方法，对装配式建筑设计方法的研究迫在眉睫。

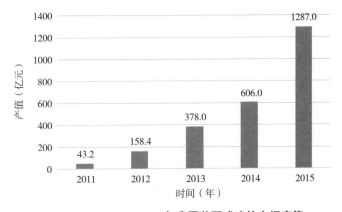

图 2.1-1　2011～2015年我国装配式建筑市场产值

　　装配式建筑的核心是建筑工业化，需要结合完整的产业链，而近年来兴起并正在蓬勃发展的BIM技术，为建筑工业化产业链搭建了一个实用的技术平台。本节以高层住宅为载体，结合BIM技术研究装配式建筑的设计，解决装配式高层住宅设计过程中遇到的关键问题。

2.1.1 基于BIM的协同设计

　　装配式建筑协同的核心是"三个一体化"，即建筑、结构、机电、装修一体化，设计、生产、装配一体化，技术、管理、市场一体化。目前，在运用BIM进行装配式建筑的协同设计过程中，仍存在下述几个难点：多专业模型的架构形式、协同过程中的提资方法、不同流程的提资内容、项目过程中的信息传递。本节主要针对这几点内容进行阐述。

2.1.1.1 多专业模型的架构形式

在方案和初设阶段，模型构件较为简单，对各专业一致性要求也较低，可直接在对方模型内建工作集进行设计，或按单专业单模型进行协同，期间集中几次对模型进行链接校核即可。如项目较复杂，前期各阶段也可适当参考施工图模型架构进行简化组织。

而在施工图阶段，为便于对施工图模型进行维护，需对模型按一定规则进行拆分。常见做法为：跨工作团队跨专业按链接模型进行，同一工作团队按工作集在同一模型中进行协同设计；团队划分时，建筑、结构为土建团队，暖通、水、电为机电团队。

2.1.1.2 协同过程中的提资方法

装配式建筑协同过程中的提资方法有以下5种：全过程链接模型、阶段性同步模型、模型局部提资、CAD图提资、部品提资。

全过程链接模型指项目过程中全过程都直接链接其他专业，每次打开本地模型或重载链接时，可实时更新其他专业的进程，若发现有对不上的地方可及时提出，但由于无法直接得知各部分是否定稿，如有修改仍需沟通确认。

阶段性同步模型指在各阶段，结构方案初步稳定或集中完成某关键部位后，把全模型进行一次整体提资。采用链接其他专业的本地模型放置在本专业目录，只在提资时与中心文件同步一次，或按阶段绑定一套独立的模型，进行提资和归档。

模型局部提资与阶段性同步模型类似，在完成一个时间阶段后，绑定一套模型，并在提资单中注明，只对其中部分视图和某个区域的构件进行提资。

CAD图提资指当接收方无法应用BIM模型时，采用传统的提CAD图方式进行。

部品提资指对单个部品进行提资，其提资内容较为明确，但只适用于较小范围的调整，以及在构件加工阶段，设计单位对部分构件进行设计变更。

上述几种方式应灵活结合应用，典型的协同项目的服务器文件结构见图2.1-2。

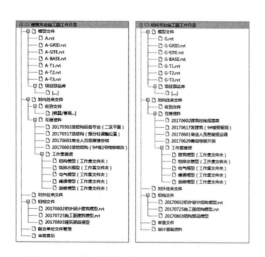

图2.1-2 典型的全专业BIM项目文件结构

2.1.1.3 多方协同

装配式建筑项目进入施工阶段后，项目参与方需进行校对，主要有业主、勘察、设计（建筑、结构、设备、装修）、土建施工、构件加工厂家、安装施工、装修等，各参与方之间如何有效地沟通是影响装配式建筑建造效率的一个难题。

为解决多方协同难题，本节采用B/S模式构建基于互联网的管理系统GDAD-PCMIS，将BIM模型信息进行轻量化存储，针对协同管理过程的相关需求进行系统开发，以使BIM的信息贯穿项目建设的全生命周期，并得以充分运用。平台开发的主要技术路线见图 2.1-3，平台的事项综合浏览界面如图 2.1-4 所示。

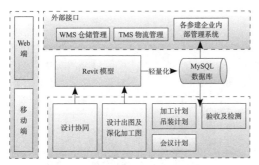

图 2.1-3　平台开发主要技术路线

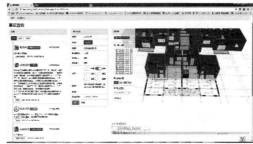

图 2.1-4　事项的综合浏览界面

2.1.2　建筑标准化设计

装配式高层住宅的设计，从成本和建设周期角度考虑，应通过模数协调等手段，依照"多组合，少规格"的原则进行设计。

2.1.2.1　建筑设计

装配式高层住宅的外立面设计应尽量做到造型简单、立面简洁、没有复杂装饰的建筑，符合现代主义建筑"少即是多"理念。

装配式高层住宅的平面设计可通过模块化的方式，将建筑空间根据功能分为卫生间、厨房、卧室、书房、阳台等模块，通过这些模块进行组合，形成基本套型模块，如图 2.1-5 所示。

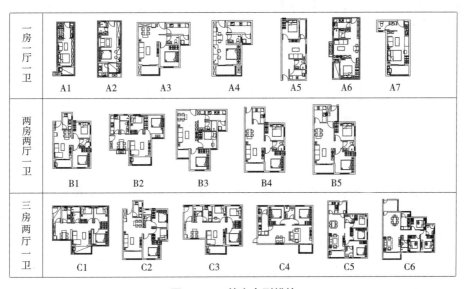

图 2.1-5　基本套型模块

进行平面设计时，将套型模块作为弹性模块，公共空间部分作为固定模块，固定模块保持不变，通过变换弹性模块就可以形成多种组合户型（图 2.1-6），形成的示例户型如图 2.1-7~图 2.1-9 所示。

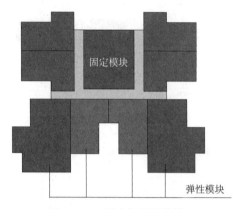

图 2.1-6　固定与弹性模块

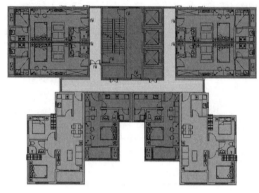

图 2.1-7　示例组合户型 1

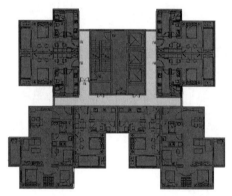

图 2.1-8　示例组合户型 2

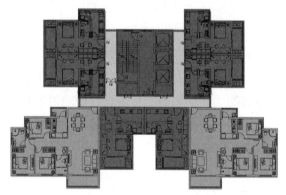

图 2.1-9　示例组合户型 3

2.1.2.2　结构设计

装配式高层住宅结构设计应考虑装配式建筑与现浇建筑的不同之处，在保证结构安全的前提下尽量保证施工的方便性，尽量节省建造材料。

装配式高层住宅若采用预制剪力墙，需考虑预制剪力墙水平接缝对结构受力性能的影响。

装配式高层住宅若采用了预制外墙，结构刚度受预制外墙的影响较大。计算中可通过周期折减系数考虑预制外墙对结构刚度的影响。本节通过高层住宅整体有限元分析，得到不同装配式体系的周期折减系数建议值，如表 2.1-1 所示。

周期折减系数建议值		表 2.1-1
体系名称		建议值
内浇外挂装配式混凝土结构体系	点支承式	1.0
	线支承式	0.8 ~ 1.0
全受力外墙装配整体式混凝土剪力墙结构体系		1.0
内嵌夹芯外墙装配整体式混凝土剪力墙结构体系		0.65 ~ 0.85

对于全受力外墙装配整体式混凝土剪力墙结构体系，由于预制外墙参与结构受力，因此结构刚度非常大，地震作用也很大。针对这个问题，本节提出了一种用于装配式剪力墙结构的预制双连梁（如图 2.1-10 所示，发明专利申请号 201710981864.X），通过设置双连梁降低结构刚度，达到减少地震作用、节省建造材料的目的，同一建筑采用单连梁和双连梁的性能对比如表 2.1-2 所示。

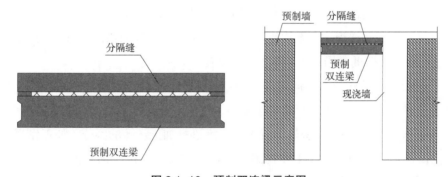

图 2.1-10　预制双连梁示意图

双连梁、单连梁性能对比			表 2.1-2
对比项	对比结果	对比项	对比结果
周期	增加约 4%	风位移	减少约 7%
剪力	减少约 3%	刚重比	减少约 7%
地震位移	减少约 4%	承载力比	减少约 1%
位移比	减少约 1%		

2.1.2.3　构件拆分

装配式高层住宅结构构件拆分应对预制构件从尺寸、重量、传力路径、选筋控制、运输条件等角度进行分析，使得预制构件生产、运输、吊装的总成本降到最低。

对于叠合板，装配式高层住宅的楼板跨度一般不大于 6m，且大部分不大于 3.2m（工程生产线模台宽度限值），叠合板配筋一般由构造控制，且构件重量一般不会超过吊装允许重量。因此，楼板拆分应尽量按单向板拆分，尽可能采用大板，减少吊装次数。

对于预制剪力墙身，其数量由建筑布置确定，拆分时重点考虑减少构件规格数。

可在满足规范要求的前提下，通过调整（一般为加长）边缘构件区的长度，使得预制剪力墙身构件的规格尽量少，方便生产。

对于叠合梁，其规格数主要受结构布置及底筋搭接长度的影响，规格一般较难统一。可通过使用对称户型、统一底筋布置等方法减少叠合梁规格数。

2.1.3 设计样板及建模方法

2.1.3.1 设计样板

设计样板是 BIM 设计标准的重要组成部分，样板设置的目的是进行设计成果的标准化表达，提高设计效率与图面表达质量。一般来说，应在公司层面制作符合装配式高层住宅 BIM 项目的基本样板文件，并且持续积累完善。

对于装配式 BIM 项目来说，除了需要设置装配式全专业设计项目样板（简称"项目样板"），还需要设置装配式预制构件的设计样板（简称"部品样板"）。两者不一致，但有共通之处。部品样板可以在项目样板的基础上进行优化调整。

项目样板、部品样板均主要由以下部分组成：（1）预设的构件族；（2）预设的工作视图；（3）预设的图纸布局；（4）预设的明细表。

项目样板、部品样板的不同之处在于：项目样板的设置主要考虑进行各专业的区分（如工作视图区分为：建筑专业工作视图、结构专业工作视图、机电专业工作视图、装修专业工作视图），部品样板的设置主要考虑进行加工步骤的区分（如工作视图区分为：深化设计工作视图、配筋工作视图、模板工作视图、机电预埋工作视图、安装工作视图），如表 2.1-3 所示。

样板设置的区分要素　　　　　　　　　　　　　　表 2.1-3

样板	区分要素
项目样板	建筑专业、结构专业、机电专业、装修专业
部品样板	深化、配筋、模板、机电预埋、安装

2.1.3.2 建模方法

基于 BIM 的设计需要进行三维建模，对于装配式高层住宅，需要进行土建模型建模（包括构件拆分）、机电模型建模、装修模型建模，机电、装修模型完成后，土建模型需要根据管线走向、插座位置等在预制构件上开洞。

建模方式上，可采用"三中心文件法"，根据项目的实施情况从浅到深过渡定义三个层次的中心文件，不同阶段的模型针对不同的用途进行区分，并采用不同的文件命名进行识别。装配式高层住宅大致上可分为：初步设计模型、施工图设计模型和深化设计模型。不同模型的应用重点见表 2.1-4。

中心文件	应用重点
初步设计模型	应用 BIM 软件构建建筑模型，对平面、立面、剖面进行一致性检查，将修正后的模型进行剖切，生成平面、立面、剖面及节点大样图，形成初步设计阶段的建筑、结构模型和初步设计二维图
施工图设计模型	各专业构建模型，根据专业设计、施工等知识框架体系，进行冲突检测、三维管线综合、竖向净空优化等基本应用，完成对施工图设计的多次优化。装配式构件按照规范要求合理拆分并对构件进行命名和颜色区分
深化设计模型	以施工图设计模型完善为基础，抽取构件进行第一次深化，满足规范、施工、运输等要求，形成本项目的部品库。再与机电、装修结合进行第二次深化，形成最终的项目部品库。然后把施工图设计模型的装配式构件替换成部品库里对应的构件，进行整合、管理、协调、修改，最终完善整个构件深化设计

三中心文件的应用重点　　　　　表 2.1-4

2.1.3.3　预制构件建模

装配式预制构件的建模需满足以下要求：（1）有精确的三维模型，深度达 LOD400；（2）方便工程师选择和切换；（3）三维模型与二维图纸完全一致；（4）不同项目中能积累和重复使用。

为满足上述要求，预制构件的建模应采用"独立 Revit 文件＋链接"的方法：在一个独立的 Revit 文件中进行构件的三维建模，通过剖切和注释形成构件加工图，构件的三维模型和加工图形成一个部品，如图 2.1-11 所示，多个部品文件组成部品库；使用时，通过链接的方式载入项目中心文件中，如图 2.1-12 所示。

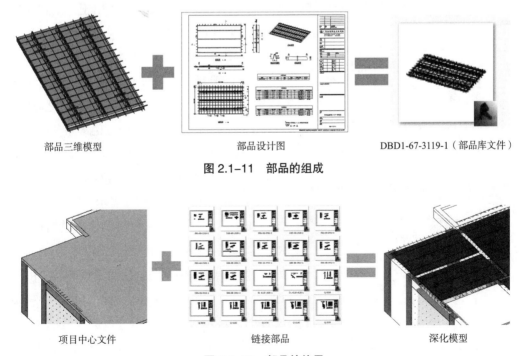

部品三维模型　　　　　　　部品设计图　　　　　DBD1-67-3119-1（部品库文件）

图 2.1-11　部品的组成

项目中心文件　　　　　　　链接部品　　　　　　　　深化模型

图 2.1-12　部品的使用

2.1.4　基于 Revit 的部品库

2.1.4.1　部品库应用方式

（1）部品链接

部品文件通过链接的方式载入主体模型中，进行链接操作时，定位方式为"自动—原点到原点"。

链接后部品被放置在项目原点，在三维视图中，通过修改面板中的"对齐"命令将链接文件移动至需要的标高，在平面视图或三维视图中将部品移动至需要的地方。若有多个地方用到同一个部品，可使用复制的方法建模。

（2）部品修改

由于项目是逐渐深入的，链接进去后的部品可能需要修改或深化（如修改配筋、开设备洞口等），因为修改后的部品实际上是一个新的部品，必须绘制新的详图，因此，遇到原部品无法满足设计要求而需要修改的情况，不能在原部品文件中进行修改，而应该复制出一个新的部品文件，修改部品文件后重新链接到项目中。通常来说，部品的修改可以按如下步骤：

1）打开部品库所在的文件夹，选择最相似的部品，复制出新的文件，按命名规则修改文件名；

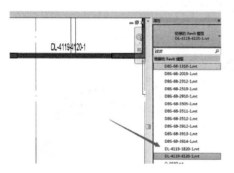

图 2.1-13　通过修改属性替换部品

2）打开部品文件，修改主体构件的族类型名称，修改成部品文件名（用于链接到项目后的注释，后面详讲）；

3）按需要修改部品文件；

4）在项目文件中使用"链接"的方法载入该部品，载入后部品在项目原点，将之删除；

5）在项目中选择需要修改的部品，在属性栏中修改"链接的 Revit 模型"属性（图 2.1-13），用此方法可避免链接后重新调整位置。

（3）部品可见性控制与展示

如果在部品库文件中预设好相应的视图，Revit 允许链接模型在平面或三维中显示部品库文件中预设好的视图，从而实现部品的可见性控制。具体方法为：在可见性设置中将链接文件的"显示设置"选为"按链接视图"，在下拉菜单中选择相应的视图（图 2.1-14）。通过该方法，部品库链接到项目文件中之后，可

图 2.1-14　修改视图设置

由用户自由选择是否只显示部品库中某些构件，如钢筋可选择：全不显示、只显示某些构件的钢筋、显示全部构件的钢筋。

可见性控制方法可协助项目文件的 BIM 展示，如展示全部钢筋（图 2.1-15）、展示预制件钢筋（图 2.1-16）、展示某个预制构件内的钢筋（图 2.1-17）或进行节点区钢筋展示（图 2.1-18）。

  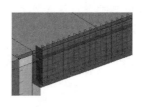 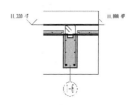

图 2.1-15　展示全部钢筋　　图 2.1-16　展示预制件钢筋　　图 2.1-17　展示预制构件内的钢筋　　图 2.1-18　节点区钢筋展示

2.1.4.2　部品库优缺点

采用本节方法实现的部品库主要有以下优点：

（1）实现模型轻量化

链接进来的模型不增加项目文件的大小。部品中虽然携带钢筋，但可通过切换链接文件的视图样式自由切换每个部品的钢筋显示和消隐，因此不会影响图形显示速度。

（2）实现构件详图与三维模型统一

每个部品库都是一个完整的项目文件，通过在项目文件中建立"图纸"，直接将构件详图集成到部品库中。二维的构件详图是通过三维模型剖切后添加注释信息得到的，可以实现构件详图与三维模型统一。

（3）可积累性

每个部品库文件其实就是一种类型的构件详图，拥有某个部品的完整信息，并且与具体工程项目相独立，可随工程实践积累部品库，前期工作可在后续的工程中继续发挥价值。

但采用本节方法实现的部品库仍有以下缺点和待解决问题，需要通过后续开发和研究进行改进：

（1）部品库管理和保密问题

部品库文件为普通 rvt 格式文件，Revit 本身没有配套相应的文件管理系统，需要用户自行管理部品库文件，并且部品库文件也没有保密的机制。

（2）模型打开时速度慢

如果在项目中链接了大量的外部文件，打开模型时由于需要将链接文件载入，因此花费的时间会比较长。

2.1.5 经济效益分析

2.1.5.1 费用组成

建筑工程建安工程造价是由直接费、间接费、利润、税金组成，具体关系详见图2.1-19。间接费主要为企业管理费和规费。企业管理费和利润根据企业自身情况而变化。规费和税金是根据项目所在地的相关政策计算，为不可竞争费用。直接费由人工费、材料费、机械费、措施费组成，具体关系详见图2.1-20。现浇混凝土结构工程，材料费约占土建建安工程造价的55%～60%。装配式混凝土结构工程，其材料费占比更高。因此，影响装配式建筑造价的主要因素是预制构件材料费。

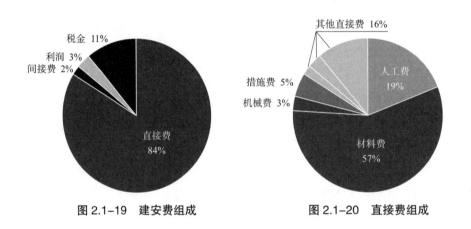

图 2.1-19 建安费组成   图 2.1-20 直接费组成

预制构件材料费是由构件生产费、运输费组成。构件生产费包含原材料费（水泥、石子、砂、钢筋等）、建设工厂费、模具摊销费、工厂设备摊销费、生产人工费、生产使用水电费、厂商利润及税金等组成。运输费包含预制构件从生产工厂运输到项目工地现场的运输费用。预制构件购买原材料费与现浇混凝土原材料费相同。为生产预制构件，工厂需要在前期投入大量资金建设工厂、制作模具、购买生产设备。因此，影响预制构件材料费的主要因素是建设工厂费、模具费和工厂设备费。一般预制厂按照产能需要先行投资500～1000元/m³，全部要摊销在预制构件价格之中。

要实现降低预制构件材料费，必须研究装配整体式结构的结构形式、生产工艺，大力推进装配式建筑，提高预制构件生产量，降低摊销。

2.1.5.2 经济效益分析

本节结合广州市某保障性住房项目（图2.1-21），通过计算标准层工程量，分析不同预制构件组合的造价差异。该项目为两梯六户住宅工程，标准层建筑面积452.26m²。在楼梯、阳台板、空调板、楼板、内隔墙、梁、外墙、柱、剪力墙等构件分别采用预制构件的情况下，计算项目的预制率以及增加的单方造价。

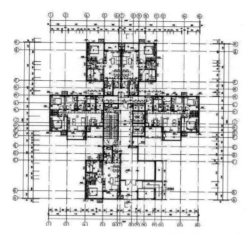

图 2.1-21　广州市某保障性住房标准层

根据 Revit 模型，计算本项目标准层各种构件混凝土工程量，通过广联达软件进行计算，得出不同构件采用预制构件时造价增加的情况，标准层混凝土工程量分配和单方指标增量分析详见表 2.1-5。

	标准层混凝土工程量分配和单方指标增量分析表		表 2.1-5	
序号	预制构件名称	混凝土工程量（m³）	预制率	增加造价（元/m²）
1	楼梯	2.96	2.07%	3.17
2	阳台板	5.32	3.80%	19.10
3	空调板	0.59	0.42%	2.12
4	楼板	45.154	15.79%	68.27
5	内隔墙	41.676	22.57%	311.58
6	梁	20.738	14.51%	82.21
7	外墙	31.876	18.23%	240.70
8	剪力墙	68.216	47.71%	292.54
合计			216.53	

对应某一个预制率，都可以有多种不同的预制构件组合形式，每种组合形式的造价不同。通过对 15%、20%、30%、45%、60% 五种预制率进行分析，得到不同组合下增加的造价（以下数据对应于笔者所提项目，仅为其他项目提供参考），分析表明：

（1）预制率 15% 情况下，最经济方案为楼板采用预制构件，其余采用现场浇筑，每平方米造价增加 68 元。

（2）预制率 20% 情况下，最经济方案为楼板、空调板、阳台板采用预制构件，其余采用现场浇筑，每平方米造价增加 89 元。

（3）预制率 30% 情况下，最经济方案为梁、楼板采用预制构件，其余采用现场浇筑，每平方米造价增加 150 元。若考虑施工现场尽量减少简单湿作业，即首先考虑隔墙采用预制构件，则每平方米造价将至少增加 336 元。

（4）预制率 45% 情况下，最经济方案为外墙、梁、楼板、空调板、楼梯采用预制构件，其余采用现场浇筑，每平方米造价增加 394 元。若考虑施工现场尽量减少简单湿作业，即首先考虑隔墙采用预制构件，则每平方米造价将至少增加 462 元。

（5）为使预制率达到 60%，则需要外墙、内隔墙、梁、楼板、空调板、阳台板、楼梯均采用预制构件，剪力墙采用现场浇筑，每平方米造价增加 727 元。

2.1.6 辅助设计软件开发

2.1.6.1 预制率和装配率计算软件

预制率和装配率是影响装配式建筑方案比选的一个重要指标。Revit 可自动生成构件相关明细表，根据明细表工程量来编制预制率计算书。一般以标准层为单位，分层计算。图 2.1-22、图 2.1-23 所示是 Revit 生成的叠合板混凝土量明细表和通过 Excel 制作的预制率计算表格。

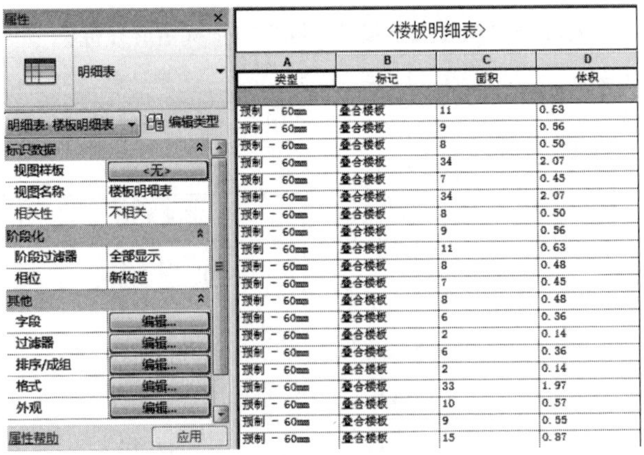

图 2.1-22 叠合板混凝土量明细表

		预制部分			现浇部分	
	部件名称	体积（m³）	备注	名称	体积（m³）
墙体	预制夹心混凝土外墙板（包含部分飘窗）	37.66	其中50%的量混凝土墙板计算，内墙部分免抹灰	现浇剪力墙	86.66
	混凝土条板内隔墙（规格600宽）	24.33			
楼板	叠合板	14.76		现浇板及节点	41.03
梁	叠合梁	0		现浇梁及节点	23.45
阳台	叠合阳台	2.2		现浇阳台板面	2.21
楼梯	预制楼梯	2.8			
合计		81.75			153.35
预制率：81.75/（81.75+153.35）=34.8%					

图 2.1-23 预制率计算表格

上述方法是常用的预制率计算方法，根据上述逻辑，本节开发了能简便地计算出预制率的 Revit 插件：装配式建筑预制率及装配率计算模块，可实现一键计算出预制率结果，特别适合方案阶段的预制率计算。

本节开发的程序共有 5 个工具，分别为"模型扣减""楼板分块""构件标记""预制率计算"和"装配率计算"，其中，"模型扣减""楼板分块""构件标记"等工具用于模型预处理，"预制率计算"和"装配率计算"工具用于预制率和装配率计算。预制率根据

图 2.1-24　装配式建筑预制率及装配率计算软件

预制混凝土构件占所有混凝土构件的比例进行计算，装配率根据《装配式建筑评价标准》GB/T 51129–2017 进行计算，程序界面如图 2.1-24 所示，预制率和装配率计算结果显示界面如图 2.1-25、图 2.1-26 所示。

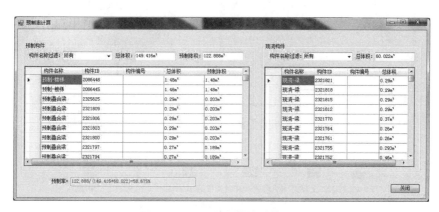

图 2.1-25　预制率模块计算结果

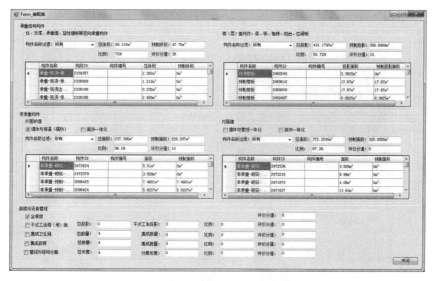

图 2.1-26　装配率模块计算结果

93

2.1.6.2　装配式建筑辅助设计软件

根据装配式建筑设计过程中遇到的实际问题开发装配式建筑辅助设计软件。软件分为4个模块，分别为：结构拆分辅助模块、装配式建筑构件深化设计辅助模块、梁平法快速成图模块、装配式建筑节点验算模块。

结构拆分辅助模块可用于结构梁拆分、剪力墙拆分和结构板拆分。其中，梁拆分参数设置界面如图 2.1-27 所示，生成拆分梁的效果图如图 2.1-28 所示。

装配式建筑节点验算模块用于装配式建筑节点的力学验算，分为"塑性板验算""剪力墙接缝验算""预制梁吊装验算""外挂墙板验算""叠合梁端竖向接缝验算"和"叠合板接缝验算" 6 个模块，程序界面如图 2.1-29、图 2.1-30 所示。

图 2.1-27　梁拆分参数设置界面

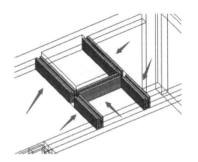

图 2.1-28　生成拆分后的梁

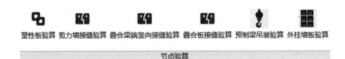

图 2.1-29　节点验算模块界面

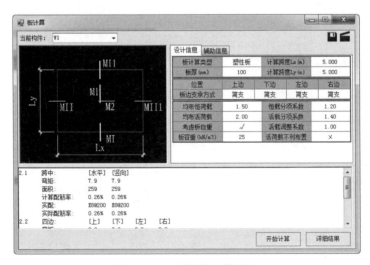

图 2.1-30　塑性板验算界面

2.1.7　小结

本节对装配式高层住宅设计关键技术的研究，是根据实际工作需要，为加快建筑行业转型而开展的。主要针对基于 BIM 的装配式建筑设计方法和影响装配式建筑协同效率、设计效率的问题展开研究。本节通过制定不同需求的工作模板、研究各专业基于 BIM 的建模方法、研究部品库建模和应用方法、研究装配式建筑经济效益影响因素，并结合大量的插件开发，希望为基于 BIM 技术的装配式高层住宅设计探索出一条切实可行的路径。

2.2　装配式高层住宅立面设计

为减少建筑垃圾和扬尘污染，缩短建设周期，提升工程质量，实现建筑产业的转型升级，国家正大力推广装配式建筑。现阶段装配式建筑尚处于探索阶段，市场上有各式各样的装配式体系，对各体系的建筑技术研究也较深入，从设计到施工也实现了 BIM 的全过程控制，在降低建筑成本、提升施工效率方面有了很大的进步。但目前对装配式建筑的认识多为建造技术方面的，在建筑艺术方面，仍然是用传统建筑的评价标准来对其进行评价，在这方面的讨论一般就用标准化、模块化的语言进行带过，缺少系统化研究。本节以目前推广力度最大的装配式高层住宅为切入点，从建筑艺术的角度对其进行初步研究。

最早装配式建筑构想和实现由英国的工程师在 20 世纪初提出，在装配式领域，最早从建筑艺术的角度来探讨建筑技术变革的是勒·柯布西耶的《走向新建筑》，该书中用建筑革命来形容建筑技术对古典建筑艺术带来的冲击，也强调了建立新的建筑艺术的发展方向。勒·柯布西耶本人设计的代表性 PC 建筑是马赛公寓，影响了几代建筑师。现代建筑史上比较有代表性的案例有蒙特利尔 67 号住宅、芝加哥 Marina City 等，日本的新陈代谢派的建筑从技术层面也属于装配式建筑（图 2.2-1）。

图 2.2-1　马赛公寓、芝加哥 Marina City、日本中银大厦

建筑艺术风格取决于建筑空间和建筑造型，建筑造型中也越来越注重表皮设计，各种复杂的表皮若按传统工艺来进行施工，则完成度较低，且不一定能实现。随着技术的不断进步，如3D打印技术、GRC材料、金属幕墙、单元式整体幕墙的出现，使得各种复杂的立面均可以采用装配式的施工工艺，构件可以在工厂生产、现场拼装。也有些建筑可以做到整体空间的拼装。比较有代表性的案例有：纽约迷你公寓项目，采用整体拼装的建造技术；290 Mulberry Street 项目，采用装配式实现复杂的建筑立面；洛杉矶浩瀚博物馆，用装配式建造工艺实现复杂的表皮；芝加哥大学公共住宅项目，采用预制混凝土板与玻璃相结合的装配式幕墙技术，实现了生动的建筑立面效果（图 2.2-2）。

图 2.2-2　洛杉矶浩瀚博物馆、芝加哥大学公共住宅、290 Mulberry Street 大楼

装配式高层住宅的外立面设计，从成本和建设周期角度考虑，应采用标准的设计手法，通过模数协调，依据装配式建筑建造方式的特点及平面组合设计实现立面的个性化和多样化效果。

装配式建筑体系的选择，也会对立面设计产生较大的影响，如内浇外挂的体系，由于外立面构件均采用外挂板，可以全部采用反打技术，使得立面分格尺度更大更完整；竖向构件内嵌的体系，分格方式与外挂差距比较大，由于构件受结构的约束比较大，采用反打工艺时需要增加外叶板，转角构件需单独制作外叶板，立面的分隔受结构构件影响较大，分格面相对外挂体系就较小。

装配式建筑的立面设计和平面设计的原则一致，应尽量采用标准化模块的设计手法，适合造型简单、立面简洁、没有复杂装饰的建筑及"少即是多"的建筑理念。横竖线条排列组合变化，虚实对比变化。建筑立面不宜复杂装饰，需符合现代主义建筑"少即是多"理念。

2.2.1　设计前提

2.2.1.1　模数协调

装配式混凝土建筑设计应符合《建筑模数协调标准》GB/T 50002、《住宅建筑模数协调标准》GB/T 50100 及厨房、卫生间等相关专项模数协调标准的规定；设计应严格按照建筑模数制要求，采用基本模数或扩大模数的设计方法实现建筑构配件、建筑组合件、建筑制品等的尺寸（度）的协调。

2.2.1.2　建筑高度和层高

装配式建筑选用不同的结构形式，可建设的最大建筑高度也不同，结构的最大适用高度参照《装配式混凝土结构技术规程》JGJ 1-2014 中第 6.1.1 的规定。

2.2.1.3　标准化、模块化设计

标准化设计的原则：

（1）装配式高层住宅建筑应采用模块及模块组合的设计方法，遵循少规格、多组合的原则；

（2）装配式高层住宅建筑应采用楼电梯、公共管井、集成式厨房、集成式卫生间等模块进行组合设计；

（3）装配式高层住宅建筑应采用标准化接口；

（4）装配式高层住宅建筑的平面应符合以下规定：

1）应采用大开间大进深、空间灵活多变的布置方式；

2）平面应规则，承重构件布置应上下对齐贯通，外墙洞口宜规整有序；

3）设备与管线宜集中设置，并应进行管线综合设计。

（5）装配式高层住宅建筑立面设计应符合以下规定：

1）外墙、阳台板、空调板、外窗、遮阳设施及装饰等部品部件宜进行标准化设计；

2）装配式高层住宅建筑宜通过建筑体量、材质肌理、色彩等变化，形成丰富多样的立面效果；

3）预制混凝土外墙的装饰面层宜采用清水混凝土、装饰混凝土、免抹灰涂料和反打面砖等耐久性强的建筑材料。

（6）装配式高层住宅建筑应确定合理的层高及净高尺寸。

2.2.2　模块化设计

模块化设计是建筑工业化不断发展的结果。它是一种新兴的建筑生产形式，既可以提高营造效率，降低成本，同时还因能够减少现场施工从而减少对环境的影响，显著地缩短工期，这是其他建筑生产方式无法做到的。模块化是一种组成构件比较复杂的建筑"总成"，但它的规格型号也不宜过多，否则不利于有效地组织生产。大规模建筑和标准化最能体现模块化建筑优势。

高层住宅建筑的模块化设计从建筑平面入手，先将建筑平面进行拆解，使其各功能形成固定的模块，再对其进行组合，可以有效地减少后期构件拆分的种类，减少部品部件的种类。

功能模块化：将各功能空间进行模块化归类，如卫生间模块、厨房模块，卧室模块、书房模块等，利用该模块进行组合，形成各种户型模块（图 2.2-3），也便于进行

集成卫生间和集成厨房的布置。

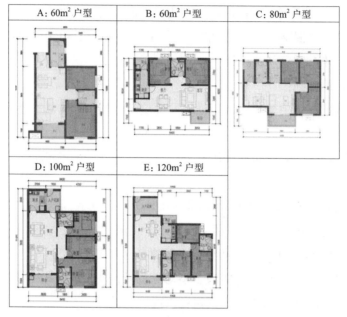

A：60m² 户型   B：60m² 户型   C：80m² 户型

D：100m² 户型   E：120m² 户型

图 2.2-3　模块化功能分区

2.2.3　装配式高层住宅立面设计方法

对装配式立面影响最大的是构件的种类和大小，因此结构的拆分是其最大的影响因素。

2.2.3.1　拆分原则

装配式建筑的结构拆分主要是结构设计师的工作，但建筑立面的外墙构件及涉及设备管线预埋构件的拆分不仅要考虑结构的合理性和可实施性，更要考虑建筑功能、艺术效果、后期管理维护等。所以建筑外立面和涉及较多管线预埋的构件拆分应以建筑师为主。

外立面构件的拆分需考虑的因素包括：

（1）建筑功能的需要，如围护功能、保温功能、采光功能等；

（2）建筑艺术的要求；

（3）建筑、结构、保温、装饰一体化；

（4）对外墙或外围柱、梁、剪力墙后浇筑区域的表皮处理；

（5）构件规格尽可能少；

（6）整间墙板尺寸或重量超过了制作、运输、安装条件的许可时的应对办法；

（7）与结构设计师沟通，符合结构设计标准的规定和结构合理性；

（8）与结构设计师沟通，外墙板等构件有对应的结构可安装性等。

2.2.3.2 各种结构体系的拆分特点

此处的结构体系是从建筑专业出发，考虑对建筑立面形式影响较大的几个结构因素进行的划分，跟从结构专业角度出发所划分略有不同。

（1）钢结构体系

钢结构体系的建筑一般采用混凝土核心筒，外围钢结构框架体系，外围钢框架的形式各有不同，如广东省建筑设计研究院推出的 U 形钢梁钢框架（SP）体系、杭萧钢构力推的钢管束结构体系等。钢结构对应的外立面形式基本有两种，一种是采用轻质外挂墙板，如木丝绵水泥板、夹心混凝土板等；另一种是内部为砌体结构，外围采用幕墙形式的外挂水泥纤维墙板。因主体结构和外围立面关联性不大，故受主体结构制约相对较小，外立面形式较为灵活。

（2）内浇外挂预制混凝土结构体系

内浇外挂是前几年国内使用较多的体系，如万科、远大均采用此种体系（图 2.2-4），该体系优点是结构受力构件均采用传统现浇形式，和目前的结构规范不会形成冲突，结构部分的计算和传统形式差别不会太大，实施难度也相对较低；缺点是室内空间会突出结构构件，墙体的规整性较传统现浇住宅差，外挂部分也计容建筑面积，因此，有些地方针对此类

图 2.2-4　远大内浇外挂体系

住宅给予 3% 的容积率奖励，或者将外挂部分不计入容积率面积内。此种方式比较适合做反打外立面，外立面的拆分受结构影响相对较小。

（3）内嵌预制混凝土结构体系

内嵌预制混凝土结构体系不算一个严格的结构体系概念，是从建筑专业角度出发，从安装方式上对其进行的定义，如果从结构专业出发，类似于装配式剪力墙结构体系，但又不完全相同。

内嵌混凝土预制混凝土结构又可分为全受力的外墙体系，如《装配式混凝土结构住宅建筑设计示例（剪力墙结构）》15J939-1 就采用的此种体系（图 2.2-5），所有外墙构件均参与受力。

预制混凝土剪力墙加内嵌夹芯外墙体系（precast concrete shear wall inset sandwich wall，简称 SIS 体系），主要受力构件的受力原理与传统受力构件类似，图 2.2-6 就采用的此种体系。

该体系外墙板与受力构件平齐，室内墙体规整，不会影响建筑面积的计算，空间体验较好。对施工的精确度要求较高。在做全装修外立面时，需伸出部分外叶板，对工厂预制和运输的要求较高（图 2.2-7），构件的外叶部分较易损坏，施工难度大。

图 2.2-5　全受力外墙结构体系

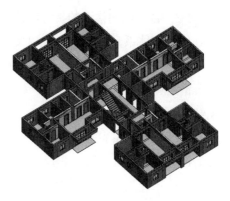

图 2.2-6　预制混凝土剪力墙加内嵌
夹芯外墙（SIS）体系

图 2.2-7　相同平面的不同立面形式

2.2.4　装配式高层住宅立面发展方向展望

随着技术的不断进步，建造成本也会随之降低，建筑立面的可能性也会越来越多，实践项目变多，最终也会形成几个比较明显化的立面形式。BIM 技术的采用，也使得装配式建筑建造会越来越容易。

2.2.4.1　简洁有规律的立面

根据装配式建筑方式的特点，采用固定的一个或几个经过细致推敲的外立面构件进行不断重复，组合出简洁有规律的立面。

2.2.4.2　外挂的多样化立面

外挂是装配式最重要的建造方式之一，在未来的发展中，外挂的形式也会越来越多样化，外挂可以在不改变住宅原有结构形式的前提下，实现多样化的建筑立面。

2.2.4.3　住宅和公建立面的趋同性

随着建造方式的趋同以及国家提倡的开发小区的理念，未来高层住宅的设计和公建的立面会越来越趋同。

最后用 GMP 事务所的设计理念来对装配式建筑立面做一个展望：以简洁的形式去设计建筑，严格的建筑标准和统一性原则经得起时间的检验。

2.3 装配式住宅全装修部品体系

装配式全装修集标准化设计、工业化生产、装配化施工、信息化管理于一身，设备管线与结构主体分离、干法施工、墙体收纳一体化。以工厂化部品体系应用为基础，全面实现施工现场的干作业，同时实现高效率、高精度、高品质。相比传统装修，装配式住宅全装修能延长住宅寿命、改善居住品质、降低人工成本、提升建设速度、提高居住适应性。

2.3.1 装配式住宅工业化与标准化建设

（1）传统住宅建设和装修施工中的主要问题

1）严重的材料浪费

在住宅装修施工过程中，由于不确定因素和影响因素较多，施工方会预备比实际多余的装饰材料，然而装修过后总是会剩下很多余料，通常会浪费 10% ~ 15% 的装饰材料（图 2.3-1a）。

2）分散式的手工作坊

在实际的装饰装修过程中，业主会进行装修定制，因此很多装饰公司都有小型的手工加工机具，其加工特色是一种劳动密集型的产业方式，从业者的社会地位较低（图 2.3-1b）。

3）工程质量缺乏保障

分散式手工作坊的定制加工形式不能保障工人的手工生产水平，其中一些手工生产的产品难免有瑕疵，并且由于工人技术程度不高、机械水平低设备简陋等，其装修的质量主要依赖于工匠的个人手艺，很难保障装饰施工质量。

4）施工现场环境差

施工现场所产生的粉尘、噪声、满地的水泥、砂石、木屑，产生大量的施工垃圾等污染，必定影响了周边环境的协调。而且，在现场协调各道装修工序的难度大，很难进行有序、有效的集中管理。

5）行业中的竞争混乱

由于装修施工技术的含量较低，装修的施工人员的素质有较大的差距，并且流动性非常大，常表现出无组织、无纪律的状态。很难对施工现场进行规范管理。施工标准形同虚设，每道工序的过程都凭工匠的个人经验进行，而统一的施工标准几乎不能得到有效落实。在现场施工过程中，难免会影响到建筑的结构层以及相关的配套设施，给住宅带来不同程度的安全隐患。此外，一些刚入门的个人通过挂靠装修公司承揽装饰工程，会采取偷工减料的方式进行工程施工，造成了一些垃圾工程（图 2.3-1c）。

（a）材料浪费 　　　　 （b）手工作坊 　　　　 （c）竞争混乱

图 2.3-1　装修工程主要问题

（2）装配式住宅工业化建造技术的优缺点对比

装配式住宅工业化建造技术优点：

1）装饰构件是在工厂里面进行规模化、预制生产的，具有稳定的质量。

2）属于一种绿色、环保、节能的建造形式。它使住宅室内装修的生产方式由粗放型转变成集约型。

3）模块化装修构件的运用，只需要施工工人进行组装即可完成装饰装修。这样的施工组装过程基本不会产生污染物体，对材料的运用进行全面控制，减少中间环节的不利影响，有效缓解因材料引起的装修污染。施工环境亦能够得到有效的保证，从而实现文明施工。

4）装饰构件进行标准化的工厂化生产，能有效满足构件的精确度，构件尺寸有保障，然而对现场安装提出了较高的技术要求，安装必须要使用专门的器械，对安装人员有较高的技术要求。

装配式住宅工业化建造技术缺点：

1）现阶段对于一些非常规户型适应性较差，需要单独开模生产，在数量不是很大的情况下，暂时享受不了工业化装修的优势。

2）各个部品与第三方厂商接口标准化的问题需要很大程度协调。

2.3.2　装配式住宅空间和部品模块化设计方法

2.3.2.1　模块化的原理及方法

（1）遵循住宅空间和部品的模块化设计方法，对这些单位功能空间模块进行二次分解，就可以获得子模块，这些子模块对应某个特定的居住行为，称为单一功能空间模块。这些功能空间被继续分解时，部品和产品从空间中被剥离出来，形成内装部品模块群（图 2.3-2）。

（2）内装部品体系按其所处部位和承担功能分为不同的类型：顶棚、地面、墙体、门窗、厨房、卫生间、设备、管线、家具九大类（图 2.3-3）。

（3）内装管线部品体系的分类：设备和管线部品（各专业管线采用与建筑结构体分离的安装方式）。

（a）标准户型　　（b）单位空间模块　　（c）单一空间模块

图 2.3-2　装配式户型拆分示意图　　　　　图 2.3-3　内装部品类型示意图

（4）按上述分类方式，对不同类型的内装部品体系进行编码，就可以使每一个部品有一组自己的数字，获得一个专属的 ID 号（图 2.3-4）。

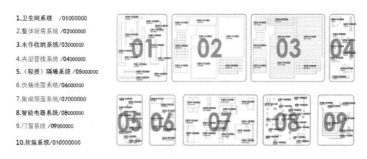

1.卫生间系统　/01000000
2.整体厨房系统　/02000000
3.木作收纳系统　/03000000
4.夹层管线系统　/04000000
5.（轻质）隔墙系统　/05000000
6.快装地面系统　/06000000
7.集成顶面系统　/07000000
8.智能电器系统　/08000000
9.门窗系统　/09000000
10.软装系统　/010000000

图 2.3-4　内装部品编码示意图

2.3.2.2　空间及部品设计尺寸的相关要素

（1）人体工学尺寸

人体尺寸是居住空间和部品体系尺寸设计的基本依据，人体尺寸分为静态尺寸和动作尺寸，动作尺寸是指人在完成特定行为时需要的空间范围。

（2）生产尺寸

设计时必须考虑通用材料的规格是主要的因素，生产设计以特定的结构形式通过一定方式使材料成型的一种工业产品。采用金属连接件进行连接的装配方式，使装修产品安装、拆卸自如，使模块化装修构件组合自如。经过批量生产的各种模块化装修构件，只有在装配阶段才能组合成消费者所需要的形式。生产尺寸设计应包括：单件尺寸、组装尺寸以及便于仓储和运输的包装尺寸等。

（3）比例尺寸

主要部品体系之间、部品体系与空间之间形成的尺寸比例关系，在其配套关系上有严格的比例规则，必须符合人体的使用功能。

（4）模数尺寸

为了实现设计的标准化而制定的一套基本规则，使不同的计算和布局中及各分部之间的尺寸统一协调，使之具有通用性和互换性，以加快设计速度，提高施工效率、降低造价；基本模数是模数协调中选用的基本尺寸单位，模数制就是在模数的基础上制定一套尺寸协调标准。

2.3.3 标准化部品体系设计

2.3.3.1 集成吊顶系统

系统构造：

（1）调平：专用几字形龙骨与墙板顺势搭接，自动调平；

（2）加固：专用上字形龙骨承插加固吊顶板；

（3）饰面：顶板基材表面集成壁纸、油漆、金属效果。

系统优势：

龙骨与部品之间契合度高；免吊筋、免打孔、现场无噪声；施工简单，安装效率提高 100%。

2.3.3.2 集成架空地板系统

使用架空地板系统，全部干法装配，预设预留地暖 / 新风毛细出口 / 管线（图 2.3-5）。

系统构造：

（1）架空地脚支撑定制模块，架空层内布置水暖电管；

（2）调平地脚螺栓，对 0 ~ 50mm 楼面偏差有强适应性；

（3）保护配置可拆卸的高密度平衡板，耐久性强；

（4）地板超耐磨集成仿木纹免胶地板，快速企口拼装。

系统优势：

大幅度减轻楼板荷载；支撑结构牢固耐久且平整度高；保护层的平衡板热效率高；现场装配效率提升 300%；作业环境友好，无污染、无垃圾。

图 2.3-5 架空地板系统　　　　图 2.3-6 集成墙面系统

2.3.3.3 集成墙面系统

使用吸隔声装饰一体化内隔墙板达到户内房间工业化建造装饰一次完成（图 2.3-6）。

系统构造：

（1）分隔：轻质墙适用于室内任何分室隔墙，灵活性强；

（2）隔声：可填充环保隔声材料，起到降噪功能；

（3）调平：对于隔墙或结构墙面，专用部件快速调平墙面；

（4）饰面：墙板基材表面集成壁纸、木纹、石材等肌理效果。

系统优势：

大幅缩短现场施工时间 200%；饰面仿真性高，无色差，厨卫饰面耐磨又防水；可适用于不同环境，墙板可留缝，可密拼；免裱糊、免铺贴，施工环保，即装即住。

2.3.3.4 整体卫浴系统

卫生间使用集成卫浴，整体吊装入户；整体卫生间在有限空间内实现洗面、沐浴、如厕等功能，又保证产品的独立空间性（图 2.3-7）。

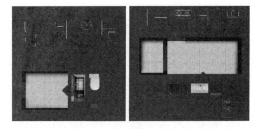

图 2.3-7 整体卫浴系统

集成卫浴系统构造：

（1）墙面防水：墙板留缝打胶或者密拼嵌入止水条，实现墙面整体防水；

（2）地面防水：地面安装工业化柔性整体防水底盘，通过专用快排地漏排出，整体密封不外流；

（3）防潮：墙面柔性防潮隔膜，引流冷凝水至整体防水地面，防止潮气渗透到墙体空腔；

（4）浴室柜：可根据卫浴尺寸量身定制，防水材质柜体，匹配胶衣台面及台盆；

（5）坐便器：定制开发匹配同层排水的后排坐便，契合度高。

系统优势：

工业化柔性整体防水底盘，整体一次性集成制作防水密封可靠度提升 100%，可变模具快速定制各种尺寸；整体卫浴全部干法作业，现场装配效率提升 300%；专用地漏，满足瞬间集中排水要求，防水与排水相互堵疏协同，构造更科学；地面减重 70%；整体卫浴空间及部件，结合薄法同层排水一体化设计，契合度高。

2.3.3.5 集成厨房系统

系统构造：

（1）柜体：橱柜一体化设计，实用性强；

（2）台面：定制胶衣台面，厚度可定制，容错性高，实用性强，耐磨；

（3）排烟：排烟管道暗设吊顶内，采用定制的油烟分离烟机，直排、环保、排烟更彻底。

系统优势：

柜体与墙体预留挂件，契合度高；胶衣台面耐磨、抗污、抗裂、抗老化、无放射性；整体厨房全部干法作业，现场装配效率提高 200%；无需设置排烟道，节省厨房空间。

2.3.3.6 生态门窗系统

系统构造：

（1）内嵌：门扇由铝型材与板材嵌入结构，集成木纹饰面；

（2）冷轧：门窗、窗套镀锌钢板冷轧，表面集成木纹饰面。

系统优势：

套装门防水、防火、耐刮擦，抗磕碰，抗变形；窗套防晒、耐水、耐潮、耐老化；无甲醛，生态环保；现场装配效率提高 200%。

2.3.4 装配式住宅全装修部品体系综合效益分析

（1）装配式住宅施工与传统装修的区别主要体现在节水、节能、节材、节地、碳排放减小等经济效益。

（2）对于内装施工单位来说，装配式住宅全装修与传统装修的直接成本主要由主材或设备、人工、辅料和机械费用组成；预算＝决算，造价可控，投资可控，达到综合成本最优。

（3）而对于开发商来说，还要包括一些间接成本，如设计成本的提高、销售周期等因素的影响等。

（4）根据项目和市场销售、供给等实际情况建议初期只做部分部品装配式（如住宅内水电空较为集中的厨房、卫生间），然后可依据市场需求、技术发展调控可以逐步加入其他部品装配式，以便灵活应对社会发展，减少不必要的成本投入。

（5）装配式装修与传统装修安装阶段相关数据对比：区别于传统装修，装配式装修可提高八大系统的预制率，通过合理设计与精准安装，可提高装修质量。具有装配速度快、质量稳定可靠、自重轻等特点。以 100m² 户型住房为例进行对比，节材节能效果明显（表 2.3-1）。

节材节能效果　　　　　　　　　　　　　　　　　　表 2.3-1

内容	传统装修做法	装配式装修做法	对比
现场施工作业工期	约 45d	约 10d	减少 80%
总用工量	80～100 个工作日	约 30 个工作日	减少 65%
地面用材	混凝土、水泥沙、石材或瓷砖等，综合每平方米重量约 120kg	集成架空地板等，综合每平方米重量约 35kg	减少 70%
隔墙用材	水泥隔墙板、水泥沙、瓷砖、腻子、涂料等，综合每平方米重量约 100kg	轻钢龙骨、岩棉、内隔墙板等，综合每平方米重量约 25kg	减少 75%
吊顶	埃特板或金属板	涂装板吊顶，综合每平方米重量约 5kg	基本持平
装修材料重量	约 20t	约 8t	减少 60%

2.3.5 小结

装配式住宅全装修部品体系的发展，有赖于各部品材料的部品化设计，工厂一体化、工业化预制式生产，现场装配式组装，全寿命周期，信息化管理等环节的重要配合。加快推进装配式住宅全装修可从本质上提升住宅工程品质，提高工程建设的效率和效益，减少建筑垃圾排放和污染，降低资源和能源消耗，改善劳动生产环境，提高职业健康和安全水平，实现建筑业的全面可持续发展。大力发展装配式住宅全装修是绿色、循环与低碳发展的必然要求，是提高绿色住宅和节能绿色住宅建造水平的重要手段，并对实现房地产业规模发展、延伸产业链条、促进绿色发展具有重要意义。

（编写人员：冯文成，李俊杰）

2.4 Revit 正向设计族库建设

Revit 软件的主要功能是在三维模型环境中，充分利用 Revit 族搭建可视化三维模型。从 Revit 的建模角度和最终 CAD 二维图纸成果出发，实现 BIM 正向设计，不仅需要设置 Revit 样板文件（包括对象样式、管道颜色和图层颜色等），而且还要准备充足的族构件，便于在设计过程能够实时调用。

族是构成 Revit 文件的基础元素，在 Revit 软件中，族的类型包括系统族和外载入族两种形式，如图 2.4-1 所示。系统族存放在 Revit 项目文件或项目样板中，主要用于创建项目的基本图元，如标高、轴网、视图、墙、楼板、天花板等。外载入族可作为一种独立格式的文件存放，包括体量族、模型类别族和注释类别族，并有独立的族编辑工具，允许软件使用者自定义创建。

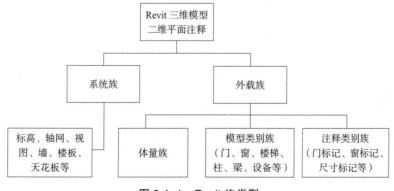

图 2.4-1 Revit 族类型

族的管理对象包括系统族和外载入族，系统族只能依托于项目和样板文件存在，这一类型的族主要在样板定制过程中进行存储和设置，不同类型的工程设计项目可以独立设置样板文件，在项目实施过程中直接调用。外载入族的存储管理同样可以利用 Revit 样板文件进行存储，但由于族类型的种类繁多，后期会导致样板文件负重较大，一般利用族库管理工具进行归档存储。本节主要就族库的应用管理展开分析，内容包括建设 BIM 正向设计族库工具的功能需求，以及系统架构。

2.4.1　常见族库工具的功能

目前，国内常见的族库主要有 Revit 自带族库和第三方插件族库，如天正族库、鸿业族库、探索者族库、构件坞、族库大师等。软件自带的族库一般按照专业类型划分，利用文件夹归类存储，可满足基本的建模需求。

第三方族库插件主要利用 Revit SDK 对 Revit 进行二次开发，在 Revit 中主要通过继承接口类

图 2.4-2　族库基本功能

IExternalCommand 和 IExternalApplication 实现外部命令和外部应用的加载，开发族库插件，通过项目文件调用工具命令，实现族构件的集成管理。对比现有的几个族库的管理功能，基本功能有归类、存储、检索、三维预览、族编辑等，如图 2.4-2 所示。

（1）归类：以树状列表或文件夹目录架构，按照专业类型，工程实施阶段进行划分归类。

（2）存储：存储的方式包括云存储和本地计算机存储，根据已有分类排序方式，软件使用者可将族构件存储到对应类型的目录文件中。

（3）检索：族库插件利用搜索引擎技术，方便软件使用者通过搜索工具查找需要的族构件。

（4）三维预览：通过 Revit API 开发接口，软件使用者在调用和下载族构件的同时，可通过预览窗口功能筛选适用的族构件。

（5）族编辑：通过 Revit API 开发接口，软件使用者可通过相应的命令按钮，跳转至 Revit "族编辑器"，查看族的参数信息和编辑族。

2.4.2　常见族库工具存在的问题

实现 Revit 平台下的 BIM 正向设计，从实施的主体元素和最终的成果表达分析，主要包括两个方面，即各专业的三维模型和二维 CAD 图面表达。各专业的三维模型通过族搭接形成，且各设计阶段模型的精细度不同，要求构件族能以不同的模型精度进行表达。而各专业的二维 CAD 图纸主要通过 Revit 软件导出，在模型的平面视图中

需要添加注释族，用于图面表达的注释功能，如房间定位信息、注释信息和机械设备安装定位信息等内容。

因此，不同于以往采用翻模形式的逆向 BIM 设计过程，整个正向设计实施过程需要用到的族构件比较多，族构件的集中式管理显得更加重要。现有的分散的族构件可能存在以下问题：

（1）分散的族构件在维护和更新过程只能通过设计人员打开对应的文件，逐一排查现有族构件的适用性，效率较低；

（2）不同的项目有不同的 BIM 实施标准，模型的应用深度不一致，设计人员就同一族构件多次建模，耗费较长的时间且带来较大的工作量；

（3）不同设计人员建模习惯不一致，相互理解对方族库较为困难，不便于族共享；

（4）不同设计人员由于专业类型不同，对于族构件的类型需求不同，独立建设自身专业的数据库，不利于族的集成管理；

（5）常规的文件夹分类管理，难以支撑日后以 BIM 三维设计工作为主的设计模式下，对族构件的需求，设计人员无法高效地检索到需求的族构件；

（6）逆向设计的 BIM 实施过程并不完全要求最终的模型成果满足传统的二维 CAD 图面表达深度需求，现有精度的族构件要在正向设计过程延续使用，需要继续深化。

此外，传统的 CAD 设计，设计人员需要在二维图面上补充相关设备信息，族采取实体和设备参数信息分开表达，难以避免设计人员出现遗漏或编写错误的情况。

2.4.3　正向设计族库管理功能分析

从使用功能分析，现阶段搭建的各类族库工具难以满足 BIM 三维设计过程族的使用深度要求。从族库的管理需求分析，现阶段的族构件的分散式管理，难以及时更新和维护，降低了族构件的重复利用率，耗费资源。而族构件作为 Revit 的基本元素，为实现 Revit 的正向设计，族构件高效管理显得极为重要。

2.4.3.1　独享数据空间

同一套集成的族构件包括不同的专业和种类，各专业设计人员每次都需要对整套族构件检索和调用，这并非明智之举。各专业设计人员拥有自己的独立账户，可根据自己的专业类型和工作习惯，创建自己的族库数据空间，实现族构件的快速检索和调用。

2.4.3.2　批量上传

族库的建立是一个集成的过程，设计人员很难在一定的时间段内绘制出所有的族构件，且需要保证族构件的实时更新，以替代过时和不需要的族构件，因此更新和维护族库，要求族库工具能够批量上传族构件。

2.4.3.3　便捷下载

族文件集成管理后，为保证 BIM 设计项目的顺利实施，设计人员应能调用族库中的族构件，防止族构件调用过程文件发生损坏。因此调用族构件，不仅要求族库工具能够下载文件到本地，同时也需要合理的缓存空间，提高下载的速度和质量。

2.4.3.4 二、三维族关联

为满足各个设计阶段的模型应用深度需求，族库工具中提供的符合设计模型表达的族构件，既要满足三维模型的可视化表达要求，也需要满足二维图面表达要求。这要求族库工具拥有三维的模型族库和二维的图块族库，且两者之间存在相互连接关系，在查询三维族构件的同时能索引到相关的二维族构件，提高设计过程族构件的调用和切换效率。

2.4.3.5 数据统计

Revit 中族类型众多，每一种族包含有许多几何信息和参数等属性信息，高效的族构件绘制方式就是利用参数化的编辑功能，通过参数驱动尺寸、形状、材质等内容变换族的类型，实现一模多用。要将相关参数信息编辑在对应的族构件中，要求族库工具在调用族构件的同时能够实时查询族构件的相关技术参数，以满足设计人员快速调用合适的族构件的需求。

2.4.3.6 快捷检索

族库中除了含有三维族库，还包括辅助性的二维图库，按照专业和类型存储归档，种类繁多，不利于设计人员下载调用。要求族库工具有相应的族构件检索功能，通过类别、名称、属性等多种条件或组合对族进行检索，方便设计人员快速查找族构件。

2.4.4 族库应用拓展

BIM 技术的深入应用在于能够实现工程项目各个阶段模型向下继承性。正向设计的族库体系建设，除了满足工程项目在设计阶段族的应用功能要求外，对于各类机械设备在工程项目施工和运维阶段应用也有比较重要的作用。关键在于如何将设备厂商的机械设备族深入应用到工程项目各个阶段中去。因此，建议族库管理系统能够对接主流设备厂家的族库管理系统，完善 BIM 设计模型，推动工程项目后期施工和运维阶段的精细化实施。两者的对接主要有以下优势：

（1）设备厂商拥有各类机械设备的参数，具备建立及更新自己的族库基本条件，由设备厂商搭建的机械设备族精细化程度高，便于设计师、工程师实时调用，增加使用者的简便性及准确性。

（2）正向设计技术的推进，对族的要求比较高，要求各类机械设备的族构件有更高的模型精度，且具备二维审图与三维表达的两面性。而对于各专业设计师而言，本身工作强度大，族参数资料采集困难，因此只能完成 LOD300 深度的族文件，由设计人员完成全部的族库的创建是不现实的。由厂商提供设备模型，既能够降低设计人员多次建模的工作量，也能够提高模型的精细度。

（3）由设备厂家提供的机械设备族，在引进工程项目前，可以优先查看相关的技术参数、外形尺寸和外观造型，在三维模型完成预拼装，形成设备厂商自身的技术流线，对企业产品的宣传有正面的作用。

设备厂商主要根据自身生产的设备类型，建立自己品牌的设备族库。因此，针对设备的造价而言，族库的维护更新费用不高。由设计人员最终对接的设备厂家不止一家单位，由此消耗的人力物力资源相对而言较高。因此由设备厂商创建族库，设计师下载使用并建库，创建设计院与厂家的数据库联动非常有必要。

2.4.5　正向设计族库运行架构

正向设计族库建设的主要目的，从族的使用者角度分析，在于实现族构件的共享和高效利用，减少设计人员重复劳作，避免浪费资源。特别是在大型设计院中，工程设计类型多样、专业设计人员配置齐全和人员较多的环境下，族构件的共享显得更加重要。另外，在设备厂家不一，产品类型多样化的环境下，族库的建设作用也不容小觑。对于正向设计族库运行系统架构的建设，主要从以下几个方面展开分析：

（1）从族构件信息存储的方式分析：在推进正向设计的过程中，以三维模型为主的设计路线，族构件的数量变得越来越多，加上族构件本身需具备反映构件参数的信息，对于族构件的存储空间要求更高。因此，建议利用数据库存储相关数据，简化存储空间。

（2）从族构件调用搭建模型的方法分析：族构件是在 Revit 项目文件中使用，调用非本项目内的族构件，需要通过外部载入，这就要求族库管理工具需要有在 Revit 项目中运行的功能。需要考虑利用 Revit API 提供的二次开发接口，实现在项目中进行族库管理。

（3）从族库管理工具与设备厂商对接的方式方法分析：设计人员对族构件的使用，可以通过企业内部局域网的形式，实现设计人员之间的内部协同，提高族构件的安全性。与设备厂商族库的对接需要有独立于内部族库数据的数据空间，避免与内部的数据空间交叉，实现远程的数据连接。双方设计人员可利用互联网，通过上传发布的形式，实现族构件的共享，并将族下载到本地族库工具中。

综合以上三点内容的分析，正向设计族库运行架构如图 2.4-3 所示。

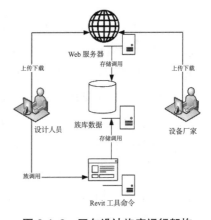

图 2.4-3　正向设计族库运行架构

2.4.6　工程应用

某商业办公项目，运用 BIM 技术实现工程项目全过程管理，其中，在机械设备族 BIM 技术应用方面推广较为深入，主要是针对大型机械设备。在建设单位明确设备厂商采购单位后，为落实工程运维阶段的 BIM 模型精度的实施要求，设备厂商需求结合设计图纸基本参数要求，搭建 LOD400 的机械设备族。各类机械设备需要按照实际尺寸进行绘制，并补充相关技术参数信息，以便于将模型应用到运维管理过程，能够实时查看相关的设备信息。主要实施方案如下：

（1）在设计阶段由设计单位利用常规机械设备族放置在整体工程模型中，满足管线综合和机房设备预安装的需要；

（2）在落实设备采购商后，明确要求对主要的机械设备需要提供 BIM 三维模型，相关的技术参数信息也需要在模型中表达，如图 2.4-4 所示；

（3）设备厂商在绘制完设备模型时，同时需要提交设备模型与管线的预拼装效果，用于检验模型安装的可行性，如图 2.4-5 所示；

（4）最后提交到建设单位和 BIM 顾问单位进行模型审核，最终替换原先的设备模型。

 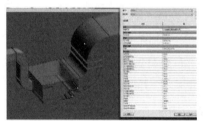

图 2.4-4　水泵族和参数　　　　图 2.4-5　风机盘管预拼装

2.4.7　小结

族作为 Revit 软件的基本组成元素，核心是正确创建、有序管理、快速检索、高效调用和定期更新。本节主要分析现阶段部分族库工具的应用功能和分散式族管理对正向设计技术发展的影响，对族库的建设提出以下三点展望：

（1）族构件应采用集中式管理。整个族库管理功能包括基本功能，独享数据空间，批量上传，便捷下载，二、三维族关联等内容。集中式族管理将有利于工程设计人员，在以 BIM 正向设计为主导的工作中提高工作效率，带动 BIM 技术的发展。

（2）对接全专业族库的厂家及软件商的族库，形成数据互补及有效管理，以此促进工程项目运维阶段的 BIM 技术应用发展。

（3）族库管理工具的运行架构应包括底层的族存储数据库，企业内部运行的 Revit 接口及与设备厂商对接的 Web 接口。

（编写人员：许志坚，陈少伟，罗远峰，蔚俏冬，焦柯）

2.5　构件参数化钢筋建模方法

装配式建筑是指采用部件部品，在施工现场以可靠连接方式装配而成的建筑，具有设计标准化、生产工厂化、施工装配化、装修一体化、管理信息化等特征。发展装配式建筑是牢固树立和贯彻落实创新、协调、绿色、开放、共享五大发展理念，按照适用、经济、安全、绿色、美观要求推动建造方式创新的重要体现，是稳增长、促改革、调结构的重要手段。

本节通过研究装配式建筑构件的钢筋排布规律，结合 Revit 二次开发技术，研发通用的适用于装配式建筑构件设计的软件，辅助设计师解决预制构件的钢筋建模问题，为装配式预制构件的钢筋深化设计提供了新的技术思路。

2.5.1　装配式建筑构件的钢筋深化

对于装配式建筑构件，假如一个构件的设计出现疏漏，尤其是钢筋碰撞，不仅现场无法安装，而且影响整批预制构件的生产、运输和安装，直接影响施工进度和成本。

对于钢筋碰撞，传统的做法是通过二维平面和剖面结合的形式进行校验。该方法不仅容易出现疏漏，而且工作效率低。通过 BIM 的三维可视化技术，不仅能够从三维的角度校验设计是否合理，而且能够快速生成装配式建筑构件的配筋图、模板图等，同时保证图纸与模型的一致性，保障了装配式建筑构件的生产和安装效率。

但在装配式预制构件的钢筋深化中，钢筋建模是困扰设计师进行装配式建筑构件深化设计的一大难点，主要原因有以下几点：

（1）软件操作困难：Revit 的钢筋建模基于平面，分为"当前工作平面""近保护层参照"和"远保护层参照"；放置方向又分"平行于工作平面""平行于保护层"和"垂直于保护层"三种形式。在绘制钢筋前需要设置好不同的保护层，绘制过程中需要在不同的平面、剖面中切换，不仅掌握困难，而且工作效率低。

（2）钢筋形式复杂：装配式建筑构件常用的钢筋形式中，相对复杂的有箍筋、腹杆钢筋、吊筋等，这类钢筋在绘制过程中，不仅要考虑绘制平面，还要考虑编辑草图轮廓等因素，进一步加大了钢筋绘制的难度。

（3）工作量大：装配式建筑构件包含的钢筋数量多，人工手动绘制工作量大，效率低。

（4）软件功能欠缺：在 Revit 中，没有钢筋对齐、钢筋打断、钢筋连接、显示钢筋和隐藏钢筋等常用命令，需要修改时只能通过编辑钢筋轮廓和手动调节每条钢筋的"视图可见性状态"来实现。软件功能欠缺不仅影响了设计师的工作习惯，降低了工作效率，而且阻碍了 BIM 技术在装配式建筑中的应用及推广。

2.5.2 构件参数化钢筋建模分析

2.5.2.1 装配式建筑构件钢筋规律

根据《装配式混凝土建筑技术标准》GB/T 51231–2016、《桁架钢筋混凝土叠合板（60mm 厚底板）》15G366-1 和《预制钢筋混凝土阳台板、空调板及女儿墙》15G368-1 等，装配式建筑构件主要分为外墙板、内墙板、桁架钢筋混凝土叠合板、预制钢筋混凝土楼梯、预制钢筋混凝土阳台板、预制钢筋混凝土空调板、预制钢筋混凝土女儿墙、预制混凝土叠合梁和预制混凝土柱等构件。

其中，预制混凝土柱、预制混凝土叠合梁、桁架钢筋混凝土叠合板、预制钢筋混凝土阳台板、预制钢筋混凝土空调板等构件的钢筋排布具有统一性、规范性和重复性，为参数化自动建模提供了前提条件。

（1）统一性：同类型装配式建筑构件包含的钢筋类型统一。例如预制混凝土柱包含有纵筋、角筋、b 边一侧中部筋、h 边一侧中部筋、箍筋等类型。

（2）规范性：同类型装配式建筑构件的钢筋依据规范进行排布。例如预制混凝土梁底筋位置、腰筋位置、箍筋位置、加密区与非加密区的要求等都按照规范进行排布。

（3）重复性：同类型但不同规格的装配式建筑构件钢筋排布类似。例如不同规格桁架钢筋混凝土叠合板，只是尺寸规格不同。新构件需手动重复调整模型，工作繁琐。

经过分析及归纳，装配式建筑构件钢筋规律及算法公式如表 2.5-1 所示，由于文章篇幅有限，仅能展示部分内容。其中：protect= 保护层厚度；i= 循环变量（i 在不同类型钢筋算法中，小于不同类型的数量）；dGu= 箍筋直径；dJiao= 角筋直径；rJiao= 角筋半径；rGu= 箍筋半径；rDi= 底筋（角）半径；numB=b 边中部筋数量；numH=h 边中部筋数量；numD= 底筋（中部）数量；lengthB=b 边长度；lengthH=h 边长度；width= 梁宽；higth= 梁高；floor= 楼板厚度；firstShouli= 受力钢筋离边距离；firstFenbu= 分布钢筋离边距离；firstZhijia= 支架钢筋离边距离；spaceShouli= 受力钢筋间距；spaceFenbu= 分布钢筋间距；spaceZhijia= 支架钢筋间距；spaceLajin= 受拉钢筋间距；firstLajin= 拉筋离边距离。

装配式建筑构件钢筋分布统计表（部分）　　　　　　表 2.5-1

	排布规律及算法公式	
	主要包含类型	各类型钢筋型号通常相同、同类型钢筋中心离边距离有规律
预制混凝土柱	角筋	算法公式：钢筋中心离边距离 = protect + dG + rJiao
	b 边中部筋	算法公式：钢筋中心离边距离 =（protect + dG + dJiao）+ i *（lengthB –（protect + dG + dJiao）*2/（numB +1））
	h 边中部筋	算法公式：钢筋中心离边距离 =（protect + dG + dJiao）+ i *（lengthH –（protect + dG + dJiao）*2/（numH +1））
	箍筋	算法公式：钢筋中心离边距离 = protect + rGu

续表

		排布规律及算法公式
	主要包含类型	各类型钢筋型号通常相同、同类型钢筋中心离边距离有规律
预制混凝土叠合梁	底筋（角）	算法公式：钢筋中心离边距离 = protect + dG + rDi
	底筋（中部）	算法公式：钢筋中心离边距离 =（protect + dG + rDi）+ i＊（width–（protect + dG + rDi）＊2/（numD +1））
	箍筋	算法公式：钢筋中心离边距离 = protect + rGu
	腰筋	算法公式：钢筋中心离顶距离 = higth–floor–150
	拉筋	算法公式：钢筋中心离顶距离 = firstLajin +i＊ spaceLajin
叠合板、阳台板、空调板	受力钢筋	算法公式：钢筋中心离边距离 = firstShouli +i＊ spaceShouli
	分布钢筋	算法公式：钢筋中心离边距离 = firstFenbu +i＊ spaceFenbu
	支架钢筋	支架钢筋包含上弦钢筋、下弦钢筋和腹杆钢筋，算法公式：支架位置 = firstZhijia +i＊ spaceZhijia

2.5.2.2　软件基础

Revit 是 Autodesk 公司的软件产品，可帮助建筑设计师设计、建造和维护质量更好、能效更高的建筑，是我国建筑业 BIM 体系中使用最广泛的软件之一。Revit 的 API 提供了大量的开发接口，开放程度大，满足 VB.NET、C#、C++ 等语言，可供开发人员自行开发相应的命令或插件。

可见，装配式建筑构件参数化钢筋建模具备实现的可行性，可通过 Revit 二次开发技术，结合装配式建筑的相关标准，研发装配式建筑构件参数化钢筋建模插件，以提高工作效率。

2.5.3　辅助软件开发

2.5.3.1　装配式建筑构件深化辅助软件功能简介

装配式建筑构件深化辅助软件是基于 Autodesk Revit 平台的工具集软件集合，适用于 Autodesk Revit2016 版，目前分为 3 个模块，钢筋建模模块、钢筋编辑模块和标识标注模块，软件界面简单直观，所有命令均可分别设置快捷键或通过右击添加到顶部的快速访问栏，以便快速调用，如图 2.5-1 所示。

图 2.5-1　软件界面

钢筋建模模块主要实现梁钢筋建模、柱钢筋建模、结构墙钢筋建模、叠合板钢筋建模、阳台板钢筋建模等功能。通过点击相应的命令图标来执行不同的操作，例如点击"柱钢筋建模",弹出"柱钢筋设置",参数设置完成后,点击"开始选择柱",即可绘制柱钢筋(图 2.5-2)。

钢筋编辑模块主要实现显示钢筋、钢筋打断、钢筋对齐、钢筋碰撞等功能。显示钢筋可以一键设置钢筋的"视图可见性状态";钢筋打断和钢筋对齐是 Revit 不具备的功能,可以辅助设计师对钢筋的编辑修改操作;钢筋碰撞是为方便设计师对装配式构件进行碰撞检查,及时发现钢筋碰撞位置。例如点击"钢筋打断",然后在需要打断的位置点击(图 2.5-3),即可实现将钢筋分段。

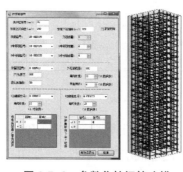
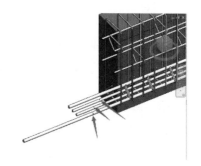

图 2.5-2 参数化柱钢筋建模
设置界面及生成效果

图 2.5-3 钢筋打断示例

标识标注模块主要实现预埋件标识、轮廓边线、尺寸避让、设置钢筋外径等功能,该模块用以辅助设计师基于 Revit 出装配式建筑构件的配筋图、模板图等,实现 BIM 三维出图,以保证图纸与模型的一致性。例如点击"轮廓边线",弹出"轮廓边线"设置界面(图 2.5-4),参数设置完成后,点击"确定",即可在平面绘制出构件内的保温材料的轮廓(图 2.5-5)。

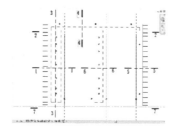

图 2.5-4 轮廓边线设置界面

图 2.5-5 构件内保温材料的轮廓

2.5.3.2 装配式建筑构件参数化钢筋建模的优点
参数化建模方法的优点主要有以下几点:

(1)操作简便:根据不同的构件,只需要在设置窗口中输入相应的钢筋参数,即可自动绘制需要绘制的钢筋;

（2）工作效率高：以叠合板为例，人工手动绘制三维钢筋模型需要一个多小时，而利用插件一分钟内就可以生成基础模型，然后在此基础上进行修改，总用时不超过30min，工作效率显著提高；

（3）适用性强：只需增加相应的控制参数，即可适应不同尺寸的预制构件，且适用于不同项目的同类构件，重复利用率高；

（4）修补软件缺陷：解决 Revit 钢筋编辑繁琐的问题。

2.5.4 工程应用

某装配式剪力墙结构高层住宅，建筑面积约 1.02 万 m^2，地面以上 27 层，建筑总高度 78.3m。本节以标准层为例（图 2.5-6），使用该辅助软件进行钢筋建模。标准层叠合板类别共计 16 个，其中单向叠合板 2 个，双向叠合板 14 个；标准层叠合梁类别共计 13 个，其中框架梁 10 个，次梁 1 个，连梁 1 个；预制外墙板部件共计 24 个；预制剪力墙构件根据长度的不同，共划分为 7 个构件。

2.5.4.1 辅助软件建模应用效果

通过装配式建筑构件深化辅助软件进行钢筋生成及编辑，部分装配式构件 BIM 模型如图 2.5-7 所示，通过参数化建模有效减少 60% 以上的建模工作量，其中叠合板、叠合梁、剪力墙可以减少 80% 建模工作量，大大提高工作效率。

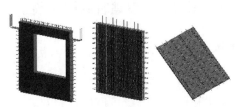

图 2.5-6 项目标准层 BIM 模型   图 2.5-7 装配式建筑构件 BIM 模型

2.5.4.2 钢筋碰撞检查

对于预制构件与周边现浇部分钢筋碰撞可以利用 Navisworks 进行钢筋碰撞检查，可快速定位碰撞位置，但要将模型从 Revit 导入 Navisworks 操作相对繁琐。该方法实现难度不大，本节不详细赘述。

对于预制构件内部钢筋碰撞和相邻预制构件之间钢筋碰撞，如果反复在两个软件间转换，工作效率低，对此，利用辅助软件中的"钢筋碰撞"功能，可在 Revit 中直接检查钢筋碰撞，有效提高工作效率。操作方法为点击"钢筋碰撞"，弹出设置窗口，当要检查构件间的钢筋碰撞，则勾选"忽略构件内容碰撞"，然后选择钢筋即可将有碰撞的钢筋自动红色标记（图 2.5-8），辅助设计师进行检查。

图 2.5-8　钢筋碰撞设置界面及结果显示

2.5.5　小结

本节对装配式建筑构件深化设计过程中需要对构件钢筋进行建模的难点进行分析，探讨了装配式建筑构件参数化钢筋建模的可行性，并结合二次开发技术，研发出一套装配式建筑构件深化辅助软件，该软件具有操作简便、工作效率高、适用性强等特点，同时修补了 Revit 软件的功能缺陷，提高了 Revit 在项目中的应用效果。

经工程应用表明，装配式建筑构件参数化钢筋建模能够有效减少手动绘制三维钢筋的工作量，节省时间和成本，能够为 BIM 在装配式建筑构件的项目应用提供参与及借鉴，也为推动 BIM 技术的发展提供新的技术思路。

（编写人员：罗远峰，焦柯）

2.6　整体装配式剪力墙建筑结构中预制双连梁的设计方法

2.6.1　概况

整体装配式剪力墙建筑结构中预制双连梁的设计方法，包括建立连梁分析模型；区分现浇连梁和预制双连梁，所述预制双连梁具有上连梁、下连梁以及与上连梁和下连梁端部相连接的现浇连接区域，该现浇连接区域与剪力墙的墙体相连接；设置预制双连梁的抗弯刚度折减系数；将得到的预制双连梁带入单连梁分析模型中，将对应处的单连梁置换成双连梁，得到双连梁计算模型，对双连梁计算模型进行结构设计计算，得到预制双连梁的结构和配筋结果，计算得出预制双连梁的配筋面积；结合得到的预制双连梁的配筋面积和预制双连梁的构造，选取预制双连梁的实际配筋；根据预制双连梁的结构以及实际配筋，绘制施工图，完成预制双连梁的设计。

2.6.2　背景及过程

装配式剪力墙结构是由一系列纵向、横向剪力墙及楼盖组成，用于承受竖向荷载和水平荷载的空间结构，是高层建筑中常用的结构形式。设计合理的钢筋混凝土剪力结构的抗侧移和抗扭刚度大，在水平荷载作用下，侧向位移较小，具有良好的抗震和抗风性能。剪力墙结构在水平荷载作用下侧向变形的特征为弯曲型，即下部结构的层间变形较小，越往上部层间变形越大。装配式剪力墙与现浇剪力墙不同点在于隔墙的刚度对结构的整体刚度贡献，装配式剪力墙常见的隔墙构造形式有无分缝隔墙、底横缝隔墙、底横缝 + 侧竖缝隔墙，而不同的隔墙构造形式对结构的整体刚度贡献不同，其中无分缝隔墙对结构整体刚度贡献最大，底横缝 + 侧竖缝隔墙对结构整体刚度贡献最小。

在正常的使用荷载和风荷载作用下，结构应该处于弹性工作状态，连梁不应该产生塑性铰。而在小震作用下，连梁允许出现裂缝，但承载力满足要求；在中震作用下连梁允许出现抗弯屈服，但抗剪不屈服；在大震作用下，连梁允许出现破坏，但需要有一定的延性，属于延性破坏。一般情况下，连梁的跨高比越小，则其线刚度越大，内力和配筋也会越大，容易造成连梁的配筋超过了规范的最大配筋率，或者连梁截面验算不满足要求，从而导致连梁破坏时出现脆性破坏，由于脆性破坏在破坏前无明显变形或其他预兆，危害较大，是设计师需要避免的破坏形式。因此如何保证连梁具有较高的耗能能力，以及较好的延性，是结构性能设计中必须要考虑的重要问题。

采用预制耗能连梁设计方法进行高层剪力墙结构抗震性能化设计，可有效地减小连梁内力和配筋，并且由于预制耗能连梁具有较好的延性，使整体结构具有很好的耗能能力，降低了结构在地震作用下的响应，从而提高结构的抗震性能，保证了结构具有足够的安全性。

2.6.3　技术原理

（1）技术要点

为了使结构有一定延性，连梁破坏形式应为弯曲破坏，等效连梁首先保证抗弯刚度一致。本节对多连梁抗弯等效的基本公式做了推导，并得到最终的连梁抗弯刚度折减系数。

设连梁高为 h，梁宽为 b，梁单刚为 K，变换矩阵为 T，假设梁中轴线偏移距离为 d_k，如图 2.6-1 所示。

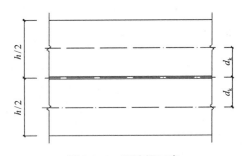

图 2.6-1　双连梁示意

$$K = \begin{bmatrix} C_1 & \\ & C_2 \end{bmatrix}, \quad T = \begin{bmatrix} 1 & d_k \\ 0 & 1 \end{bmatrix} \qquad (2.6\text{-}1)$$

杆的轴向刚度，$C_1 = \dfrac{EA}{L}$ $\qquad\qquad$ （2.6-2）

杆的抗弯刚度，$C_2 = \dfrac{(4+\phi_y)EJ_y}{(1+\phi_y)L}$ （2.6-3）

偏移后的刚度，$K' = T^{\mathrm{T}}KT$ （2.6-4）

偏移后的抗弯刚度，$C_2' = \dfrac{(4+\phi_y)EJ_y}{(1+\phi_y)L} + \dfrac{EA}{L}d_k^2 \approx \dfrac{4EJ_y}{L} + \dfrac{EA}{L}d_k^2$ （2.6-5）

偏移后的转动惯量，$J_y' = J_y + \dfrac{Ad_k^2}{4}$ （2.6-6）

设多连梁的根数为 n，多连梁中每根连梁转动惯量为 J_1，多连梁转动惯量为 J_n，则：

$$J_n = n \cdot J_1 + \dfrac{A}{4}\sum_{k=1}^{n}d_k^2, \quad J_1 = \dfrac{b(\frac{h}{n})^3}{12}$$ （2.6-7）

$$A = b \cdot \dfrac{h}{n}, d_k = (n-2k+1)\cdot \dfrac{h}{2n}$$ （2.6-8）

$$J_n = \dfrac{bh^3}{12}\left(\dfrac{1}{n^2} + \dfrac{3}{4n^3}\sum_{k=1}^{n}(n-2k+1)^2\right) = \dfrac{bh^3}{12}\dfrac{3n+n^3}{4n^3}$$ （2.6-9）

转动惯量折减系数，$\gamma_n = \dfrac{3n+n^3}{4n^3}$ （2.6-10）

当 $n=2$ 时为双连梁，$\gamma_2=0.4375$；当 $n=3$ 时为三连梁，$\gamma_3=0.3333$。抗弯刚度与梁高是 3 次方关系，因此等效连梁高度应为双连梁高度的 0.76 倍，即 $h' = \sqrt[3]{0.4375} \cdot h = 0.76h$。

按抗弯刚度等效计算连梁，应只折减抗弯刚度，不宜直接修改梁高度，否则等效连梁受剪截面面积小于双连梁受剪截面面积；在进行双连梁配筋时，若将连梁钢筋平均分配到双连梁当中，配筋不足按最小配筋率时，会造成钢材用量增加。

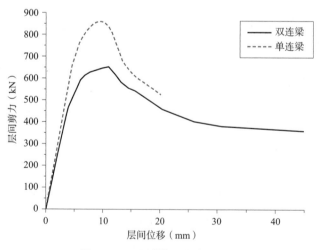

图 2.6-2　双肢墙位移剪力曲线

从图 2.6-2 可以看出，双连梁屈服后承载力小于单连梁，虽然较早进入强化阶段，但延性优于单连梁。单连梁结构在顶点位移达到 10mm 时，多数连梁损伤已经进入临近破坏阶段，随着继续加载，单连梁迅速破坏，承载力下降明显。双连梁结构在顶点位移达到 11mm 时，多数连梁损伤已经进入临近破坏阶段，随着继续加载，双连梁出现破坏，但承载力下降相对平缓，表现出良好的延性。

由图 2.6-3、图 2.6-4 可看出，双连梁在顶点位移达到 26mm 时开始出现塑性铰，单连梁在顶点位移达到 135mm 才出现塑性铰，单、双连梁首先出铰的位置基本都在中部。顶点位移达到 200mm 时，双连梁全部出现铰，中上部塑性铰已进入 IO ~ LS 区间；除首层外单连梁大部分已出铰，但所有出铰均在 B ~ LS 区间。连梁顶点位移达到 400mm 时（即位移角达到 1/100），双连梁模型中上部梁的塑性铰已进入 C ~ D 区间，即连梁已破坏；单连梁模型的中上部梁的塑性铰进入 IO ~ LS 区间，可见双连梁结构的耗能损伤比单连梁结构严重。另外单连梁模型首层剪力墙剪切应力明显大于双连梁，最大应力约为双连梁模型的 1.5 倍。

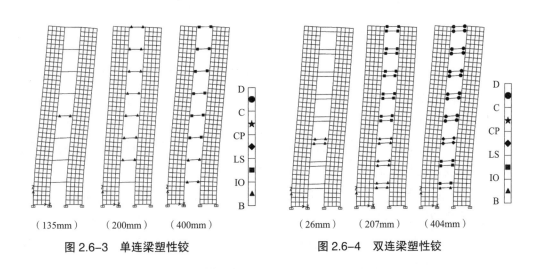

图 2.6-3　单连梁塑性铰　　　　　　　图 2.6-4　双连梁塑性铰

双连梁的下连梁采用预制连梁，上连梁采用叠合连梁，相比下连梁采用预制连梁，上连梁采用现浇连梁节省了在下连梁上增设模板的工艺。在下连梁和上连梁的预制部分安装完成后，可直接在上预制连梁的面上现浇混凝土，安装简单，施工方便，提高了结构的施工速度和施工质量。

预制单连梁和预制双连梁的配筋见图 2.6-5，其中预制单连梁现浇部分的高度为 h_b=140mm，预制部分的高度为 h（h= 连梁总高 H–h_b）。预制双连梁下预制连梁高 h_1=240mm，上下连梁之间的缝宽 h_2=10mm，上连梁现浇部分的高度 h_b=140mm，预制部分的高度为 h_3（h_3= 连梁总高 H–h_b–h_1–h_2），与连梁相连的剪力墙可现浇或与预制连梁整体预制。

上、下连梁预制部分的端部由长 100mm 的区域相连为一个整体，双连梁的纵向受力钢筋伸入剪力墙内的锚固长度不小于 $1.2l_a$。

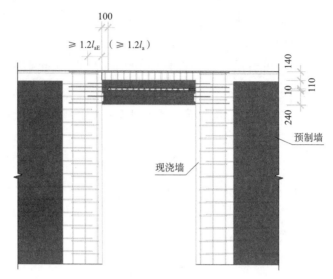

图 2.6-5　双连梁构造图

预制双连梁设计方法非常适用于结构整体刚度和连梁刚度较大的情况，通过减小连梁刚度和结构刚度，从而降低结构的地震作用，进而节省了结构的材料用量。

具体步骤包括：

步骤 1）建立单连梁分析模型，根据装配式建筑的立面和平面拆分要求初步确定梁高度和长度，对跨高比小于 5 的梁定义为连梁。

步骤 2）根据步骤 1）确定连梁的位置，进一步区分现浇连梁和预制耗能连梁，其中电梯和楼梯位置的连梁设为现浇连梁，其余位置的连梁设为预制耗能双连梁。

步骤 3）根据步骤 2）确定的预制耗能双连梁，设置抗弯刚度折减系数，其中单连梁的刚度折减系数 η，预制耗能双连梁的抗弯刚度折减系数取 0.76η。

步骤 4）根据步骤 3）得到的预制耗能双连梁整体计算模型，根据现有的有限元计算方法，对预制耗能双连梁整体计算模型进行结构设计计算，并得到预制耗能双连梁的配筋结果。

步骤 5）预制双连梁下预制连梁高 240mm，上下连梁之间的缝宽 10mm，上连梁现浇部分的高度 140mm，预制部分的高度为 h_3（$h_3 = $ 连梁总高 H–240–10–140）。上、下连梁预制部分的端部由长 100mm 的区域相连为一个整体，双连梁的纵向受力钢筋伸入剪力墙内修正后的锚固长度不小于 $1.2l_a$，其中 l_a 为受拉钢筋的锚固长度。

步骤 6）结合步骤 4）预制耗能双连梁的配筋面积 A_s 和步骤 5）预制耗能双连梁的构造要求，合理选取预制耗能连梁的实际配筋，实配钢筋面积 A 不小于 A_s，不大于

$1.05A_s$，并进行施工图的绘制工作，见图 2.6-5。

在上述预制耗能连梁设计方法标准下对结构进行抗震性能设计，对高层剪力墙结构构件的抗震性能进行准确分析，使工程师快速地进行高层剪力墙结构的抗震性能化设计。

（2）技术特点

与现有技术相比，本技术具有如下显著效果：

1）采用抗弯刚度等效方法计算连梁，仅通过对抗弯刚度进行折减，即可实现双连梁的弹性计算，说明采用抗弯刚度等效方法可以快速对双连梁模型进行计算。

2）由于装配整体式剪力墙结构的受力剪力墙数量较多，结构刚度偏刚，通过设置装配式耗能双连梁的方法，结构的整体刚度减小了约 7%，从而减小地震剪力约 8%。解决装配整体式剪力墙结构偏刚、地震作用偏大问题。

3）在大震作用下，结构的层间位移角达到 1/750 时，中部楼层部分双连梁开始进入屈服，随着地震作用的加大，屈服的范围进一步增大，构件损伤范围相比单连梁大 15%，充分发挥了连梁的耗能作用，增加了连梁耗能能力和结构延性。

4）双连梁的抗弯刚度较小，在减小结构的整体刚度和地震响应的同时，构件的配筋也明显减小，结构材料用量约减小 7%，具有明显的经济效益。

5）双连梁的下连梁采用预制连梁，上连梁采用叠合连梁，相比下连梁采用预制连梁，上连梁采用现浇连梁省略了在下连梁上增设模板的工艺，安装简单，施工方便，提高了结构的施工速度和施工质量。

2.6.4　工程案例

本项目是一栋高层剪力墙结构，地面以上共 33 层，结构顶高度为 99m，设防烈度为 7 度，二类场地，基本风压为 0.5kN/m²，地面粗糙度为 C 类，如图 2.6-6 所示。由于装配整体式剪力墙的结构刚度较大，结构的变形较小，通过设置双连梁（图 2.6-7）降低结构刚度，减小地震作用下的响应。

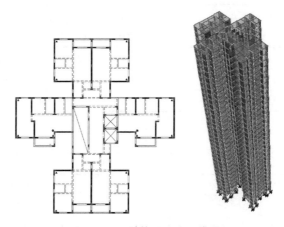

图 2.6-6　结构平面及三维图

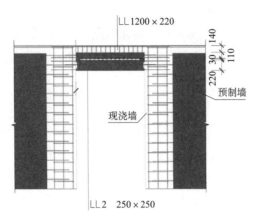

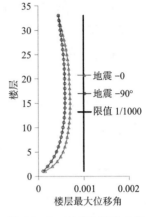

图 2.6-7　双连梁构造示意图　　　　　图 2.6-8　层间位移角曲线

从图 2.6-8 的层间位移角曲线可知，0 和 90° 方向的层间位移角分别为 1/1428 和 1/1701，远小于规范限值 1/1000，有较大的富余度，通过设置双连梁可有效降低结构刚度和地震作用。

表 2.6-1 采用 6 个连梁方案进行对比分析，其中双连梁根据上、下连梁高度的不同分 5 种情况，各个方案的连梁截面尺寸见表 2.6-1。

连梁截面尺寸（mm）　　　　　　　　　　表 2.6-1

类别	原方案	方案 1	方案 2	方案 3	方案 4	方案 5
上连梁	200×500	200×140	200×200	200×250	200×300	200×350
下连梁	—	200×360	200×300	200×250	200×200	200×150

在水平力作用下，剪力墙的顶点位移和基底剪力结果见表 2.6-2 所示。

位移-剪力结果（kN，mm）　　　　　　　表 2.6-2

原方案		方案 1		方案 2		方案 3		方案 4		方案 5	
位移	剪力	位移	剪力	位移	剪力	位移	剪力	位移	剪力	位移	剪力
11.9	168.0	6.4	80.8	6.5	72.0	7.1	76.0	5.0	55.5	6.5	77.0
29.5	256.0	17.2	144.0	15.5	124.0	16.4	124.0	12.3	127.0	11.8	117.0
164.5	458.0	156.0	356.0	158.0	337.0	156.0	334.0	156.0	339.0	155.8	352.0

线刚度（kN/m）　　　　　　　　　　　　表 2.6-3

原方案	方案 1	方案 2	方案 3	方案 4	方案 5
14118	12625	11077	10704	11100	11846
8678	8372	8000	7561	10325	9915
2784	2282	2133	2141	2173	2259

从表 2.6-2 和表 2.6-3 可知，方案 1 ~ 方案 5 的结构线刚度均小于原方案的线刚度，其中上下连梁高度相同时的方案 3 线刚度最小，为原方案线刚度的 76%，方案 1 的线刚度最大，为原方案线刚度的 89%。

当结构最大层间位移角小于规范限值的 20% 时，可采用方案 2 ~ 方案 4；当结构最大层间位移角为规范限值的 10% ~ 20% 时，可采用方案 1 和方案 5。本项目由于结构的最大层间位移角小于规范限值的 20%，选取双连梁刚度最小的方案 3 进行设计。

（1）建立分析模型，根据建筑立面要求初步确定梁高度和长度，对跨高比小于 5 的梁定义为连梁，见图 2.6-9。

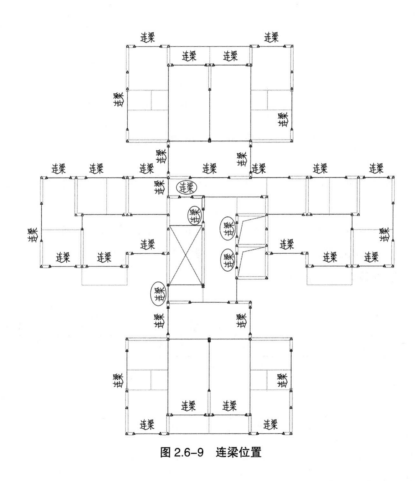

图 2.6-9　连梁位置

（2）进一步区分现浇连梁和预制耗能连梁，其中电梯和楼梯位置的连梁设为现浇连梁（图 2.6-9 画圈字体），其他位置的连梁设为预制耗能连梁。

（3）设置抗弯刚度折减系数，由于本项目的连梁高度均为 500mm，因此抗弯刚度折减系数取 0.76，现浇连梁刚度折减系数为 0.7，预制耗能连梁的刚度折减系数为 0.53，见图 2.6-10。

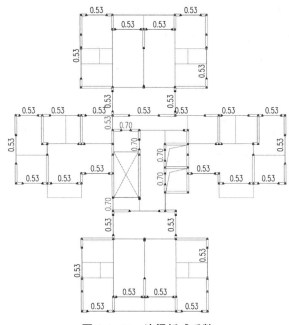

图2.6-10 连梁折减系数

（4）得到的整体计算模型进行结构设计计算，并得到预制耗能连梁的配筋结果。

1）小震计算结果

从表2.6-4的小震整体计算结果可知，双连梁比单连梁的周期增加约4%，剪力减小约3%，地震作用下的位移减小约4%，风荷载下的位移减小约7%；刚重比减小约7%，位移比和楼层承载力比减小约1%。

<table>
<tr><td colspan="5" style="text-align:center">小震整体计算结果列表</td><td>表2.6-4</td></tr>
<tr><td colspan="2">计算软件</td><td>单连梁</td><td>双连梁</td><td>（双连梁－单连梁）/单连梁×100%</td></tr>
<tr><td rowspan="3">周期</td><td>1</td><td>2.661</td><td>2.768</td><td>4.0%</td></tr>
<tr><td>2</td><td>2.326</td><td>2.418</td><td>4.0%</td></tr>
<tr><td>3</td><td>2.231</td><td>2.348</td><td>5.3%</td></tr>
<tr><td rowspan="2">地震下基底剪力（kN）</td><td>X</td><td>3648</td><td>3520</td><td>−3.5%</td></tr>
<tr><td>Y</td><td>4110</td><td>3990</td><td>−2.9%</td></tr>
<tr><td rowspan="2">剪重比（调整前）</td><td>X</td><td>1.70%</td><td>1.64%</td><td>−3.5%</td></tr>
<tr><td>Y</td><td>1.91%</td><td>1.86%</td><td>−2.9%</td></tr>
<tr><td rowspan="2">楼层受剪承载力与上层的比值（>80%）最小值（层号）</td><td>X</td><td>0.98（2）</td><td>0.97（2）</td><td>−1.0%</td></tr>
<tr><td>Y</td><td>0.92（1）</td><td>0.92（1）</td><td>0.0%</td></tr>
<tr><td rowspan="2">反应谱地震作用下最大层间位移角（层号）</td><td>X</td><td>1/1428（15）</td><td>1/1369（14）</td><td>4.3%</td></tr>
<tr><td>Y</td><td>1/1701（15）</td><td>1/1659（17）</td><td>2.5%</td></tr>
<tr><td rowspan="2">给定水平力并考虑偶然偏心裙楼以上最大位移比（层号）</td><td>X</td><td>1.18（33）</td><td>1.20（33）</td><td>1.7%</td></tr>
<tr><td>Y</td><td>1.20（1）</td><td>1.21（1）</td><td>0.8%</td></tr>
</table>

续表

计算软件		单连梁	双连梁	（双连梁 − 单连梁）/ 单连梁 ×100%
地震作用下顶点位移（mm）	X	50.18	52.23	4.1%
	Y	44.08	45.97	4.3%
风荷载下最大层间位移角	X	1/2904（13）	1/2698（13）	7.6%
	Y	1/4056（14）	1/3794（14）	6.9%
风荷载下顶点位移（mm）	X	25.20	26.98	7.1%
	Y	18.02	19.27	6.9%
刚重比 EJd/GH2	X	4.685	4.343	−7.3%
	Y	6.061	5.649	−6.8%

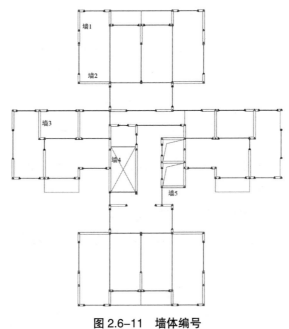

图 2.6-11　墙体编号

小震下单工况内力对比　　　　　　　　　　　　　　　　表 2.6-5

编号	内力类型	单连梁	双连梁	（双连梁 − 单连梁）/ 单连梁 ×100%
墙 1	V_x	6.1	5.7	−6.56%
	V_y	25.3	24.2	−4.35%
	N	1436.1	1391.1	−3.13%
	M_x	179.8	178.2	−0.89%
	M_y	12.5	12.4	−0.80%
墙 2	V_x	−2.3	−2.6	13.04%
	V_y	311.7	308.6	−0.99%
	N	548.8	549.3	0.09%
	M_x	−1446.2	−1496.5	3.48%
	M_y	−0.9	−0.9	0.00%

续表

编号	内力类型	单连梁	双连梁	（双连梁－单连梁）/单连梁 ×100%
墙3	V_x	5.4	5.2	−3.70%
	V_y	−37.9	−36.2	−4.49%
	N	705.8	672.3	−4.75%
	M_x	−124.5	−124.4	−0.08%
	M_y	10.6	10.6	0.00
墙4	V_x	12.7	12.6	−0.79%
	V_y	59.4	59.9	0.84%
	N	1179	1343.9	13.99%
	M_x	1042.1	1070.8	2.75%
	M_y	27.1	27.4	1.11%
墙5	V_x	0.6	−0.7	16.67%
	V_y	202	199.7	−1.14%
	N	366.9	348.9	−4.91%
	M_x	−682.8	−700	2.52%
	M_y	0.6	0.7	16.67%

①小震作用下，双连梁比单连梁的剪力墙轴力最大小约14%。

②小震作用下，双连梁比单连梁的剪力墙剪力最大小6%。

③小震作用下，双连梁比单连梁的剪力墙弯矩最大小约3%。

从图2.6-12的小震配筋结果可知，双连梁的配筋比单连梁的配筋少8%～10%。

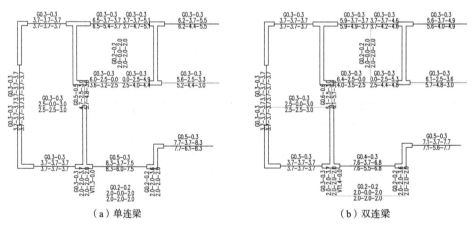

（a）单连梁　　　　　　　　　　（b）双连梁

图2.6-12　计算配筋

2）中震计算结果

从表2.6-6的中震整体计算结果可知，双连梁比单连梁的剪力减小约1%，地震作用下的位移减小6%～9%。

中震整体指标　　　　　　　　　　　　　表 2.6-6

计算软件		单连梁	双连梁	（双连梁－单连梁）/单连梁 ×100%
地震下基底剪力（kN）	X	9190.90	9045.72	−1.58%
	Y	9743.62	9631.83	−1.15%
反应谱地震作用下最大层间位移角（层号）	X	1/468（15）	1/428（14）	9.35%
	Y	1/641（16）	1/601（17）	6.66%

从图 2.6-13 的中震配筋结果可知，双连梁的配筋比单连梁的配筋少 8%～11%。

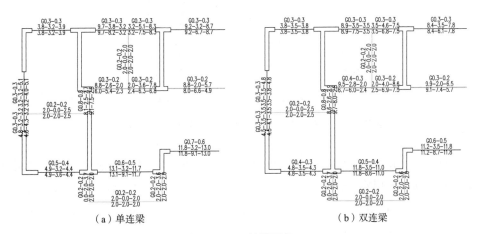

（a）单连梁　　　　　　　　　　　　　　（b）双连梁

图 2.6-13　计算配筋

3）大震计算结果

采用人工波进行大震动力弹塑性计算分析。加速度取 220cm/s²，计算持时为 20s。

从图 2.6-14 可知，单连梁方案在 3s 时刻个别连梁出现的塑性铰，而双连梁方案在 2s 时刻部分连梁已经在中上部楼层出现了塑性铰，出铰时间明显比单连梁方案的早，说明了双连梁方案的连梁提前出现耗能。

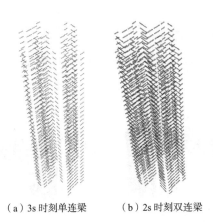

（a）3s 时刻单连梁　　　（b）2s 时刻双连梁

图 2.6-14　构件损伤情况（连梁均处于 IO 状态）

从图 2.6-15 可知，单连梁的出铰范围比双连梁的少，单连梁在底部楼层未出现塑性铰，而双连梁方案基本上全部楼层都存在连梁出现塑性铰，说明了双连梁方案的连梁更充分利用了连梁的耗能。

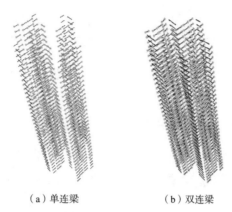

（a）单连梁   （b）双连梁

图 2.6-15 20s 时刻构件损伤情况（连梁均处于 IO 状态）

由图 2.6-16 可知，双连梁上下梁受拉钢筋几乎同时进入屈服阶段；而单连梁受拉钢筋并未达到屈服极限，承载力下降是由于节点区混凝土达到极限抗压强度，压碎破坏，节点区混凝土塑性应变见图 2.6-17。单连梁混凝土压碎破坏时，混凝土较大压应变为 0.036，破坏范围集中在连梁的端部，压应变大于 0.020 的区域较大，此时的单连梁的顶点位移为 20mm，取相同顶点位移下，双连梁混凝土较大压应变为 0.033，但压应变大于 0.020 的区域很小。

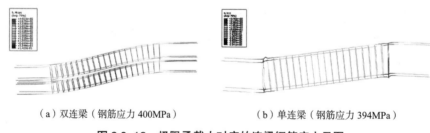

（a）双连梁（钢筋应力 400MPa）   （b）单连梁（钢筋应力 394MPa）

图 2.6-16 极限承载力对应的连梁钢筋应力云图

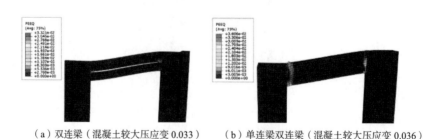

（a）双连梁（混凝土较大压应变 0.033） （b）单连梁双连梁（混凝土较大压应变 0.036）

图 2.6-17 节点区混凝土塑性应变

大震整体指标 表 2.6-7

计算软件		单连梁	双连梁	（双连梁 − 单连梁）/ 单连梁 ×100%
地震下基底剪力（kN）	X	12921.7	11905	−8%
	Y	16604.5	15605	−6%
反应谱地震作用下最大层间位移角（层号）	X	1/292	1/392	25%
	Y	1/340	1/420	23%

由表 2.6-7 的大震整体计算结果可知，双连梁方案比单连梁方案的剪力减小 6% ~ 8%，地震作用下的位移减小 23% ~ 25%，原因是双连梁方案的连梁在地震作用较快出现塑性铰，并且大部分连梁出现塑性铰，充分发挥了连梁的耗能作用，连梁屈服后结构刚度整体减小，减小了地震作用下的响应。

（5）结合预制耗能连梁的施工方便性，合理选取预制耗能连梁的实际配筋，选取代表性的连梁进行实配钢筋示意，见图 2.6-18。

单连梁的面筋和底筋均为 3⌀20（942mm²），双连梁面筋和底筋均为 2⌀16（804mm²），连梁的钢筋用量节省了约 15%。

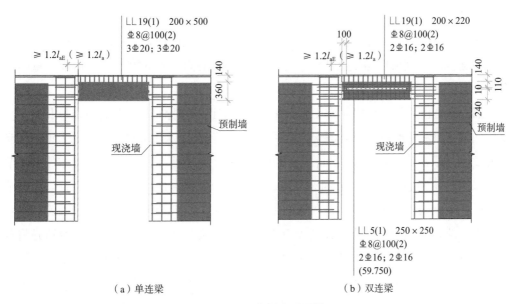

（a）单连梁　（b）双连梁

图 2.6-18 连梁实配配筋

2.6.5 小结

采用预制耗能连梁设计方法进行高层剪力墙结构抗震性能化设计，可有效地减小连梁内力和配筋，并且由于预制耗能连梁具有较好的延性，使整体结构具有很好的耗能能力，降低了结构在地震作用下的响应，从而提高结构的抗震性能。

由于装配整体式剪力墙结构的受力剪力墙数量较多，结构刚度偏刚，通过设置装配式耗能双连梁的方法，减小结构的整体刚度，解决装配整体式剪力墙结构偏刚，地震作用偏大问题。双连梁的抗弯刚度较小，减小结构的整体刚度和地震响应的同时，构件的配筋也明显减小，结构材料用量也相应得到减小，具有明显的经济效益。双连梁的下连梁采用预制连梁，上连梁采用叠合连梁，相比下连梁采用预制连梁，上连梁采用现浇连梁省略了在下连梁上增设模板的工艺，安装简单，施工方便，提高了结构的施工速度和施工质量。

装配整体式剪力墙结构预制耗能连梁设计方法适用于剪力墙结构侧向刚度较大的情况，通过本发明能够明显降低结构刚度，从而减小大震下结构地震响应，增加结构延性，达到保证结构抗震安全性的目的。

（编写人员：焦柯，吴桂广，赖鸿立）

2.7 深基坑装配式型钢支撑体系

2.7.1 概述

深基坑的内支撑体系一般采用钢筋混凝土结构，众所周知，混凝土支撑体系在地下空间结构施工完成后需进行拆除，不仅产生大量的固体废弃物，而且造成严重的社会资源的浪费。

部分基坑也采用钢结构作为支撑，比如双向双钢管支撑结构，但是其装配化施工水平较低，材料浪费严重，而且该支撑体系主要应用于小型基坑支护，不满足大型基坑支护的要求。双钢管支撑沿横纵方向交错布置在同一水平面上，在双钢管支撑的交叉节点处采用传统四通连接，形成固态节点，横纵两个方向传递过来的土压力在该固态节点处产生较大的负弯矩，容易造成双向钢管支撑在交叉节点处扭曲、断裂的情况发生。

为了改善双向双钢管支撑结构交叉节点处易断裂的情况，目前的一些做法是将双向双钢管支撑结构的交叉节点处的四通固定连接方式改为活动连接方式，使双向双钢管支撑结构在交叉节点处能够具有一定的位移量，但是这种活动连接方式的结构过于复杂，制作成本较高，安装及布设也是一项复杂的工程，需要严格参照深基坑自身条件进行布局布控，耗费较多的人力物力；另外，采用这种活动连接方式使双向双钢管支撑结构在交叉节点处具有位移能力后，容易引起双向双钢管支撑结构的整体径向位移，导致偏离支护位置，影响支护效果。

2.7.2 装配式型钢支撑体系

针对上述技术背景，本节提出一种大型深基坑装配式型钢支撑体系，见图 2.7-1、

图 2.7-2，目的在于提供一种支撑刚度大，适合大型基坑支护要求的大型深基坑装配式型钢支撑体系，以解决现有双向双拼钢支撑结构交叉节点处结构过于复杂和屈曲变形的问题，体系包括以下单元：

（1）**水平支撑结构**：包括沿第一方向支撑于基坑的围护墙体之间的第一水平支撑件及沿第二方向支撑于基坑的围护墙体之间的第二水平支撑件，所述第一水平支撑件位于第二水平支撑件的上方且第一水平支撑件与第二水平支撑件相互交叉，形成上下错开的交叉节点；

（2）**节点连接结构**：包括安装于部分交叉节点处的第一水平支撑件上的第一竖向枢接座及安装于部分交叉节点处的第二水平支撑件上的第二竖向枢接座，对应的交叉节点处的第一竖向枢接座与第二竖向枢接座之间插设有竖向枢接轴；

（3）**竖向支撑结构**：支撑于基坑的底部与第二水平支撑件之间；

（4）**液压轴力补偿系统**：包括液压伺服装置和中继装置，液压伺服装置安装于第一水平支撑件的端部与围护墙体之间及第二水平支撑件的端部与围护墙体之间，中继装置安装于第一水平支撑件中和第二水平支撑件中。

该体系的特点是，沿基坑的围护墙体设置有一周围檩结构，包括沿水平平行叠加的多道型钢支护，底部由固定围护墙体上的三角支架支撑。液压伺服装置为安装于型钢支护与第一水平支撑件的端部之间及型钢支护与第二水平支撑件的端部之间的第一液压千斤顶；中继装置包括间隔设置于第一水平支撑件中和第二水平支撑件中的连接盒及安装于连接盒内的第二液压千斤顶，第二液压千斤顶的推抵端通过滑动轴承与第一水平支撑件和第二水平支撑件连接。

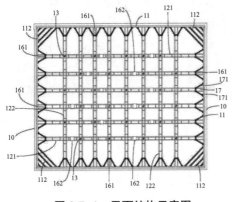

图 2.7-1　平面结构示意图

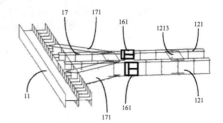

图 2.7-2　围檩结构的结构示意图

2.7.3　主要特点

（1）安装空间内的第一与三、二与四、一与四、二与三钢梁的侧部之间设有节点连接结构，安装空间内的第二、四钢梁的侧部之间设有节点连接结构。

（2）交叉节点外的第一钢梁和第二钢梁之间间隔设置有多道第一连接梁，交叉节点外的第三钢梁和第四钢梁之间间隔设置有多道第二连接梁。第一~四钢梁分别由多段 H 型钢拼接而成。竖向支撑结构为下端插入基坑底部的 H 型钢，H 型钢的上端支撑于第二水平支撑件的底部，第一水平支撑件设于第二水平支撑件的顶部。

2.7.4 工程案例

本工程用地总面积 27770m²，总建筑面积 146533.2m²，其中地上建筑面积 87477.1m²，地下建筑面积 59056.1m²；建筑总高度 149.5m，地下 3 层，地上 29 层。

本工程地下室主要为停车场。塔楼首层为入口大堂，高 10.5m；7 层、15 层为避难层和设备层，层高分别为 4.5m 和 6m，其余层均为办公层，除 29 层层高 6m 外，其余办公层层高均为 4.5m，其中 2 层南部与首层形成 15m 的共享空间。屋面层为屋顶绿化与设备区。裙房与塔楼脱离，位于塔楼的西面与南面，西面裙房与塔楼之间的最近间距为 21.03m，南面裙房与塔楼之间的最近间距为 20.62m。裙房与塔楼仅在用地西北角用连廊连接（图 2.7-3）。

图 2.7-3　工程案例

通过将双向设置的第一水平支撑件和第二水平支撑件上下错开设置，有效避免了同一水平面上的双向水平支撑件的交叉节点处的复杂连接结构，使第一水平支撑件和第二水平支撑件在竖直方向上互不连接，各自独立承担水平荷载；通过在第一水平支撑件和第二水平支撑件的交叉节点处设置枢接的节点连接结构，一方面增加第一水平支撑件和第二水平支撑件的连接，利用节点连接结构对第一水平支撑件和第二水平支撑件进行拉结，提高第一水平支撑件和第二水平支撑件的抗屈曲能力，另一方面使第一水平支撑件和第二水平支撑件具备轴向变形的能力；通过设置第一液压千斤顶和第二液压千斤顶，解决了钢结构支撑体系在应力及温度变化条件下变形过大以及变形不均匀的调节问题，可以实现基坑施工过程中对环境变形的主动控制，有效降低工程的风险，减少施工对环境的扰动。

（编写人员：马荣全，王浩，孙旻，徐云峰，王国欣，杜佐龙）

2.8　灌浆套筒连接预制剪力墙有限元分析

装配整体式剪力墙结构采用预制剪力墙作为主要受力构件，这种工业化的建筑结构体系与现浇结构相比具有施工效率高，提升建筑质量等优点，符合国家绿色建筑的战略目标。《装配式混凝土结构技术规程》JGJ 1-2014 为装配式结构的发展和应用提供了基本条件。

装配式建筑目前采用等同现浇的理念进行设计，但装配式剪力墙墙身中存在水平和竖向接缝，这些接缝导致装配式剪力墙的抗震性能与现浇剪力墙相比存在一些差异，如施工工艺、内力放大、构造要求等。本节针对《装配式混凝土结构技术规程》JGJ 1-2014 中采用的灌浆套筒钢筋连接方式，通过 ANSYS 软件对灌浆套筒连接的剪力墙与现浇剪力墙的差异进行精细有限元分析。

2.8.1　工程概况及设计

2.8.1.1　工程概况

某装配式高层剪力墙结构保障房项目，典型标准层平面尺寸约为 30m×28m，地上装配式结构总高度 99m，共 33 层。本工程位于 7 度区，Ⅲ类场地，地震设计分组一组，地震影响系数 0.08，特征周期值 0.45，基本风压 0.5kN/m²，剪力墙混凝土从底部的 C55 收至上部 C30，结构平面布置及三维模型如图 2.8-1 所示，采用盈建科软件对装配式和现浇剪力墙结构形式进行计算，装配式结构中现浇墙地震内力根据规范要求放大 1.1 倍。选取一片较为典型的剪力墙（图 2.8-1 中 WQ1）进行有限元分析，墙身长 2.1m，高 3.05m。

2.8.1.2　模型差异

等同设计后得到装配式和现浇剪力墙 WQ1 墙身配筋结果，如图 2.8-2、表 2.8-1 所示。预制和现浇有限元模型主要有以下两点差异：

（1）墙身配筋。现浇剪力墙墙身配筋率为

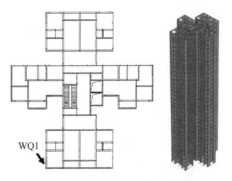

图 2.8-1　标准层平面及三维模型

0.392%。预制剪力墙虽然钢筋用钢量较多，但是除现浇边缘构件和套筒钢筋穿过接缝连接外，其余钢筋均未上下连接。计算配筋率时墙身不得计入不上下连接的分布钢筋，因此其配筋率为 0.385%，两者均大于《混凝土结构设计规范》GB 50010-2010 中规定的最小配筋率 0.2%。

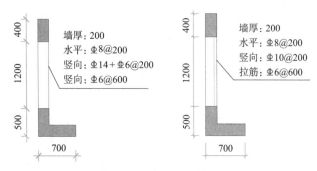

图 2.8-2　小震下装配式和现浇 WQ1 墙身配筋

预制和现浇剪力墙 WQ1 墙身配筋　　　　　　　　　　　　　表 2.8-1

类别	墙身		
	水平分布钢筋	竖向分布钢筋	拉筋
现浇	Φ8@200	Φ10@200	Φ6@600
预制	Φ8@200 Φ8@100（套筒附近）	Φ14（连接套筒） Φ12+Φ6@200（分布钢筋）	Φ6@600

　　而 WQ1 边缘构件在预制和现浇模式下配筋设计结果一致。如图 2.8-3 所示。

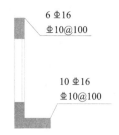

图 2.8-3　小震下装配式和现浇 WQ1 边缘构件配筋

　　（2）构造要求。预制剪力墙与现浇剪力墙相比增加了一些构造要求，《装配式混凝土结构技术规程》JGJ 1-2014 要求自套筒底部直套筒顶部并向上延伸 300mm 的范围内，预制剪力墙套筒附近分布钢筋应加密，且套筒上端第一道水平分布钢筋距离套筒顶部不应大于 50mm。

　　预制剪力墙配筋以及套筒位置等详细结果如图 2.8-4 所示，套筒采用隔一放一方式布置，共 7 个灌浆套筒，套筒连接钢筋为Φ14。竖向分布钢筋采用Φ6，间距为 200。

预制剪力墙底部 600mm 范围内水平分布钢筋加密，采用 ⊕8@100 钢筋布置，距离底部 600mm 以上为 ⊕8@200 钢筋。

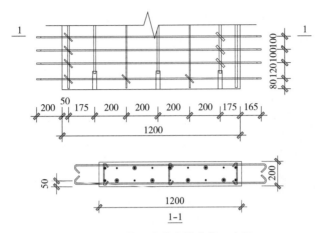

图 2.8-4　装配式剪力墙套筒示意图

2.8.2　ANSYS 有限元模型

2.8.2.1　有限元建模方法

根据 WQ1 及其配筋结果建立足尺预制剪力墙 ANSYS 有限元模型，其中混凝土部分采用 ANSYS 提供的 SOLID185 单元进行模拟。本构曲线采用《混凝土结构设计规范》GB 50010-2010 中规定的抗压强度以及应力—应变本构曲线，如图 2.8-5 所示，采用多线性随动强化准则。为了使 ANSYS 计算结果收敛，超过极限应变值 3500 微应变时强度不再退化。WQ1 预制剪力墙混凝土强度等级为 C55，接缝处浆料强度等级较混凝土等级提升一级，即采用 C60 的混凝土强度。

钢筋采用弹塑性本构模型。案例中钢筋级别为 HRB400，因此 ANSYS 中设置钢筋屈服强度为 400MPa，极限强度为 540MPa，达到此强度后钢筋强度不再增加，如图 2.8-6 所示。

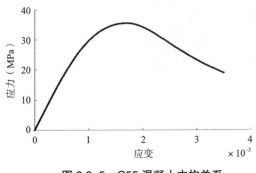

图 2.8-5　C55 混凝土本构关系

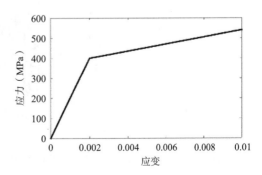

图 2.8-6　HRB400 钢筋本构关系

剪力墙主要考虑平面内的强度和刚度，所以有限元模型对 L 形转角处简化处理，设置平面外位移约束来考虑转角处贡献。有限元模型如图 2.8-7 所示。底部为模拟连接处现浇混凝土和浆料而建立。

根据 YJK 中计算的 WQ1 墙身和边缘构件配筋，建立 ANSYS 钢筋网，采用了分离式建模方法，钢筋与混凝土共节点，以实现整个过程中自由度耦合，如图 2.8-8 所示。

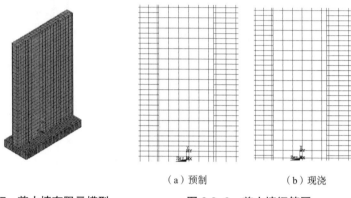

（a）预制　　　　　（b）现浇

图 2.8-7　剪力墙有限元模型　　　　图 2.8-8　剪力墙钢筋网

本节模型提取的首层剪力墙，通过计算可知抗剪承载力足够，认为其与基础牢固连接，因此固定墙底部单元，如图 2.8-9 左图所示。模型分为两个加载步进行加载，首先施加结构横载和活载所产生的轴力，根据《建筑抗震设计规范》GB 50011-2010 第 6.4.2 条计算，得到此时剪力墙的轴压比为 0.48，如图 2.8-9 中图所示。

为防止出现应力集中导致局部单元扭曲的现象，在剪力墙上部建立了 20mm 厚的刚性层，在刚性单元中施加位移荷载，如图 2.8-9 右图所示。分析类型为静态，打开大变形和自动时间步长。

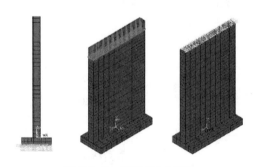

图 2.8-9　荷载施加过程

2.8.2.2　预制剪力墙水平接缝的模拟

如果预制剪力墙内套筒和钢筋连接良好，接缝处浆料密实且粘结力足够，则上下剪力墙可视为固结。若由于平接缝处灌浆不密实或养护不恰当等原因造成接缝处粘结力下降时,对剪力墙承载力和刚度会存在一定的影响。

本节通过 ANSYS 中的接触单元来模拟其影响。ANSYS 中提供了点—点接触、点—面接触、面—面接触的接触方式。剪力墙水平接缝处接触属于面—面接触,因此有限元模型中采用了 Targe170 和 Conta174 来分别模拟接触时的目标面和接触面,通过相同的实常数号来识别接触对。

当水平接缝连接可靠时,接触面可采用固定连接。而需要分析水平接缝对墙身的影响时,接缝处的接触面需要采用库仑摩擦模型,即两个接触面在开始互相滑动前,界面上会有剪应力的产生,这种状态叫作粘合状态,库仑摩擦模型定义了一个等效的剪应力,一旦等效剪应力超过这个值,两个表面开始相互滑动,这种状态叫作滑动状态。程序通过接触单元 Conta174 的实常数 COHE 定义刚进入滑动时的等效剪应力,ANSYS 对 COHE 的解释是没有法向压力时开始滑动的摩擦应力值,本质上即抗剪粘结强度。进入滑动状态后,此时滑动摩擦力和钢筋抗剪开始起作用,通过材料属性 Mu 定义摩擦系数。

2.8.2.3 有限元模型验证

ANSYS 精细有限元模型的建模方法、单元选取以及接触关系设置等操作流程未有具体标准可以依据,而这些设置的不同会导致分析结果具有一定离散性,因而需要对有限元模型进行验证。

为验证 ANSYS 有限元建模方法以及本构关系的有效性,摘取清华大学陈勤、钱稼茹的论文“剪力墙受力性能的宏模型静力弹塑性分析”中试件 SW-1 混凝土剪力墙试验结果,并通过 ANSYS 软件采用本节方法建立相应的有限元模型进行计算。

ANSYS 和试验荷载位移曲线如图 2.8-10 所示。有限元结果与试验结果最大误差在后期剪力墙塑性阶段,约为 13%,前期误差较小,可以认为两者吻合良好。因此,可证明本节所述建模方式的有效性,采用同样的建模方式对 WQ1 进行模拟分析,得出的结论是相对可靠的。

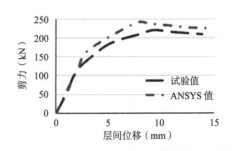

图 2.8-10 SW-1 有限元和试验荷载位移曲线

2.8.3 剪力墙受力性能分析

按照上述章节方法建立了 ANSYS 有限元模型,在轴压比为 0.48 和 0.60 的情形下,施加位移荷载后得到的预制和现浇剪力墙荷载位移曲线如图 2.8-11 所示。当轴压比达到规范规定的 0.60 限值后,剪力墙极限承载能力出现一定程度的降低。从图 2.8-11 中结果对比可知,预制和现浇剪力墙两者荷载位移曲线基本一致。

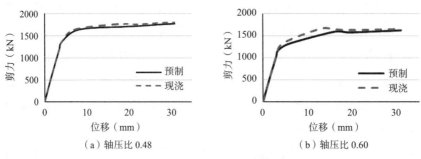

（a）轴压比 0.48　　　　　　　　（b）轴压比 0.60

图 2.8-11　WQ1 荷载位移曲线

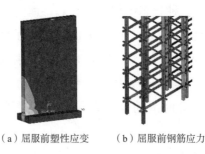

（a）屈服前塑性应变　　　　（b）屈服前钢筋应力

图 2.8-12　预制剪力墙计算结果

现浇剪力墙与预制剪力墙屈服模式类似。当预制剪力墙层间位移达到 4.13mm，层间位移角约为 1/738 时，剪力墙边缘应力达到 35.2MPa，此时混凝土塑性应变分布如图 2.8-12（a）所示，混凝土左侧受拉区屈服。对应的钢筋应力如图 2.8-12（b）所示，左下角受拉区钢筋应力最大为 220.0MPa，未屈服。继续加载，当受拉区钢筋也达到极限应力后剪力墙承载力不再增加。现浇剪力墙屈服模式与预制剪力墙一致，不再列出。

在预制剪力墙与下部连接可靠、配筋率相差不大的情况下，两者力刚度和承载力能相差不大，可认为装配式剪力墙等同现浇剪力墙。

2.8.4　装配式剪力墙水平接缝

上述对装配式剪力墙的分析是基于水平接缝连接足够牢固，接下来根据 2.8.2.2 节中接触面的设定针对粘结力进行分析，将剪力墙与下部基础的固定连接改为库仑摩擦连接，通过设置实常数 COHE 来对初始粘结力进行定义，摩擦系数则根据文献可取 0.4。

轴压比为 0.48 时不同粘结力下 WQ1 荷载位移曲线如图 2.8-13 所示。

位移为 6mm 时剪力墙进入屈服，此时粘结力为 3MPa 的 WQ1 接缝处应力云图如图 2.8-14（a）所示，墙体已经出现滑移，钢筋在滑移处产生了较大的应力集中，如图 2.8-14（b）所示。当水平接缝抗剪粘结强度为 10MPa 时，剪力墙荷载位移曲线与固定连接时的曲线一致，因此接缝处可视为固定连接。粘结强度为 4MPa 时剪力墙极限强度虽然略小于固定连接，仍然可以视为固定连接。但是当粘结强度继续减小，剪力墙

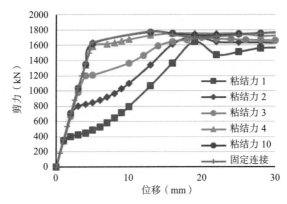

图 2.8-13　不同粘结力下 WQ1 荷载位移曲线

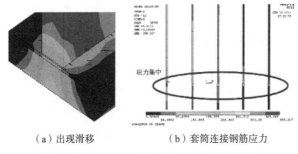

（a）出现滑移　　　（b）套筒连接钢筋应力

图 2.8-14　WQ1 和钢筋 Mises 应力云图

会提前出现较为明显的提前滑移现象。剪力墙抗剪粘结力为 3MPa 时，层间位移达到 1/870 时发生滑移。抗剪粘结力为 2MPa 时，层间位移达到 1/1525 时发生滑移。而抗剪粘结力为 1MPa 时，层间位移达到 1/3000 时发生滑移。滑移后依靠钢筋提供承载力，但是在层间位移达到约 1/190 时，钢筋达到屈服应力，最大应力处于受拉区边缘。框架—剪力墙结构体系层间位移限值为 1/800，剪力墙结构体系层间位移限值为 1/1000，因此装配式剪力墙水平接缝处抗剪粘结强度应大于 3MPa。

根据部分案例直剪试验结果可知，新老混凝土粘结面进行凿毛和涂刷界面剂可以提高其界面抗剪强度，但是最多仅为整体混凝土的 67.3%，即 2.88MPa，而贯穿结合面的抗剪钢筋则对试件抗剪粘结强度影响非常明显。结合本节有限元分析结果，当抗剪粘结强度为 4MPa 时，才能保证装配式剪力墙与整体现浇剪力墙性能一致。因此预制剪力墙水平接缝应保证具有足够的贯穿结合面的抗剪钢筋，并且要保证钢筋与套筒连接处的施工质量，以及钢筋与套筒的搭接效果，从而保证剪力墙接缝处的粘结力。

2.8.5　小结

本节选取某高层住宅的一片剪力墙，对其在现浇、预制两种模式下的受力性能进行有限元分析，得出以下结论：

（1）对剪力墙在现浇和装配式两种模式下的对比分析可知，在水平接缝可靠的情况下，若现浇和预制剪力墙的配筋率相差不大，其屈服模式、承载能力和刚度相差不大。装配式剪力墙在构造满足规范要求的前提下，其受力性能基本上可等同现浇剪力墙。

（2）装配式剪力墙水平接缝的初始粘结力对接缝性能影响较大。考虑水平接缝的影响，装配式剪力墙应保证具有足够的穿透结合面的抗剪钢筋，抗剪钢筋连接应保证良好的施工质量。

（3）装配式剪力墙施工时应保证套筒连接的牢固性，以保证上下层剪力墙连接可靠。

（编写人员：袁辉，陈剑佳，焦柯）

2.9 装配式建筑装配率计算方法

装配式建筑是指由预制部品部件在工地装配而成的建筑，具有设计标准化、生产工厂化、施工装配化、装修一体化、节能环保等特征。近年来，随着我国城镇化和现代化的步伐加快，能源和环境问题日益突出，因装配式建筑具有节能环保的特点，国家一直高度重视装配式建筑的发展。2016年国家出台《关于大力发展装配式建筑的指导意见》，明确提出力争用10年左右时间，使装配式建筑占新建建筑面积比例达到30%。2017年住房和城乡建设部发布《"十三五"装配式建筑行动方案》，方案指出到2020年，全国装配式建筑占新建建筑的比例达到15%以上。为了指导装配式的建筑的良性发展，国家在2017年发布了《装配式建筑评价标准》GB/T 51129-2017，标准中将装配率作为装配式建筑装配化程度的最终考核指标。

众所周知，装配式建筑的核心是"集成"，BIM方法是"集成"的主线。这条主线串联起设计、生产、施工和运维的全过程，最终目的是整合建筑全产业链，实现建筑全寿命周期的信息化集成。集成第一步就是确定装配式建筑的装配方案，对不同装配方案进行对比分析，结合评价指标选择合理的装配方案。本节将以《装配式建筑评价标准》GB/T 51129-2017 中列明的装配率计算方法为依据，运用BIM技术，结合Revit 二次开发技术，研发一种通用的适用于装配式建筑装配率计算的系列软件。设计师可以快速获取装配方案的装配化程度，从而提供一种基于BIM技术的装配率计算的新思路和新方法。

2.9.1 装配率计算方法概述

我国发布的《装配式建筑评价标准》GB/T 51129-2017 采用装配率作为民用建筑的装配化程度的评价指标。装配率是单体建筑室外地坪以上的主体结构、围护墙和内隔墙、装修和设备管线等采用预制部品部件的综合比例。评价要求装配式建筑的装配率不低于 50%。

装配率计算公式：

$$P=\frac{Q_1+Q_2+Q_3}{100-Q_4}\times100\%$$

式中，Q_1、Q_2、Q_3 分别为主体结构指标实际得分值、围护墙和内隔墙指标实际得分值、装修和设备管线指标实际得分值，Q_4 为评价项目中缺少的评价项分值总和。上面计算公式的各项分值是通过计算各类构件预制部分的应用比例，并根据比例查表获得。表 2.9-1 中列举了部分构件的预制部分的应用比例的计算方法。

应用比例的计算方法　　　　　　　　　　　　　　表 2.9-1

构件所属类别	应用比例
柱、支撑、承重墙、延性墙等竖向构件	$q_{1a}=\dfrac{A_{1a}}{V}\times100\%$
梁、板、楼梯、阳台、空调板等	$q_{1b}=\dfrac{A_{1b}}{A}\times100\%$
非承重非砌筑围护墙	$q_{2a}=\dfrac{V_{2a}}{V_{w1}}\times100\%$
围护墙采用墙体、保温、隔热一体化	$q_{1a}=\dfrac{V_{2b}}{V_{w2}}\times100\%$
内隔墙非砌筑	$q_{1a}=\dfrac{V_{2c}}{V_{w3}}\times100\%$

依据表 2.9-1 可知，计算装配率只需要确定墙、柱、梁、板、楼梯、阳台预制部分的应用比例，如体积比、投影面积比等。传统做法是以 CAD 二维图纸作为计算参照，需要大量的人工计算，易存在人为误差。此外，对构件节点处的计算处理比较困难，而且无法快速获取调整后的方案数据。应用 BIM 可视化技术，借助 Revit 软件将二维图纸以三维模型呈现，可以对模型进行精细化处理，准确获取各个构件的预制现浇比例，确定合理装配方案，保证装配式建筑后续的设计、产出和施工。

2.9.2　基于 Revit 的装配率计算的可行性分析

2.9.2.1　装配率计算的规则

根据《装配式建筑评价标准》，装配率的计算规则已明确给出。计算装配率需要知道柱、支撑、承重墙等主体结构的预制和现浇的混凝土体积，楼板、梁、阳台板等构件的水平投影面积，围护墙、内隔墙的外表面积等。Revit 模型完美呈现了建筑的空间几何关系，同时 Revit 可以实现对模型进行细拆分，并对拆分后的构件赋予预制或现浇标识，获取计算所需的属性值，从而根据标准中载明的计算公式即可算出当前建筑的装配率，所以通过 Revit 软件对装配率进行计算是完全可行的。但是手动对模型进行细拆分、添加标识、读取属性值等存在大量的重复性的操作，效率较低，如辅以专用插件，则可有效提高工作效率。

2.9.2.2　软件基础

Revit 有 Autodesk 公司研发出品，是目前主流 BIM 应用软件之一，也是我国建筑业 BIM 体系中使用最广泛的软件之一。同时，Revit 具有很好的扩展性，通过大量的接口，用户可以根据实际使用需求开发具有针对性的插件集，支持 VB.Net、C#、Python 等主流开发语言，可满足不用开发人员的使用需求。所以完全可以应用 Revit API 接口开发一套装配率计算辅助软件，提高模型处理和装配率计算的工作效率。

2.9.3　装配率计算辅助软件开发

装配率计算辅助软件是基于 Autodesk Revit 平台的插件工具集。软件主要包含模型处理和装配率计算两个模板。软件安装简便，安装完成后，即可在 Revit 的面板中进行查看和使用，软件的操作界面如图 2.9-1 所示。软件面板内所有命令均可以添加到快速访问工具栏和设置自定义快捷键，使用方便快捷。

图 2.9-1　装配率计算辅助软件界面

模型处理模块主要作用是对 BIM 模型进行精细处理。其中"批量连接""取消连接""端点连接设置""模型扣减"等命令主要是处理构件之间的逻辑关系，可以批量建立连接、批量取消连接、批量端点连接设置等操作。批量处理构件间的连接关系，不仅保证构件间的逻辑关系符合设计规范要求，而且保证从模型中获取的构件的几何属性如体积、表面积等与实际相符，大大提高对模型处理的效率。模型处理模块中的"多板分离""墙（剪力墙）断梁""柱断墙""墙柱梁拆分板""单板分层分块"等命令，主要对模型二次加工，规范化模型，使其符合装配式建筑的设计要求。如"柱断墙"命令是将墙沿着柱的边缘进行打断，"墙柱梁拆分板"是将一块板沿着墙柱梁的边缘拆分成多块板，减少分开建模的多余时间，"板分层分块"是将一块板沿厚度方向拆分成预制和现浇两个部分，沿长度方向拆分成部品部件，操作界面和操作后的效果如图 2.9-2 所示。

计算模块主要包括"添加前缀标识""自动编号""数据导出""装配率"等一系列命令。

命令的排列顺序是根据装配率的计算规则来排列。添加前缀标识目的是区分预制和现浇，如楼板可以通过标识将其分为现浇板、预制叠合板、现浇叠合板等。构件编码采用自动和手动相结合的方式，对同类型部件进行编码。编码可作为部件流转过程中的ID。数据导出命令可以一次性导出墙、柱、梁、板、楼梯、阳台板等部件的几何属性信息，数据采用 Excel 方式呈现，包含装配率计算所需的所有数据，如体积、外表面积、投影面积等，数据可用于装配率计算书的制作和工程量校核。如果想立即查看当前模型的装配化程度，可以直接运行"装配率"命令，在弹出的窗体界面内可以获取当前装配方案的装配率。

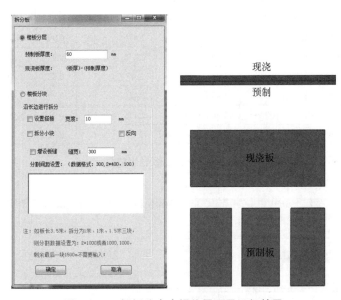

图 2.9-2　板拆分命令操作界面及运行效果

2.9.4　工程应用

某住宅项目，建筑高度为 93.3m，标准层（3～30 层）采用装配式建造方式，预制构件的种类有预制叠合板、预制楼梯、预制轻质内隔墙、预制外墙板、预制阳台，共五种。取标准层中的 BIM 模型作为计算模型，并计算其装配率。项目中板分为阳台板、预制叠合板和现浇叠合板。先对叠合板进行预制和现浇的区分，添加标识和编号，然后导出叠合板的数据，导出结果如图 2.9-3 所示。用户可以快速从表中获取体积、重量、投影面积等构件几何属性。同理，也可以对墙、柱、梁等其他部品部件进行数据导出，导出的数据可以作为工程量统计的依据，也可作为装配率计算书中的数据支撑。

当建筑的装配式方案确定，且已完成对各类构件的标识后，即可对当前装配方案的装配化程度进行计算和预览，如图 2.9-4 所示为当前标准层中预制部分的总应用比例。当进行多种方案对比分析时，只需要更改变化处的构件标识，即可获取修改后方案的装配率情况，从而可以实现快速对多种方案的装配化程度的对比分析，选取最优方案，为后续的生产和施工提供技术保障。

A	B	C	D	E	F	G	H	I	J	K	L	M
板编号	长度（mm）	宽度（mm）	厚度（mm）	单个预制部分体积（m³）	单个现浇部分体积（m³）	单个预制投影面积（m²）	单个预制构件重量（t）	该编号叠合板数量	预制部分总体积（m³）	现浇部分总体积（m³）	预制总投影面积（m²）	预制构件总重量（t）
DLB-7	9849	4000	150	2.36	3.55	39.4	5.9	1	2.36	3.55	39.4	5.9
DLB-4	3000	5500	150	0.99	1.48	16.5	2.475	1	0.99	1.48	16.5	2.475
DLB-6	2756	5500	150	0.91	1.36	15.16	2.275	1	0.91	1.36	15.16	2.275
DLB-9	2499	5500	150	0.82	1.24	13.74	2.05	1	0.82	1.24	13.74	2.05
DLB-1	3000	5500	150	0.99	1.48	16.5	2.475	1	0.99	1.48	16.5	2.475
DLB-2	2756	5500	150	0.91	1.36	15.16	2.275	1	0.91	1.36	15.16	2.275
DLB-3	2499	5500	150	0.82	1.24	13.74	2.05	1	0.82	1.24	13.74	2.05
DLB-5	3000	5500	150	0.99	1.48	16.5	2.475	1	0.99	1.48	16.5	2.475
DLB-8	2756	5500	150	0.91	1.36	15.16	2.275	1	0.91	1.36	15.16	2.275
DLB-10	2499	5500	150	0.82	1.24	13.74	2.05	1	0.82	1.24	13.74	2.05

图 2.9-3　叠合板导出数据

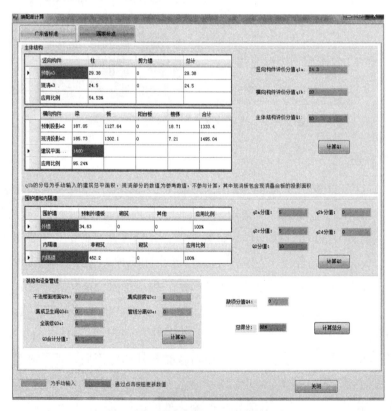

图 2.9-4　各部件应用比例计算结果

2.9.5　小结

本节通过分析《装配式建筑评价标准》中装配率的计算方法，研究应用 Revit 平台快速获取装配式建筑装配率的可行性，结合工程实际和软件开发技术，研发出一套从模型处理到装配率计算的系列辅助插件，使设计人员从 BIM 模型中快速获取装配式建筑的装配率成为可能。

此外，此系列插件通过实际项目验证，行之有效。可以有效缩短实际操作时间，提高工作效率。同时，本节载明的解决问题的思路，可为装配式建筑 BIM 应用提供借鉴，推动装配式建筑更快、更好地发展。

（编写人员：邓玉辉，罗远峰）

2.10　建筑结构的预制装配式主次梁连接节点

2.10.1　概况

建筑结构的预制装配式主次梁连接节点，包括牛担板、牛担板栓钉、预埋锚板和锚板钢筋，牛担板为两块平行设置的结构相同的 L 形竖板，两块牛担板均沿次梁的长度方向设置，形成 L 形双牛担板，预埋锚板为水平设置的长方形板，预埋锚板预制在主梁内，且预埋锚板的长边沿主梁的长度方向设置，锚板钢筋竖向穿过预埋锚板后与主梁的预制混凝土相连接，牛担板的一端搭在预埋锚板上，另一端位于次梁内，牛担板栓钉水平穿过牛担板位于次梁的部分后与次梁的预制混凝土相连接，牛担板、牛担板栓钉、预埋锚板和锚板钢筋连接后在牛担板范围内浇筑混凝土，以此构成整个的节点。该节点构造简单、施工快捷。

2.10.2　主次梁连接节点设计现状

目前预制装配式结构中主次梁节点的连接常见有三种形式。第一种形式为：后浇段设在主梁处，即在主梁连接处设横向凹槽，次梁的端部搭设在该凹槽处，通过现浇主梁凹槽区混凝土实现主次梁的连接，这种节点的施工速度快，但在预制主梁凹槽造成构件局部薄弱，使得预制主梁在吊装或运输时容易发生折断、裂缝等质量问题。第二种形式为：后浇段设在次梁处，即在预制次梁端部留出一段现浇区间，待与主梁侧边留出的底部纵筋连接后，再浇筑该现浇区间实现与主梁的连接，此种节点保证了预制主梁的完整性，但需要在次梁现浇段处支底模，降低了装配式施工的便利性，即便在次梁端部留有槽口，也会增加运输或吊装阶段的易折风险。第三种形式为：搁置式，即次梁端部直接搁置在主梁侧边的牛腿或挑耳上，此种方式施工最为便捷，但常规的搁置式主、次梁节点在施工过程中容易产生倾覆，结构的安全难以保证，因此，常规搁置式主、次梁节点不适用于存在扭矩的次梁，从而限制了搁置式的应用。

2.10.3 双牛担板装配式主次梁节点

本节提出一种新型建筑结构的预制装配式主次梁连接节点，其由牛担板和锚板、钢筋、牛担板栓钉、锚板预埋件与混凝土组成，在施工阶段，可承担施工荷载所产生的剪力和扭矩，在使用阶段，可承担弯矩、剪力和扭矩，解决现有做法的不足问题，提供一种构造简单、施工快捷的预制装配式主次梁连接节点形式。

通过如下技术方案来实现上述功能：节点由牛担板和锚板、纵向受力钢筋、牛担板栓钉、锚板预埋件与混凝土组成，L形牛担板的一端用栓钉与次梁连接，另一端通过垫板下的预埋件与主梁连接，预埋件与牛担板连接；次梁面筋与主梁连接，次梁底筋在缺口处断开，牛担板范围内采用混凝土现浇，使次梁和主梁形成一个整体受力体系。

L形双牛担板之间的间距 f 取 50 ~ 100mm，高度 h_1 取 h-130-a_1（ a_1=100 ~ 200mm），牛担板长度 b_1 取 b+a_2（ a_2=50 ~ 200mm），牛担板厚度 t_1 取 8 ~ 15mm，锚板厚度 t_2 取 6 ~ 15mm，纵向受力钢筋根据次梁的计算取值，牛担板栓钉 D 取 M10 ~ M16，锚板预埋件直径 d 取 8 ~ 16mm，混凝土强度等级取 C25 ~ C35。

采用双牛担板，牛担板比单牛担板可以减少 1/3 牛担板侧面的栓钉数量，减小牛担板高度，同时提高了次梁的抗剪承载力以及抗扭承载力，解决了不能用牛担板抗扭的问题。因此，对楼板偏心荷载产生较大扭矩的次梁，也可以采用牛担板连接，明显提高现场施工速度的同时，又保证了结构具有足够的安全性。

牛担板两端分别用栓钉和预埋件与次梁和主梁连接，栓钉穿过牛担板与次梁的预制混凝土连接，预埋件穿过牛担板垫板与主梁的预制混凝土连接，次梁的单排面筋伸入主梁内，以上步骤完成后，在主梁内与牛担板和次梁面筋相连区域现浇混凝土，形成主、次梁连接节点，使主、次梁形成一个整体参与结构的受力。

与现有技术相比，本技术具有如下显著效果：

（1）在施工阶段，由于双牛担板节点具有较高的抗扭承载力，解决了因施工过程中次梁出现的扭矩问题。

（2）正常使用阶段，由于双牛担板具有很高的抗剪能力，节点的抗剪承载力提高了约 60%。

（3）搁置式主次梁连接节点构造简单，安装方便，无需设置后浇段，减少了现场湿作业，又无需现场的焊接，提高了抗扭次梁的施工速度，具有明显的经济效益。

2.10.4 工程案例

2.10.4.1 工程案例

本项目是一栋高层装配整体式剪力墙结构，地面以上共33层，结构顶高度为99m，设防烈度为7度，二类场地，基本风压为0.5kN/m²，地面粗糙度为C类，如图2.10-1所示。由于装配整体式剪力墙的结构刚度较大，结构的变形较小，通过设置双牛担板提高次梁的抗扭承载力，提高现场施工的速度和质量。

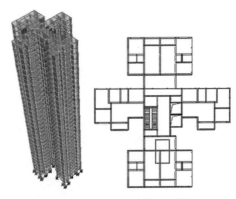

图 2.10-1 结构平面及三维图

搁置式主、次梁典型节点构造大样见图2.10-2，选取图2.10-3所示位置的搁置式主、次梁节点进行有限元分析。

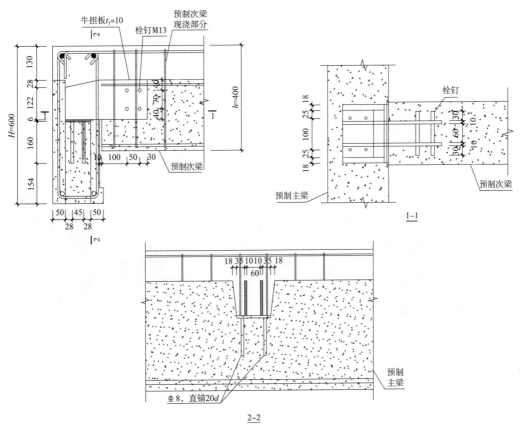

图 2.10-2 双牛担板构造示意图

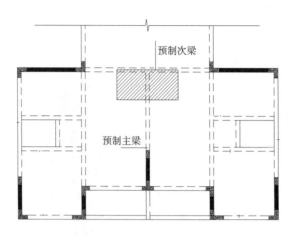

图 2.10-3　选取的搁置式主、次梁节点平面示意图

2.10.4.2　搁置式主、次梁节点有限元分析结果

（1）施工阶段节点抗扭承载力结果

采用 ABAQUS 对于主、次梁相交处节点进行施工阶段的抗扭性能数值分析。其中预制次梁以牛担板连接方式搁置于预制主梁上（图 2.10-4）。主次梁连接构造参考图集《装配式混凝土结构连接节点构造（剪力墙）》15G310-2 确定。主次梁上部均留出了 130mm 高的现浇层。主梁截面尺寸为 300mm×600mm（预制部分截面尺寸为 300mm×470mm），跨度为 6m。次梁截面尺寸为 200mm×400mm（预制部分截面尺寸为 200mm×270mm），跨度为 4m。单牛担板的厚度取 12mm，双牛担板的厚度为 10mm，牛担板之间的净距为 50mm。节点处的详细模型与网格划分如图 2.10-5 所示。

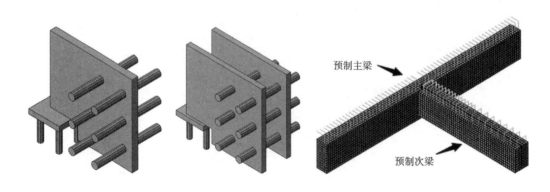

（a）单牛担板连接　　　　（b）双牛担板连接

图 2.10-4　牛担板连接图

图 2.10-5　施工阶段节点有限元模型

计算得到的应力云图如图 2.10-6 所示。而此时的钢筋节点连接的应力云图显示，各部件的应力均很小，处于弹性状态，双牛担板比单牛担板的钢筋应力大。

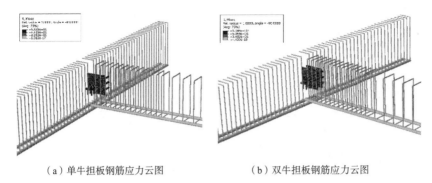

（a）单牛担板钢筋应力云图   （b）双牛担板钢筋应力云图

图 2.10-6　有限元计算得到的变形图与应力图

由整体变形图可知，单牛担板连接方式抗扭承载能力较差，次梁在很小的偏心荷载下便已经出现了明显的扭转，而双牛担板模型可以承受其自重产生的扭转荷载而不发生偏转。

取牛担板与垫板接触位置处远离偏心荷载的最外侧一点（图 2.10-7 中箭头所示位置）的翘起高度作为衡量是否发生扭转破坏的指标，绘出偏心线荷载与翘起高度的关系图如图 2.10-8 所示。

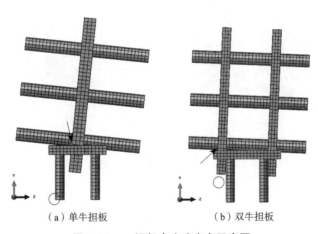

（a）单牛担板   （b）双牛担板

图 2.10-7　翘起高度确定点示意图

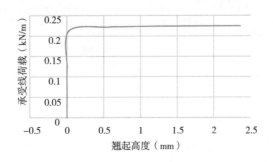

图 2.10-8　单牛担板偏心线荷载与翘起高度关系曲线

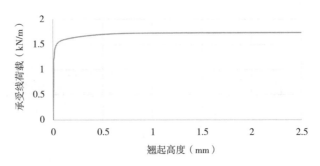

图 2.10-9　双牛担板偏心线荷载与翘起高度关系曲线

由图 2.10-8 和图 2.10-9 可见，单牛担板在偏心荷载作用下，梁体的扭转破坏属于突然性的"失稳"破坏，其发生扭转破坏所对应的最大线荷载约为 0.2kN/m；而双牛担板在失稳前承受的最大偏心线荷载为 1.5kN/m，远比单板连接方式的抗扭承载能力高。

（2）正常使用阶段节点弯剪扭承载力结果

当次梁的扭矩不大，弯矩和剪力较大时，节点处钢筋应力和混凝土塑性应变分布如图 2.10-10 和图 2.10-11 所示。

（a）单牛担板连接　　　　　　　　　　（b）双牛担板连接

图 2.10-10　节点区牛担板及钢筋应力分布

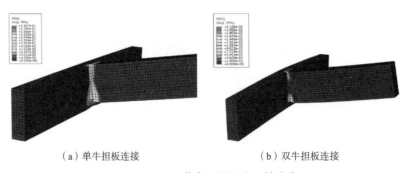

（a）单牛担板连接　　　　　　　　　　（b）双牛担板连接

图 2.10-11　节点区混凝土塑性应变

由分析可知，大震荷载下，两种牛担板连接方式的节点均发生破坏，破坏形态接近，首先牛担板与钢垫板连接处受压屈服，其次为次梁下部钢筋受拉屈服，然后次梁下部混凝土受拉损伤，节点承载能力下降。

当次梁的扭矩很大时，单牛担板和双牛担板节点扭转破坏均由混凝土损伤所控制，达到最大承载力时钢筋及牛担板连接处未出现塑性变形，两种节点的扭转角-扭矩关系曲线基本一致，见图2.10-12、图2.10-13。

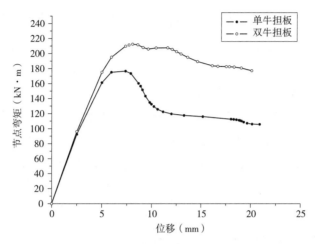

图 2.10-12 节点位移加载时荷载—位移曲线

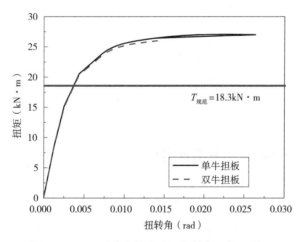

图 2.10-13 两种连接方式下扭转角—扭矩关系

1）由上述曲线可以得出，双牛担板节点抗弯承载能力明显比单牛担板节点的抗弯承载力高约17%。最大承担弯矩为212kN·m。

2）当次梁扭矩不大时，双牛担板连接节点达到峰值承载力后，曲线下降段较为平缓，而单牛担板连接节点达到峰值承载力后，刚开始时下降较快，之后曲线下降段也较为平缓，说明了双牛担板比单牛担板的连接节点延性更好，在地震作用下更为有利。

3）当次梁的扭矩很大时，单牛担板和双牛担板节点扭转破坏均由混凝土损伤所控制，达到最大承载力时钢筋及牛担板连接处未出现塑性变形，两种节点的扭转角—扭矩关系曲线基本一致。

2.10.5 小结

2.10.5.1 创新及关键技术

在施工阶段，可承担施工荷载所产生的剪力和扭矩，在使用阶段，可承担弯矩、剪力和扭矩，弥补现有做法的不足，提供一种构造简单、施工快捷的预制装配式主次梁连接节点形式。

2.10.5.2 与传统技术的竞争优势

在施工阶段，由于双牛担板节点具有较高的抗扭承载力，解决了因施工过程中次梁出现的扭矩问题。正常使用阶段，由于双牛担板具有很高的抗剪能力，使节点的抗剪承载力提高了约 60%。搁置式主次梁连接节点构造简单，安装方便，无需设置后浇段，减少了现场湿作业，又无需现场的焊接，提高了抗扭次梁的施工速度，具有明显的经济效益。

2.10.5.3 推广应用的范围

装配式结构搁置式主次梁连接节点适用于存在扭矩的次梁，通过本技术能够使搁置式主次梁连接节点承担扭矩，并且施工过程中无需支模，在满足结构安全性要求的同时，也提高施工速度和施工的质量。

（编写人员：焦柯，赖鸿立，吴桂广）

2.11 装配式成型钢筋骨架及装配方法

2.11.1 概述

传统的钢筋工程基本上都是在施工现场完成，需要大量的钢筋工人现场作业，而且现场工人的作业环境一般比较差，对于一些现场操作空间受限的构件绑扎则更为困难，严重影响钢筋骨架的绑扎质量。

在柱、第一方向梁及第二方向梁的连接处会形成一个梁柱节点核心区，以往在现场绑扎钢筋时，相邻接的第一梁及第二梁可以直接绑扎形成用以穿入柱的绑扎钢筋中的支座段，使第一方向梁及第二方向梁通过其支座段的钢筋错位地与柱装配连接。然而，当成型钢筋骨架于钢筋下料阶段按照传统工艺方法制作时，如图 2.11-1 所示，在支模结束后（图 2.11-1a），先吊装第一方向梁（图 2.11-1b），再吊装第二方向梁（图 2.11-1c），将由于第一方向梁的支座段已伸入梁柱节点核心区内，造成第二方向梁落下后，其支座段会在梁柱节点核心区与第一方向梁的支座段发生碰撞，见图 2.11-2 为邻接的两个梁的支座段无法错位地穿置在柱内，导致出现装配不顺的技术问题。

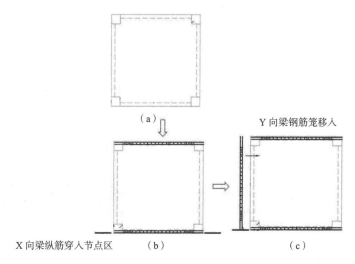

（a）

X 向梁纵筋穿入节点区　　（b）　　　　　　　（c）

Y 向梁钢筋笼移入

图 2.11-1　原施工流程示意图

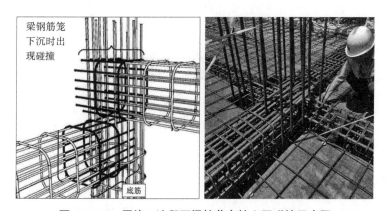

图 2.11-2　原施工流程下梁柱节点核心区碰撞示意图

　　使用成型钢筋骨架则可解决现场绑扎困难的问题。装配式成型钢筋骨架作为梁的钢筋骨架，其相对两端分别与两柱的钢筋骨架连接；成型钢筋骨架的相对两端成型有两截断面；吊装于两柱之间时，截断面与两柱完成面具有一定间距，成型钢筋骨架与两柱通过梁支座钢筋与柱的钢筋骨架连接。现场只需要对钢筋骨架进行装配以及节点封闭，将钢筋工程的大部分工作转化到后台，大幅减少现场工作量，并显著提高了施工质量，成型钢筋骨架是一种高效且可以大幅改善工人现场作业条件的施工技术。

2.11.2　成型钢筋骨架的制作

　　成型钢筋骨架包括梁底钢筋、梁支座钢筋、角筋与顶部钢筋；其中，成型钢筋骨架通过梁底钢筋吊装于两柱之间；角筋的两端共同界定形成截断面，截断面与柱的完成面之间有间距；顶部钢筋的两截断端错位地设于成型钢筋骨架的各连接区段内；梁支座钢筋在吊装前可凸伸穿出成型钢筋骨架的顶部（图 2.11-3）；梁支座钢筋吊装后，一端伸入柱的钢筋骨架内进行连接，另一端与顶部钢筋连接（图 2.11-4）。成型钢筋骨架在两端部的连接区段形成箍筋加密区；其中，由于成型钢筋骨架与柱连接的连接区段所受应力最大，因此，当顶部钢筋与梁支座钢筋的连接点设在箍筋加密区时，角筋两端与两柱的完成面之间各具有 30mm 的间距，且顶部钢筋的截断端在各连接区段内与梁支座钢筋的钢筋接头率不超过 50%。

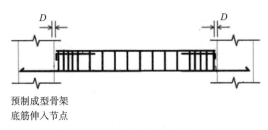

预制成型骨架
底筋伸入节点

图 2.11-3　成型钢筋骨架（梁）

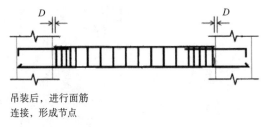

吊装后，进行面筋
连接，形成节点

图 2.11-4　节点封闭

2.11.3　节点区装配流程

成型钢筋骨架为梁钢筋骨架，其相对两端成形有两截断面，截断面与柱完成面吊装时保留一定间距，成型钢筋骨架与两柱通过梁支座钢筋与柱的钢筋骨架连接。目前成型钢筋骨架的施工流程如下：

（1）先对结构图深化设计；

（2）在后台进行钢筋下料、钢筋骨架制作；

（3）完成骨架后进行骨架配送；

（4）最后于施工现场进行骨架吊装、钢筋连接及支座封闭等作业；

（5）完成成型钢筋骨架的装配。

成型钢筋骨架包括设于底部的梁底钢筋以及设于顶部的梁支座钢筋、角筋与顶部钢筋；其中，成型钢筋骨架通过梁底钢筋吊装于两柱之间；角筋的两端共同界定形成截断面，截断面与柱的完成面之间具有间距；顶部钢筋各具有两截断端，截断端错位地

设于成型钢筋骨架的各连接区段内；梁支座钢
筋在吊装前可凸伸穿出截断面地预设于成型
钢筋骨架的顶部；梁支座钢筋于吊装后，一端
伸入柱的钢筋骨架内进行连接，另一端与顶
部钢筋连接。

　　角筋两端与两柱的完成面之间各具有
30mm 的间距，且顶部钢筋的截断端在成型
钢筋骨架的各连接区段内与梁支座钢筋的钢
筋接头率不超过 50%。梁支座钢筋与两柱的
钢筋骨架纵筋之间以及梁支座钢筋与顶部钢
筋之间通过搭接或机械连接固定（图 2.11-5）。

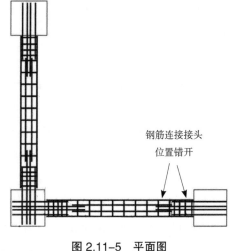

钢筋连接接头
位置错开

图 2.11-5　平面图

2.11.4　小结

　　本节提出了一种装配式成型钢筋骨架及装配方法。成型钢筋骨架作为梁钢筋骨架，
其相对两端成型有两截断面，截断面与柱完成面吊装时保留一定间距，成型钢筋骨
架与两柱通过梁支座钢筋与柱的钢筋骨架连接。本技术解决了邻接两方向梁支座段
无法错位地穿置在柱内，导致装配不顺的技术问题，达到避免钢筋骨架在梁柱节点
核心区发生碰撞，减少现场工作量并提高装配效率的目的。

（编写人员：阴光华，马荣全，苗冬梅，孙学锋，张德财）

2.12　3D 打印装配式框架柱结构

2.12.1　概述

　　目前，我国建筑行业正处在由传统建筑业向建筑工业化的全面转型阶段，绿色建
造已在全国全面展开，大批先进技术得到了广泛应用，当今的建筑业更注重节能、节地、
节水、节材和环境保护，绿色建筑、绿色建造等热门话题正逐步被接受和实施，国家
也出台了相关的政策予以支持，但我国的施工技术水平仍然比较落后，仍然无法实现
零垃圾、零模板、零脚手架施工作业，随着 3D 打印技术在建筑领域的应用，尤其是
3D 打印技术建筑油墨的材料性能有了很大的提高，使建筑施工零垃圾、零模板、零脚
手架施工作业成为可能。基于 3D 打印的装配式异形柱框架结构及其施工方法，包括
多个框架柱和框架梁、柱内设有沿纵向空腔、梁柱节点围合形成连接节点，最大程度
地降低人工，具有节约材料、施工工期迅速等特点。本技术实现了施工全过程零垃圾、

零模板和零脚手架，真正做到了绿色环保。

2.12.2　3D 打印的实现方法

为克服现有技术的缺陷，提供一种基于 3D 打印的装配式框架柱结构，技术流程包括：

（1）采用 3D 打印技术制作形状适配于框架柱的一层砌体至预埋标高处；

（2）于该层砌体的顶部设置箍筋，箍筋的形状适配于框架柱；

（3）采用 3D 打印技术于该层砌体的顶部再制作一层砌体；

（4）重复步骤（2）、（3），至框架柱的设计标高。

其中，框架柱的端部形成有沿纵向设置的浇筑空间，内部形成沿纵向设置的柱体空腔，浇筑空间内浇筑形成有柱体结构。框架柱具有柱体空腔，使得框架柱的自重轻、方便运输及吊装，框架柱的端部设有强度大的混凝土柱体结构，用于增强框架柱的结构强度，同时也为框架梁提供支撑。框架柱的主体空腔内后续浇筑有混凝土，且与框架梁形成稳固的连接结构，确保框架柱的结构强度的同时，也提高了框架柱和框架梁之间的连接强度。

框架柱和框架梁采用 3D 打印技术预制，充分发挥 3D 打印技术的优势，使整栋楼在施工过程中不再需要模板、不会产生建筑垃圾，梁、柱、楼板、填充墙等构件均可采用 3D 打印技术在工厂预制，现场进行拼装。

2.12.3　3D 打印节点设计

基于 3D 打印的装配式异形柱框架结构包括多个框架柱、多个框架梁以及连接框架柱和框架梁的混凝土连接结构（图 2.12-1），框架柱和框架梁围合拼接形成框架结构，通过混凝土连接结构将框架梁和框架柱锚固连接，形成稳固的整体结构。

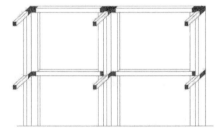

图 2.12-1　结构示意图

框架柱采用 3D 打印技术制作而成，框架柱的端部设有沿纵向设置的柱体结构（图 2.12-2、图 2.12-3），该柱体结构为混凝土结构，框架柱的内部沿纵向设置柱体空腔，使得框架柱的自重较轻、方便运输及吊装，又因端部设有柱体结构可满足框架柱的结构强度要求，对框架梁起到支撑作用。

框架柱包括适配于框架柱形状的柱壳体和斜撑结构，斜撑结构斜向支设于柱壳体内，与柱壳体之间的夹角为 45°。通过斜撑结构形成了带有桁架支撑体系的框架柱。斜撑结构将柱壳体内分隔形成多个柱体空腔。

框架梁搭设于框架柱的端部处，框架梁的端部和框架柱的顶部围合形成连接节点，

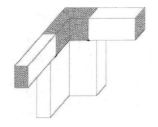

端柱

3D 打印空
腔及支撑

图 2.12-2 框架柱和框架梁的连接结构示意图   图 2.12-3 结构平面图与实例

该连接节点设于框架柱的柱体空腔的上方，混凝土连接结构设于柱体空腔内和连接节点处，将框架梁和框架柱进行连接。在框架梁的内部插设有梁钢筋（图 2.12-4），梁钢筋伸出框架梁的端部形成锚固端，锚固端置于柱体空腔上且设于连接节点处，通过浇筑混凝土将锚固端锚固，浇筑的连接节点处的混凝土与框架梁的顶面齐平，实现了框架梁和框架柱之间的稳固连接。

混凝土连接结构设于柱体空腔内和柱体空腔顶部的连接节点处，将框架梁顶部的梁钢筋设置伸出框架梁，形成位于连接节点处的锚固端（图 2.12-4），该锚固端锚固于混凝土连接结构内。通过混凝土连接结构的设置，使得框架梁和框架柱连接在一起，形成稳固的整体结构。

空腔后灌
混凝土

图 2.12-4 框架梁的结构示意

2.12.4 材料 3D 打印流程

在 3D 打印形成框架柱的过程中，以框架柱的形状打印第一层砌体（图 2.12-5），然后于第一层砌体的顶部铺设箍筋（图 2.12-6），再于第一层砌体上继续打印第二层砌体（图 2.12-7），将箍筋锚固于第二层砌体和第一层砌体中；再于第二层砌体上铺设箍筋，继续重复向上打印砌体，铺设箍筋，直至到框架柱的标高（图 2.12-8）。在 3D 打印形成框架柱时，框架柱的端部留设了沿长度方向设置的浇筑空间，打印完成后，在浇筑空间内插设柱钢筋并浇筑混凝土，形成柱体结构。柱体结构用于设置吊点，兼顾框架梁的支撑结构，提高框架柱的结构强度，而柱体空腔采用空腔结构设置，具有自重轻、方便运输及吊装等特点。

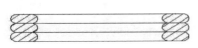

图 2.12-5 采用 3D 打印技术预制
框架柱的分解步骤示意图（一）

铺设箍筋

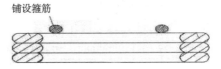

图 2.12-6 采用 3D 打印技术预制
框架柱的分解步骤示意图（二）

图 2.12-7 采用 3D 打印技术预制
框架柱的分解步骤示意图（三）

图 2.12-8 层状打印实例

2.12.5 工程实例

本项目是 1 栋 6 层建筑，按照国家设计规范进行设计，采用 3D 打印技术进行施工（图 2.12-9），由于 3D 打印没有专门的验收标准，但是结构验收根据相近的结构标准执行，这 6 层建筑是符合国家标准且安全可靠的。

图 2.12-9 工程实例

2.12.6 小结

采用 3D 打印技术制作框架梁和框架柱，充分发挥 3D 打印技术的优势，使整栋楼在施工过程中不再需要模板、不会产生建筑垃圾，梁、柱、楼板、填充墙等构件均可采用 3D 打印技术在工厂预制，现场进行拼装，最大地降低人工成本、节约材料，具有环保、施工工期迅速等特点。本技术实现了施工全过程零垃圾、零模板和零脚手架，真正做到了绿色环保。框架柱采用桁架空心结构，使得框架柱的自重轻，方便运输及吊装，框架柱的端部设有强度大的混凝土柱体结构，用于增强框架柱的结构强度，同时也为框架梁提供支撑。框架柱的空心结构内后续浇筑有混凝土，且与框架梁形成稳固的连接结构，确保框架柱的结构强度的同时，也提高了框架柱和框架梁之间的连接强度。

（编写人员：马荣全，苗冬梅，孙学锋，葛杰）

第3章 智慧建造技术

3.1 BIM 数字建造平台在 EPC 项目的应用

近年来，信息技术得到飞速发展和广泛应用，我国的数字化进程已经扩展到政务、民生、实体经济等各个领域。作为国民经济重要支柱产业的建筑业，在行业内精益管理需求日益迫切与《国务院办公厅关于促进建筑业持续健康发展的意见》（国办发〔2017〕19 号）的政策引导下，也逐渐开始工程管理信息化、数字化的探索与尝试。

同时，随着人民日益增长的美好生活需要，国内工程—特别是公共建筑工程—在工程建造上高、大、精、尖、新、特的特点日益突出。在技术创新的基础上，这更要求建筑业各单位进一步紧密合作、互通有无。EPC 总承包模式亦应运而生并迅速得到推广。而 EPC 工程投资规模大、项目工期紧张、参建单位繁杂等特点也给建筑业带来新挑战。

在前述背景及 BIM 技术日益普及的条件下，研究如何通过基于 BIM 的数字建造平台促进 EPC 项目降低管理风险、提升管理效率、强化 EPC 总包单位及各参建单位的信息集成与处理能力更显得迫在眉睫。

3.1.1 EPC 项目各阶段重难点分析

一般来说，充分发挥 EPC 优势的项目，应能做到设计图纸零变更。而这在 EPC 管理能力仍处于上升期的当下，对设计阶段的设计质量提出极高要求。特别是对于医院、机场等专业性较强的项目，参与设计的单位繁多。多个设计分包、多个参建单位甚至是建设单位、运营单位共同参与下，极易产生误差，造成设计资源的重复投入，不仅增加设计成本，还延误工程工期。

采购工作在 EPC 工程项目建设中具有重要地位，采购金额通常占工程总造价的 70% 左右。采购阶段一般存在供应商风险及运输风险，其中供应商风险虽然可以通过信息化平台作些微管控，但主要涉及企业管理决策，暂且存而不论。由于 EPC 工程项目规模较大，涵盖的专业繁杂，设备、材料等的采购运输风险则更为突出。对于运输路程较远的物资，运输过程中极易出现物流滞后、货物丢失、损毁等风险，如果不能够对构件、设备、材料的运输方式及运输过程进行管控，将会造成工程工期上的延误，破坏施工组织的严密性，亦增加采购成本。

施工阶段是工程项目建设的主体阶段，进度管理、质量管理、安全管理及施工组织协调一直是施工阶段主要的实施工作及目标保障管理手段。但在建设过程中，因为施工过程对于进度、质量、安全等方面的组织协调及管理不当导致工期延误、出现质量问题、安全问题的情况不胜枚举。对于 EPC 项目来说，规模越大，参与方越多，以上问题便越难把控。

不难看出，在 EPC 项目的各个阶段均存在因信息传递、信息处理等因素而造成工程效率低下的风险。

3.1.2　数字建造平台总体架构设计

基于以上对 EPC 项目设计阶段、采购阶段、施工阶段各阶段特点及难点的分析，本节在前人研究的基础上，归纳总结各阶段的风险，根据各阶段实施重难点及风险，设计并建立基于 BIM 的数字建造平台的总体结构，针对性地建立各阶段解决方案。基于 BIM 的数字建造平台在 EPC 项目的解决方案如图 3.1-1 所示。

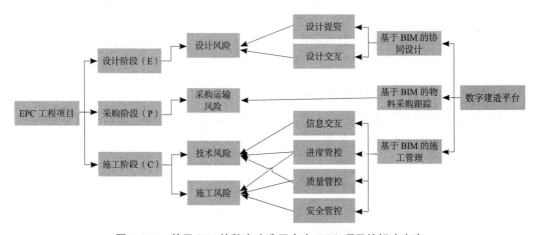

图 3.1-1　基于 BIM 的数字建造平台在 EPC 项目的解决方案

如图 3.1-1 所示：①设计阶段通过基于 BIM 的协同设计，利用数字建造平台进行设计提资、设计交互的方法，消除设计各方的信息孤岛，清除沟通障碍；②采购阶段开展基于 BIM 模型构件与数字建造平台的物料采购跟踪流程，实时跟踪采购过程，降低运输风险；③施工阶段通过数字建造平台，开展基于 BIM 的施工管理，提供施工管理过程的信息交互与处理手段，提升施工管理密度，辅助进行进度管控、质量管控、安全管控。

3.1.3　设计阶段技术原理

首先，通过管理手段统一方向和标准的基础上，各专业设计过程中应能即时进行协同，互相提资，尽可能将流水线式的设计流程优化为总体有序、阶段同步的即时协同设计方式。此种模式下，一方面参与设计的各专业将尽可能地减少怠工时间，可以更早地开展穿插工作，极大地缩短总体设计周期；另一方面，各单位所应用的设计资料均通过信息平台统一管理，各单位任意时间所使用的均为已通过审批、统一、最新的提资资料，保证各阶段的信息衔接，充分发挥 EPC 模式下的设计协同优势。

其次，数字建造平台可以提供各方信息交互的方式，自然也可将 BIM 模型作为各方的沟通载体，处于设计过程中的每个设计师都可以感知其他专业的存在，并且可以进行一定程度的交流。数字建造平台上传同步设计模型及图纸数据，各设计师可在平台上查看审核本专业或本区域设计模型或图纸与其他设计师的冲突，并通过平台提供的信息交互流程，指出设计问题并反馈给相关人员，尽量降低或者消除由于各方沟通障碍对设计工作产生的不利影响。

再者，通过信息化平台的集成管理，总包单位可以对设计资料与设计成果设置各种权限，极大提升数据安全性。同时通过对设计师账号行为的有效分析，可以在一定程度上分析设计单位的履约情况，并提前采取纠偏措施。流水线"假协同"到基于平台"真协同"的转变如图 3.1-2 所示。

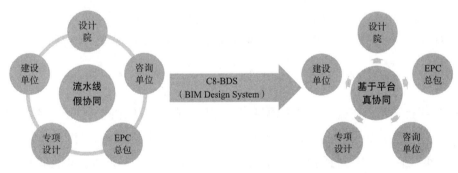

图 3.1–2　流水线"假协同"到基于平台"真协同"的转变

3.1.4　技术实现方法

3.1.4.1　基于平台的设计提资

充分考虑多专业与 EPC 施工单位潜在的共同对设计成果进行应用、操作的可能，利用数字化思维优化设计阶段提资流程，打造符合信息化管理的底层逻辑，集成到数字建造平台中，实现设计的线上提资。

3.1.4.2　基于 BIM 平台的设计交互

通过搭建数字建造平台，在设计阶段即提供各方一个沟通协调的媒介。创建项目后，管理员通过管理权限对项目团队进行管理、分配适宜权限，通过平台创建中心文件，使得具有权限的团队成员可以访问对应的模型，并进行编辑。随后，利用 Revit 自身的工作集进行内部的所属划分，开始协作。当与他人有协同需求时，则可以向所属人员发送协调请求。被请求人会在 Revit 内即时收到信息，即可将权限借用给对方，完成协作。有效解决分阶段分区域设计、分阶段分区域施工的大型项目多团队、跨区域、跨阶段协同的问题，也可解决项目专业分包驻场难度大的问题。其他设计人员对本专业模型的协同设计请求如图 3.1-3 所示。

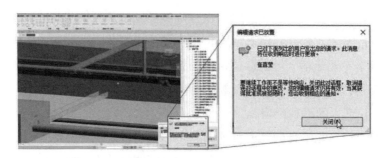

图 3.1-3 其他设计人员对本专业模型的协同设计请求

3.1.4.3 基于 BIM 模型的协同设计

通过对 BIM 正向设计的探索，各设计团队均利用 BIM 模型进行协同设计。设计过程中充分发挥 BIM 技术所见即所得的特性，使得各专业设计师可以更为即时、较为全面地对整个设计环境进行评估，并不断完善设计方案，间接提升设计质量。

3.1.5 采购阶段技术原理

EPC 项目采购工作贯穿于整个项目实施过程，在采购工作的基础上，引入数字建造平台，建立基于 BIM 模型构件的物料管理体系，对构件、设备、材料等物料进行规范化、标准化管理。在进行编码的基础上，基于 BIM 模型构件 ID 号自动获取模型信息，快速生成并打印构件二维码。从采购策划阶段开始，到物料安装完成甚至设备运营阶段，每个环节的管理人员均可通过扫描粘贴在构件中上的二维码，进行材料跟踪、进度管控及进入库管理等流程管理工作。

3.1.6 技术实现流程

各专业的材料、设备都有其对应的物料管理流程（图 3.1-4）。以机电设备采购管理为例，机电设备的采购及安装过程需要经过提料、下单、厂家发货、运输、进场验收、材料入库、领料安装及调试验收等流程。运用数字建造平台的物料管理体系，提前根据所需的应用流程进行机电设备安装跟踪节点（以厂家发货、材料入库、领料安装及调试验收 4 个节点为例）；根据各节点的应用流程、审批人及审批检查要点设置物料跟踪模板，形成设备安装专用的物料跟踪模板。必要情况下，甚至参照快递、物流模式，实时定位货物位置,预估到场时间,评估对现场的影响、提前预警,动态调整管理计划。

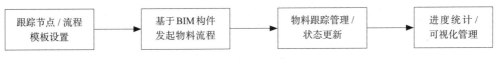

图 3.1-4　技术实现流程

3.1.7　技术实现方法

3.1.7.1　基于 BIM 构件的采购跟踪

从物资的采购阶段起,在数字建造平台上导入具有相同关键信息的设备 BIM 模型构件,并基于此模型构件启动起物料跟踪清单,开始设备的整个采购过程的跟踪管理,各节点审批人可以通过数字建造平台查看该设备的清单详情,并根据其采购状态,基于对应的 BIM 模型构件对其进行状态更新、退回或转交等操作。基于模型构件启动物料管理流程如图 3.1-5 所示。

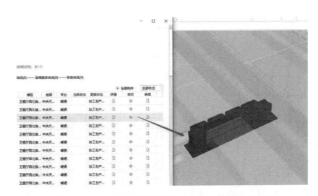

图 3.1-5　基于模型构件启动物料管理流程

3.1.7.2　采购进度可视化表达

基于 BIM 模型构件进行的采购物料跟踪管理,即可实现通过 BIM 可视化方法,查看物料管理系统中的材料设备等生产状态:通过模型不同着色区别不同构件的跟踪状态,并对工程所需所有材料进行状态统计,直观展示施工进度。

3.1.8　施工阶段技术原理

与数字建造平台设计阶段各方设计人员信息交互的方式相似,在施工阶段,通过提炼项目管理理念,并转化为项目数字建造平台的相关功能模块,进一步整理为与建筑工程信息化趋势相匹配的项目管理体系,提供一个各方进行沟通协调的平台。应用BIM 轻量化技术,基于 BIM 模型构件进行项目施工阶段管理,从而辅助施工阶段的各单位、各专业间的组织协调。

3.1.9　技术实现方法

进度管理方面,数字建造平台在 4D 进度模型的基础上,进一步强化计划动态管控,落实分层管理、全员参与的计划管理理念,基于大数据、人工智能、BIM 等技术,通过计划编制、计划调控、进度反馈及智能预警、计划与 BIM 构件形成双向关联的计划管控体系。基于 BIM 构件的计划关联如图 3.1-6 所示。

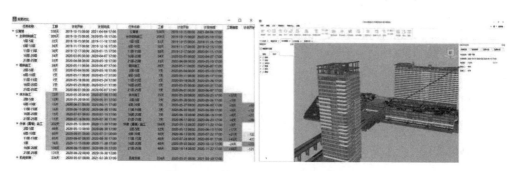

图 3.1–6　基于 BIM 构件的计划关联

进度计划的自动层级分解:当完成施工进度总计划,自动将总计划分解到每个周期(年计划、月计划),根据部门人员架构及属性分配到用户,用户根据分配的计划细化,形成个人的阶段性计划。

模型—计划双向关联在市场常见的计划关联模型的基础上,可以通过 BIM 模型查看相关施工区域的所有关联计划,有利于针对性地部署决策。

变更模型及计划的自适应匹配:当施工模型更新版本时,无需重新关联模型,系统自适应比对变更模型和计划的编码关系,由于系统具有相应变更的模型版本的保存功能,比对中可将变更部位、构件标识出来,提供高效快捷的可视化效果。另外,当二维计划节点发生变更时,系统同样保存变更的二维工作计划版本,自适应地比对变更的计划和相应模型,可以直观有效地修改进度计划,查看更新后的计划,动态评估施工计划的可行性。

质量、安全管理方面:数字建造平台在各方信息交互的基础上,建立质量问题整改流程及安全问题整改流程:(1)通过信息化的手段,缩短质量问题、安全问题的反馈流程;(2)基于轻量化 BIM 模型,实现 EPC 项目的质量管理、安全管理可视化;(3)统计问题数据,展现宏观数据,方便管理决策。

基于 BIM 平台的管理集成:根据施工现场管理流程,将施工过程质量、安全管理流程纳入数字建造平台,进行施工现场质量、安全问题的集成管理。

BIM 模型与现场管理数据交互:BIM 模型与现场施工管理数据交互,可直接在平台上发起施工管理流程,且都与相应的 BIM 模型构件进行对应挂接。流程相关人员根据现场对应的施工状态，通过数字建造平台进行信息交互，并基于 BIM 模型构件进行问题处理。

现场管理留痕的可视化表达：轻量化 BIM 模型可以根据现场情况反映出不同的模型构件状态或标识，提供高效快捷的可视化管理。

3.1.10　小结

综上，基于 BIM 的数字建造平台可以为 EPC 项目各阶段提供多方位的协同管理手段，使得各参建单位集中在平台上开展工作；充分利用数字信息化、AI 技术及 BIM 技术优势，消除人为因素造成的信息滞塞而诱发的工程管理隐患甚至是问题，在辅助 EPC 项目实施过程中的风险管控有着不可替代的作用。要清醒地认识到，现阶段数字化建造平台存在一定的不足，这与企业、项目的管理特色、流程制度甚至是时代、行业背景休戚相关。因此，在搭建数字化建造平台时，应当充分考虑每个企业、项目的管理特色，形成平台—制度互相依托、共同迭代的基础认知，进一步强化企业的工程管理信息化、数字化能力。

（编写人员：陈奕才，崔喜莹，杜佐龙，焦柯，杨新）

3.2　BIM 技术在机电安装工程的应用

随着 BIM 技术应用的不断发展，BIM 技术在建筑机电安装工程中的应用越来越受到安装企业的重视，在施工指导、成本控制和现场管理等方面的应用给安装施工企业带来显著的效果。本节以工程项目建设发展为顺序，结合工程实例，对 BIM 技术在建筑机电安装建设过程各阶段中的应用进行了研究与探讨。

3.2.1　招标投标中的应用

在项目投标阶段采用 BIM 技术进行项目三维动态效果展示，使用新颖的方式取代了以往枯燥的解说，使项目各参建方清晰直观地了解机电管线安装完成后的效果（图 3.2-1）；同时对重难点方案进行动画模拟，让评标专家快速了解施工安装过程，具体形象地展示投标单位的实力，使企业具备更大的竞争优势。此外，通过 BIM 相关软件对数据模型进行工程量统计，精准快速地完成算量，进行科学报价，为项目商务策划奠定基础，同时在招标投标中应用 BIM 技术提高企业在业主的认可度，为机电安装工程企业开拓新的业务领域保驾护航。

图 3.2-1　地下室综合管线效果图

3.2.2　工程造价管理

在建筑工程领域，机电安装工程清单项多，且材料种类繁多复杂，商务管理难度大。工程造价是工程建设项目管理的核心指标之一，工程造价管理依托于两个基础工作：工程量统计和成本核算。在目前普遍使用CAD作为绘图工具的情形下，工程造价管理的两个基本工作中，工程量统计会耗用造价人员50%～80%的时间，需要人工根据图纸或CAD图形在算量软件中完成建模并进行工程量的计算。无论是手工翻模还是基于CAD图形识图建模，不仅效率低下，重复建模成本高，且最终的工程量计算结果都依赖于模型的精确性，风险较大。

基于BIM技术的机电安装工程造价，在数据模型（BIM）的基础上采用BIM相关软件（如Revit、Naviswork）进行工程量统计，同时可以自定义不同格式的清单直接输出预算表。从而高效准确地完成工程量的统计，为工程造价管理提供精确数据，为项目商务策划奠定基础。

在项目实施过程中，可以根据BIM数据模型与现场比对，控制成本及进度（图3.2-2）。对每期劳务进度款进行实时监控。记录设计变更，更新模型并做好记录，对比变更前

图 3.2-2　BIM-Navisworks 工程量统计

后对工程造价的影响。通过反复完善 BIM 数据模型，使其更加贴近于现场实际工程，在竣工结算中可以直接利用模型中的工程量数据作为竣工结算基础数据，充分利用 BIM 技术在机电安装工程的应用，提高精确度和工作效率。

3.2.3　预留预埋优化

机电安装预留预埋是后期正式安装的关键，预留预埋的质量直接决定着后期机电安装的整体质量。尤其是剪力墙、梁柱结构等预埋套管，如果位置不精确，后期补返工等现象十分普遍，而且影响结构受力。通常，预留预埋根据设计院提供单专业图纸进行施工，而设计院各专业管线大多按照本专业要求布置，且设计过程中常有修改完善，难免出现错、碰、漏、缺的现象，若不对图纸进行综合优化，预留预埋质量很难得到保证（图 3.2-3）。此外，传统的二维预留预埋图纸中很难直观判断阀门管件等空间位置是否影响管线安装，因此很难判断二维图纸中预留预埋位置是否满足后期管线安装要求。

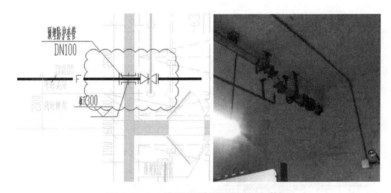

图 3.2-3　按原设计图预埋和安装图

采用 BIM 技术对机电安装前期预留预埋进行深化设计，精确定位预留洞口（图 3.2-4），解决预留预埋位置不精确造成后期安装需二次开洞打凿等问题，从而保证施工质量、有效节约施工费用。

图 3.2-4　BIM 技术洞口预留优化效果图

3.2.4 管线综合深化设计

建筑工程项目设计阶段，建筑、结构、幕墙及机电安装等不同专业的设计工作往往是独立进行的。在施工进行前，施工单位需要对各专业设计图纸进行深化设计，确保各专业之间不发生碰撞，满足净高等使用要求。传统的二维管线综合深化设计通常将设计院提供的各个专业进行叠加，然后人工对照建筑、结构等专业将机电管线优化调整。这种效率低、剖立面图需要逐个绘制的方法很难避免碰撞，特别是在大型建筑管线复杂区域、设备机房内的设备管线布置，往往二维深化设计图纸无法得到预期效果。普遍存在因管线碰撞而返工的情形，造成材料浪费、拖延工期、增加建造成本的现象。

采用 BIM 技术，将建设工程项目的建筑、结构、幕墙、机电等多专业物理和功能特性统一在模型里，利用 BIM 技术碰撞检查软件对机电安装管线进行净高分析（图 3.2-5）、碰撞检测（图 3.2-6），确保满足建筑物使用要求。

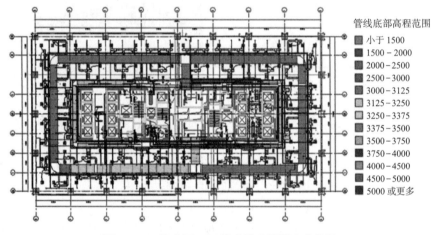

图 3.2-5　标准层 BIM 技术综合管线净高分析

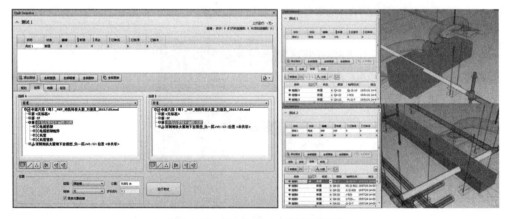

图 3.2-6　Navisworks 管线碰撞侧

应用 BIM 技术进行机电安装管线综合深化设计，提高管线深化效率，有效避免因碰撞而返工的现象。对于地下室、设备机房、天花、管道井等管线复杂繁多区域（图 3.2-7）采用 BIM 技术进行管线综合深化设计效果尤为明显（图 3.2-8），有效避免传统管线综合深化设计错、碰、漏、缺的弊端，减少施工中的返工，从而达到节约成本，缩短工期，降低风险，提高工程质量的目的。

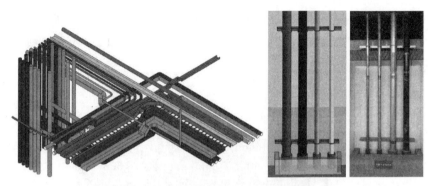

图 3.2-7　复杂区域优化模型与现场安装效果图

图 3.2-8　设备机房管线优化效果图

3.2.5　管线预制加工

随着建设项目对绿色施工的需求越来越迫切，预制加工技术也越来越受到广泛的关注和重视。管道预制加工是将施工所需的管材、壁厚、类型等一些参数输入 BIM 模型当中，然后根据现场实际情况对 BIM 模型进行调整，优化调整模型直至与现场一致，再将管材、壁厚、类型和长度等信息导成一张完整的预制加工图，将图纸送到工厂里进行管道预制加工，待现场施工时将预制好的管道送到现场安装。

在进行不规则角度管线连接时，往往需要使用多个规则角度配件组合连接，这不仅浪费材料，而且达不到预期设计效果，甚至会增加系统运行能耗。采用 BIM 技术与数字化加工集成的技术将有效避免不规则角度管线安装困难、材料浪费现象出现。机电安装管线预制加工技术将引导机电管线、设备安装施工向精细化、批量定制化、信息化生产方向发展。

3.2.6 运维与模拟

BIM 技术在机电安装运维与模拟的应用主要体现在地下室车库车辆行走模拟、车流量模拟、设备机房设备操作及维护空间合理性检测、设备吊装模拟、设备信息管理与后期应用等。

采用 BIM 技术对设备吊装方案进行分析和模拟，可以直观地了解整个吊装过程（图 3.2-9），清晰地把握吊装过程的重难点，选出最优吊装方案，合理安排施工计划，确保设备准确安全完成吊装。

图 3.2-9　屋面设备吊装模拟

地下室车库综合管线深化设计往往是整个项目机电管线相对复杂的区域，特别是机械停车位和主通道区域的管线最低净高要求，会直接影响车辆的通行，是管线综合深化设计的重难点。为确保停车位及车辆通道净高满足要求，采用 BIM 技术模拟车辆实际行走路径（图 3.2-10），及时发现不合理地方。

图 3.2-10　车库净高检测

机电设备机房内管线众多，不仅需要满足机房内净高和美观的要求，还需要考虑设备操作及维修需要的空间，如果施工过程不对此类问题进行全面考虑，势必造成返工现象。通过 BIM 技术模拟设备日常操作及维护（图 3.2-11），可以有效避免此问题的发生。

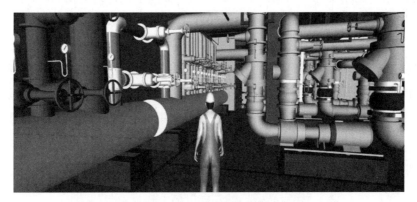

图 3.2-11　设备维修空间合理性检测

机房内管线完成深化设计后，对设备模型进行信息录入，用于后期运营维护和设备管理等。此外，BIM 技术在机电安装中运维与模拟的应用还包括模拟安装、照明模拟、能耗分析等。

3.2.7　综合管理

BIM 技术在机电安装管理主要体现在技术交底、物资管理、工程资料管理、设计变更管理等方面（图 3.2-12）。通过 BIM 技术，结合二维码、信息平台和物业系统实现项目全生命周期管理，推动建筑行业信息化发展。

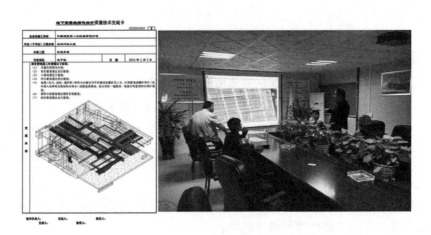

图 3.2-12　管线深化技术交底

3.2.8　经验与总结

通过宝钢大厦（广东）、深圳地铁科技大厦、深圳招商海上文化艺术中心、海南海口万达广场等项目BIM技术在建筑机电安装中的应用发现，BIM技术在机电安装预留预埋和管线综合优化设计方面发挥了显著作用，提高了预留预埋精确度，避免因碰撞而返工所带来的工作量，极大地减少设计变更，降低施工成本。

当前国内机电安装行业的BIM应用，主要集中在数据模型的简单利用，如投标展示、碰撞检查等。随着建筑信息化的发展、政府相关政策及软硬件的完善及企业的推动，未来BIM技术在机电安装工程中不仅能有效地降低施工成本、提高施工效率、提高工程质量，而且在项目的精细化管理中将发挥重要作用，从而推动建筑施工信息化发展。

（编写人员：方速昌）

3.3　装配式多层建筑的递推阶梯式施工方法

3.3.1　概述

预制装配式施工，在建筑施工领域中应用越来越广泛，将预制的混凝土构件运送至施工现场，在施工现场进行装配连接固定，相比于现浇施工方法，省去了支设模板、浇筑养护、拆模等湿作业工艺步骤，可有效实现节能环保，具有较好的应用前景。目前的预制构件一般为平整的、标准的墙体结构，在工厂统一制作完成后，吊运至施工现场进行拼装，拼装通常采用逐层立体吊装的方法进行施工。逐层立体吊装的方法为一层一层地安装墙板、楼板、柱以及梁等，因需要等下一层的结构稳固后才能进行上一层的拼装施工的工期较长。另外，采用逐层立体吊装施工非平整类的墙体构件时（比如构件上设有凸出的结构），会使得构件间因发生碰撞而出现破损，故非平整类墙体构件的装配施工，不宜采用逐层立体吊装施工方法。

本节提出一种装配式多层建筑的递推阶梯式施工方法，包括：

（1）于地面上装配第一组墙体，并对第一组墙体进行灌浆连接；

（2）于第一组墙体的侧部装配第二组墙体，并对第二组墙体进行灌浆连接；

（3）在已经完成灌浆连接的第一组墙体上装配楼板，在第一组墙体的顶部装配第三组墙体，并对第三组墙体进行灌浆连接；

（4）在已经完成灌浆连接的第二组墙体上装配楼板，在第二组墙体的顶部装配第四组墙体，并对第四组墙体进行灌浆连接；

（5）重复步骤（3）、（4），直至设计层高。

采用递推阶梯式吊装方法进行多层建筑的装配施工，合理地穿插施工工序，可有效节省施工时间。本施工方法大大提高了工效，降低了施工成本，缩短了工期。

3.3.2　递推阶梯式施工步骤

为克服现有技术的缺陷，采用递推阶梯式施工方法，可以解决现有的装配式施工采用逐层立体吊装存在的工期长、不能施工非平整类构件的问题，流程如下：

（1）于地面上装配第一组墙体，并对第一组墙体进行灌浆连接；每一片墙体上均设有凸出的支撑牛腿，从而为安装楼板提供基础（图 3.3-1）；

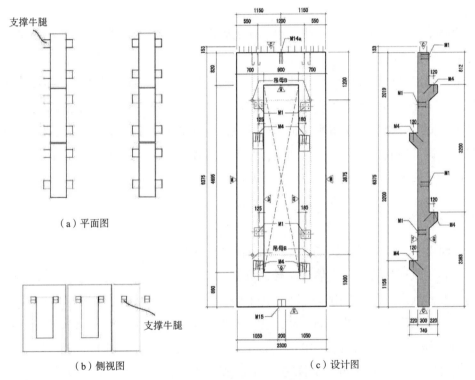

（a）平面图

（b）侧视图

（c）设计图

图 3.3-1　分解步骤示意图

（2）于第一组墙体的侧面装配第二组墙体，并对第二组墙体进行灌浆连接（图 3.3-2）；

（3）在对第二组墙体进行灌浆连接操作时，在已经完成灌浆连接的第一组墙体上装配楼板，在第一组墙体的顶部装配第三组墙体，并对第三组墙体进行灌浆连接；

（4）在对第三组墙体进行灌浆连接操作时，在已经完成灌浆连接的第二组墙体上装配楼板，在第二组墙体的顶部装配第四组墙体，并对第四组墙体进行灌浆连接；

（5）重复上述步骤（3）、（4），直至设计层高（图 3.3-3）。

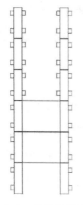

图 3.3-2　墙体灌浆连接

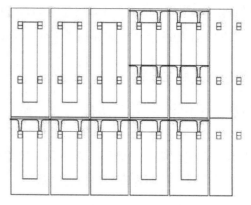

图 3.3-3　分解步骤示意图

待施工至设计层高后，在第二组墙体的侧部进一步重复上述步骤（1）~（4），直至完成多层建筑的施工。

采用分组进行墙体的组装方法来施工多层建筑，通过台阶式的向上拼装，合理地穿插施工工序，第一组墙体进行灌浆连接时，同时进行第二组墙体的吊装，有效地节省施工时间。分组装配墙体和楼板采用从底部向顶部的施工顺序，吊装楼板时，侧面有足够的调节空间，避免了构件间的碰撞产生破损的现象。本施工方法大大提高了工效，降低了施工成本，缩短了工期。

3.3.3　应用案例

下面以一工程实例，对本施工方法的有益效果进行说明。

长春一汽项目装配式立体停车楼的安装施工建设（图 3.3-4），该装配式立体停车楼为长春一汽技术中心乘用车所建设项目二标段中的一个单体，建筑面积 78834.64m²，共 7 层，单层建筑面积约 11000m²，建筑高度 24m。一层层高为 4.5m，二~七层层高为 3.2m，楼长约 100m，宽约 100m。该工程构件超长、超大，超重，异形构件多，若采用逐层吊装方法，双 T 板的吊装汽车式起重机行很难做到不碰构件，故本工程采用"递推阶梯式"安装，根据构件局部结构体系特点合理地划分吊装区域，通过履带吊、汽车式起重机合理吊装占位进行"阶梯式穿插分段流水施工"，避免了套筒灌浆带来的技术间歇，同时可以使 T 形楼板安装与其他构件同时进行，大大节省了吊装时间。

整个装配式立体停车楼分南北两栋，中间为过街楼通廊。本工程吊装采用一台 220t 和一台 130t 汽车式起重机分别对南、北楼覆盖区域进行吊装，同时采用一台 250t 履带式起重机作为主吊兼顾两栋楼覆盖区域吊装，三台主吊装设备共同配合完成吊装任务，吊装期间，再配备一台 70t 和 50t 汽车式起重机进行喂料及辅助。根据结构型式和周围环境，划分三个安装区域。其总体思路为：第一安装区域采用"逐层立体式一次到顶"的吊装施工；第二安装区域采用自东向西"递推阶梯式"逐段以三个构件为

图 3.3-4　长春一汽项目装配式立体停车楼

一组吊装单元循环交替分层吊装施工；第三安装区域由楼外侧向里，采用"逐层立体式一次到顶"的吊装方案。该楼现场吊装投入 50 人左右，总工期 120d 左右。

　　"递推阶梯式"吊装施工主要可推广应用于大型公共建设项目，本装配式立体停车楼属于大跨度多层框架 - 剪力墙结构体系，第二吊装区域的构件结构连接为双 T 板连接支撑在竖向剪力墙牛腿上。其中双 T 板跨度集中在 17.15 ~ 17.25m 之间，墙体构件为双层双侧（图 3.3-5），共达 8 个牛腿。由于多面墙连接成吊装单元时，墙面两层双侧牛腿凸起，造成双 T 板穿入时，可调空间只有 5cm，如采用"一次到顶逐层立体吊装"在双 T 板垂直起落吊装时，很容易磕碰墙壁造成晃动，安全性不宜保证，扰动套筒灌浆料与插筋的粘结；同时很难实现在轴向方向对两层双 T 板进行立体起落吊装。为了保证构件吊装的安全性、可实施性，本工程通过将多面墙组成吊装单元，并按照"自高到低呈台阶式"的顺序进行吊装，为双 T 板垂直起落、倾斜调整提供了较大的可调空间，通常可以用缆绳控制双 T 板的起落穿入角度，避免了构件之间的磕碰，保证了构件的感观质量，同时大大提高了构件的安装工效，缩短了工期，保障了其安装可实施性。

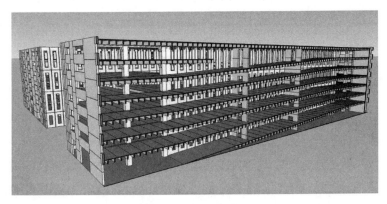

图 3.3-5　双 T 板剖面

第二施工区域标准流水段采用循环交替三个构件为一组的吊装顺序自下而上进行阶梯式吊装，两台主吊装设备每天最少可完成一个阶梯段 4 组 12 个墙体，12 个双 T 板的吊装任务，在吊装高峰期可达 30 块 /d。在吊装施工流水过程中，第一梯段构件安装完毕后，可以穿插套筒灌浆，同时主吊装设备可以进行第二梯段的吊装任务，下一个循环梯段，在进行第二梯段套筒灌浆的同时，可以将双 T 板的吊装穿插到灌浆强度达标的第一梯段，通过这样的循环穿插施工，三道工序可以搭接平行进行，避免了"逐层立体式"吊装工序交叉带来的技术间歇时间。

3.3.4 小结

在装配式立体停车楼项目中，采用"递推阶梯式"安装方法，通过采用分组循环递推阶梯式安装，对大型吊装设备的选用与布置、施工区域流水段的划分、工序循环合理平行穿插等进行合理的、系统性的施工组织安排，旨在探索验证大型公共建设项目新型吊装方法的可实施性。上述应用成果极大地促进了"递推阶梯式"吊装在此类大型公共建设项目工程中的应用，并为今后装配式立体停车楼、物流库、大型厂房等工程的安装施工提供良好的借鉴意义与参考价值，具有较大的推广意义。

（编写人员：王彬，孙振宇，黄巍，王晓林，安家强，周光毅，白羽，张世鹏，王佳斌，张振中，范新海，马荣全，苗冬梅）

3.4 装配整体式预应力框架结构及其施工方法

3.4.1 概述

在普通钢筋混凝土结构中，由于混凝土极限拉应变低，在使用荷载作用下，构件中钢筋的应变大大超过了混凝土的极限拉应变。钢筋混凝土构件中的钢筋强度得不到充分利用，所以，普通钢筋混凝土结构采用高强度钢筋是不合理的。为了充分利用高强度材料，弥补混凝土与钢筋拉应变之间的差距，可将预应力技术运用到钢筋混凝土结构中去，亦即在外荷载作用到构件上之前，预先用某种方法，在构件上（主要在受拉区）施加压力，构成预应力钢筋混凝土结构。当构件承受由外荷载产生的拉力时，首先抵消混凝土中已有的预压力，然后随荷载增加，才能使混凝土受拉而后出现裂缝，因而延迟了构件裂缝的出现时间和开展进程。

预应力张拉就是在构件中通过设置预应力筋提前加拉力，使得被施加预应力张拉构件承受拉应力，进而使得其产生一定的形变，来抵消钢结构本身所受到的荷载，包括屋面自身重量的荷载、风荷载、雪荷载、地震作用等。

在结构构件使用前，通过先张法或后张法预先对构件混凝土施加压应力。先张法是采用先给钢筋施加拉力，然后浇筑混凝土，待强度达到要求松开钢筋，使钢筋回缩，与正常使用荷载的拉力抵消。后张法则是浇筑混凝土前预留孔洞，成型后加受拉力的钢筋，然后用器械在构件两端进行锚固。

预应力筋通常由单根或成束的钢丝、钢绞线或钢筋制成。在先张法生产过程中，为保证钢筋与混凝土粘结可靠，一般采用螺纹钢筋、刻痕钢丝或钢绞线。在后张法生产过程中，则采用光面钢筋、光面钢丝或钢绞线，并分为无粘结预应力筋和有粘结预应力筋。后张无粘结预应力筋的表面涂有沥青、油脂或专门的润滑防锈材料，用纸带或塑料带包缠，或套以软塑料管，使之与周围混凝土隔离，和普通钢筋一样直接安放在模板中后浇筑混凝土，等混凝土达到规定强度后进行张拉。无粘结筋常用于预应力筋分散配置的构件或结构如大跨度双向平板、双向密肋楼盖等。后张有粘结预应力筋是指先放置在预留孔道中，待张拉锚固后通过灌浆而恢复与周围混凝土粘结的预应力筋。有粘结筋常用于预应力筋配置比较集中，每束的张拉力吨位较大的构件或结构。

装配整体式钢筋混凝土结构是建筑结构发展的一个重要方向，应用预制构件代替现浇混凝土结构，在现场直接安装，并在预制构件的连接处通过施工现浇混凝土段进行连接，有利于建筑工业化的发展、提高生产效率、节约能源以及发展绿色环保建筑。传统的装配整体式预应力框架结构采用有粘结钢绞线作为预应力筋，以满足结构强度要求，但是，由于有粘结预应力筋在施加预应力后，处于高压力状态，容易导致应力集中，从而导致预制构件间的现浇混凝土段出现裂缝，影响施工质量。因此，有必要提出一种既能避免钢筋混凝土结构表面出现裂缝，又能满足装配式钢筋混凝土结构强度要求的预应力张拉体系。

3.4.2　施工步骤

为实现既符合结构强度要求，又不会产生混凝土裂缝的装配整体式预应力框架结构，本节采用以下施工步骤实现，包括：

（1）在工厂制作成型的预制梁和预制柱；

（2）安装预制梁与预制柱，预制梁与预制柱之间施工现浇连接段以连接预制梁与预制柱；

（3）在预制梁与现浇连接段内穿设预应力筋；

（4）进行预应力张拉，其中，在预制柱设定距离的区域内实施无粘结预应力张拉，对其余区域实施有粘结预应力张拉，设定距离为预制梁的高度的 1~1.5 倍。

通过以下施工方法施工现浇连接段：

（1）预制梁和预制柱之间安装现浇连接段的混凝土浇筑模板；

（2）混凝土浇筑模板内浇筑混凝土成型现浇连接段，预应力筋浇筑于现浇连接段内。

通过在预制梁与预制柱间的现浇连接段内实施无粘结预应力张拉与有粘结预应力张拉相结合的预应力张拉方式，既保证了现浇连接段的结构强度，还防止了现浇连接段出现裂缝的现象。具体地，通过在预制柱设定距离的区域内实施无粘结预应力张拉可以避免应力集中，防止混凝土出现裂缝；而通过对其余区域实施有粘结预应力张拉可以满足装配整体式预应力框架结构的结构强度要求，达到较佳的实施效果。

3.4.3 技术实施要点

本方法如图 3.4-1 所示，由预制梁、预制柱、现浇连接段及预应力筋构成。预应力筋穿设于预制梁与现浇连接段内，在预制柱设定距离的区域内对预应力筋进行无粘结预应力张拉，在其余区域对预应力筋进行有粘结预应力张拉。图中设定距离 H 建议采用 1~1.5 倍预制梁的高度，在分别距离预制柱两侧 H 的区域 a 内对预应力筋进行无粘结预应力张拉，而在其余区域对预应力筋进行有粘结预应力张拉，以较好地达到同时满足结构强度要求和避免应力集中、防止混凝土裂缝的目的。

3.4.4 承载力试验结果

如图 3.4-1、图 3.4-2 所示，以某 14 层预应力混凝土结构为例，进行承载力试验。结构层高 3.3m，总高 46.2m，结构形式为框架 - 剪力墙结构，地震设防烈度为 7（0.1g），场地为Ⅳ类，框架的抗震等级为三级，剪力墙二级，裂缝控制等级为三级。预制柱 12 截面尺寸为 800mm×800mm，预制梁 11 跨度为 10.5m，截面尺寸为 350mm×650mm，混凝土强度等级为 C50，普通钢筋采用 HRB400 钢筋。

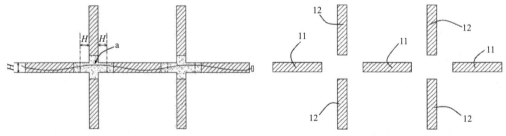

图 3.4-1 整体式预应力框架结构的　　　图 3.4-2 施工中的预制梁与预制柱的
　　　　　　结构示意图　　　　　　　　　　　　　　拼装施工图

对本工程节点左右两组试件：试件 1 和试件 2。对左侧试件 1 内的预应力筋进行部分粘结预应力张拉；而对右侧试件内的预应力筋进行一般的全粘结预应力张拉。

然后，对试件 1 和试件 2 分别开展装配整体式预应力框架结构节点足尺模型的低周反复荷载试验，对其抗震性能进行较为系统的研究，重点研究其整体工作性能、失效机理与破坏模式，建立装配整体式预应力框架结构节点的恢复力模型以及节点抗剪承载力与节点刚度的计算模型。框架节点共 8 个，节点形式为现浇或预制，节点位置为中节点或边节点。

主要研究参数包括：节点核心区连接构造、预应力筋粘结形式、预制柱 12 连接构造。其中预应力筋采用钢绞线，偏心布置，预制梁 11 顶部和预制梁 11 底部布置非预应力普通钢筋。

如图 3.4-3、图 3.4-4 所示，装配整体式预应力框架结构节点足尺模型的低周反复荷载试验按荷载位移混合控制的加载方法进行。试件开裂前按照荷载控制进行加载，开裂后按照柱顶侧移 $nH/200$（n=1、2、3……，柱高 H=3000mm）控制进行加载，每级位移下循环 3 次。

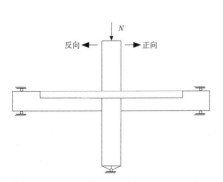

图 3.4-3　足尺模型的低周反复荷载试验的
节点加载示意图

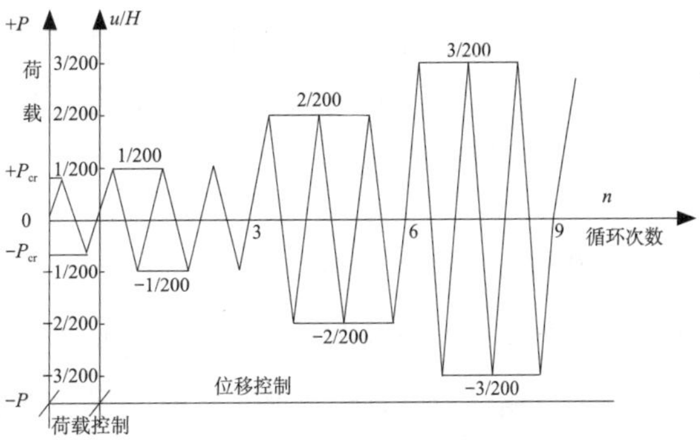

图 3.4-4　足尺模型的低周反复荷载试验的
节点加载制度示意图

试验得到试件 1 的节点荷载柱顶位移滞回曲线如图 3.4-5 所示，试件 2 的节点荷载柱顶位移滞回曲线如图 3.4-6 所示。

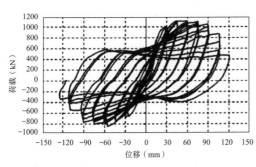

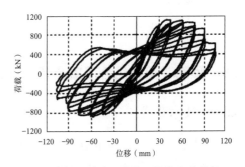

图 3.4-5　试件 1 的节点荷载柱
顶位移滞回曲线

图 3.4-6　试件 2 的节点荷载柱
顶位移滞回曲线

对比可知，采用部分粘结预应力张拉方式的试件 1 的滞回曲线较采用一般的全粘结预应力张拉方式的试件 2 更饱满，表明部分粘结预应力装配整体式框架中节点的耗能能力要好于全粘结预应力装配整体式框架中节点的耗能能力。进一步研究，基于上述滞回曲线，两种试件的位移延性如表3.4-1所示。

全粘结和部分粘结中节点位移延性　　　　　　　　　表3.4-1

试件	全粘结中节点（试件2）		部分粘结中节点（试件1）	
荷载方向	正向	反向	正向	反向
屈服位移 Δ_y（mm）	30.7	38.7	25.9	36.3
极限位移 Δ_u（mm）	90.2	91.0	99.1	93.7
延性系数	2.9	2.4	3.8	2.6
	2.6		3.2	

由表3.4-1可知，全粘结试件2的位移延性介于2.4~2.9，部分粘结试件1的位移延性介于2.6~3.8，表明部分粘结预应力装配整体式框架节点的延性好于全粘结预应力装配整体式框架节点。

3.4.5　小结

本节研究了在预制梁与预制柱间的现浇连接段内实施无粘结预应力张拉与有粘结预应力张拉相结合的预应力张拉方式，通过实施有粘结预应力张拉满足了装配整体式预应力框架结构的结构强度要求，而通过实施无粘结预应力张拉则可以避免应力集中，防止混凝土出现裂缝。既保证了现浇连接段的结构强度，还防止了现浇连接段出现裂缝的现象。相比一般的全部采用有粘结预应力张拉方式而言，具有较好的滞回能力和位移延性，实施效果显著。

（编写人员：范新海，马荣全，苗冬梅，陈丝琳，牛辉）

3.5　预制装配式组合混凝土栈桥体系及施工

3.5.1　技术背景

随着社会发展，城市地下空间利用，特别是大型地下空间越来越普遍。在大型地下空间土方开挖及施工阶段为保证施工机械通行，需在基础顶面设置混凝土栈桥。施工过程中混凝土栈桥板存在如下缺陷：

（1）线路布置不灵活，影响生产效率。栈桥线路确定后不能变动，对于大面积开挖基础，距离栈桥板较远的土方需要通过挖机等多次转运，生产施工效率低。

（2）栈桥板下土方开挖困难。栈桥板在基础开挖前与基础整体浇筑，在基础开挖期间栈桥板线路固定，导致栈桥板下部土方开挖困难。

（3）栈桥板浇筑完成后不能立即投入使用。栈桥板后期承受施工荷载大，在浇筑完成后需组织专人养护，达到设计强度后才能投入使用。

（4）栈桥板损坏后修复周期长，影响现场施工进度。栈桥板一旦开裂或损坏，需整体破除后重新浇筑混凝土，待混凝土强度达到要求后才能再次投入使用。

（5）资源浪费。栈桥板通行施工机械重量大，结构设计配筋多，整体体积大，但仅供施工阶段使用，在施工完成后直接破除，浪费材料。

3.5.2　预制装配式组合混凝土栈桥体系

针对混凝土栈桥板的以上缺陷，本节提出了一种预制装配式组合混凝土栈桥体系及其施工方法。该体系采用模块化设计，可根据需要组合布置，减少现场栈桥板布置数量；吊装完成后即可投入施工，缩短工期；栈桥板体系可重复利用，节约资源。同时，本技术适用于基础土方开挖期间及施工阶段的栈桥，主要应用于大面积基础土方开挖和施工阶段的工程。

该预制装配式组合混凝土栈桥体系包括：

（1）现浇栈桥基础，其上设有栈桥连接件；

（2）装配式栈桥桥面，包括铺设于现浇栈桥基础上且相互拼合的多块预制栈桥板；预制栈桥板的底部设有对应于栈桥连接件的栈桥对接结构（图 3.5-1）。

3.5.3　装配步骤及方法

如图 3.5-1～图 3.5-4 所示，体系主要由现浇栈桥基础 11、装配式栈桥桥面 12 及栈桥连接板 13 组成，其中，现浇栈桥基础可直接利用栈桥下方的地下结构，栈桥支承于地下结构的柱顶处，相比传统的栈桥体系，不需要破除，材料可以全部利用，大大加快了栈桥体系的施工进度。

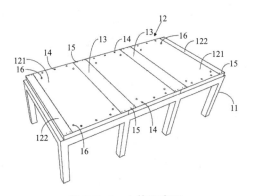

图 3.5-1　立体示意图

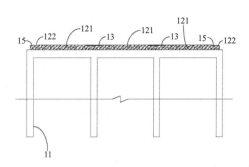

图 3.5-2　立面示意图

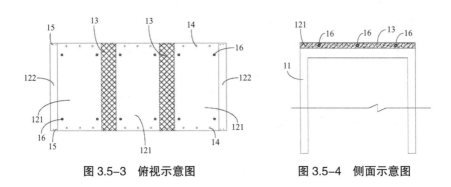

图 3.5-3 俯视示意图   图 3.5-4 侧面示意图

现浇栈桥基础 11 在施工时，在其顶部预先埋设有栈桥连接件 14，用于连接装配式栈桥桥面 12。

装配式栈桥桥面 12 包括铺设于现浇栈桥基础 11 上且相互拼合的多块预制栈桥板 121，预制栈桥板 121 采用混凝土栈桥板，在预制栈桥板 121 的底部设有对应于栈桥连接件 13 的栈桥对接结构（图中未显示栈桥对接结构），用于连接现浇栈桥基础 11 上的栈桥连接件 14。

栈桥连接件 14 采用预埋于现浇栈桥基础 11 顶部的竖向钢筋，栈桥对接结构采用开设于预制栈桥板 121 上、供该竖向钢筋穿设的预留洞口。在现浇栈桥基础 11 的每侧设置不少于三个栈桥连接件 14，在预制栈桥板的每边设置不少于三个预留洞口，以保证现浇栈桥基础与预制栈桥板的连接牢固。进一步地，在该竖向钢筋上还设置有第一临时定位件（图中未显示该第一临时定位件），在竖向钢筋穿过预制栈桥板上的预留洞口后，将该第一临时定位件套设于竖向钢筋上并使其压抵住预制栈桥板的板面，进而将预制栈桥板固定在竖向钢筋处，对预制栈桥板和现浇栈桥基础进行临时固定。待栈桥使用完毕后，取下第一临时定位件，解除预制栈桥板与现浇栈桥基础之间的固定，取下预制栈桥板，进行回收再利用，使用方便且便于拆装。该第一临时定位件可采用外径大于预制栈桥板 121 上的预留孔洞的定位套筒，或者其他能够套设在竖向钢筋上，并设有供压低住预制栈桥板的压制件的产品。

栈桥连接板 13 采用钢板制作而成，栈桥连接板 13 覆盖于相邻预制栈桥板 121 的拼缝处，用于加强预制栈桥板间的整体连接性，避免预制栈桥板被机械振动压坏。在预制栈桥板 121 的拼缝处预埋有竖向连接件 15，栈桥连接板 13 上开设有供竖向连接件 15 穿设的连接孔（图中未显示该连接孔）。预制栈桥板 121 的拼缝处每侧设置四个竖向连接件 15，以保证对栈桥连接板 13 的连接。

在该竖向连接件上还设有第二临时定位件（图中未显示该第二临时定位件），在竖向连接件穿过栈桥连接板上的连接孔后，将该第二临时定位件套设于竖向连接件上并使其压抵住栈桥连接板的板面，进而将栈桥连接板固定在竖向连接件处，对栈桥连接板和预制栈桥板进行临时固定。待栈桥使用完毕后，取下第二临时定位件，解除栈桥连接板与预制栈桥板之间的固定，取下栈桥连接板，进行回收再利用。

预制栈桥板 121 接缝处的竖向连接件的高度也与栈桥连接板 13 的厚度尽量一致，这样可以保证栈桥连接板在安装后与预制栈桥板板面齐平，防止接缝处因机械通行产生的振动而发生破坏，保证栈桥板使用期间的整体性、稳定性。另外，预制栈桥板的预制吊装件 16 采用球型铆钉，表面圆滑，不会对机械通行造成过大的振动。

该体系采用模块化设计，可根据需要组合布置，减少现场栈桥板布置数量；吊装完成后即可投入施工，缩短工期；栈桥板体系可重复利用，节约资源。

3.5.4　与传统方式的对比

针对传统混凝土栈桥板的缺陷，采用模块化设计，可根据需要组合布置，减少现场栈桥板布置数量；吊装完成后即可投入施工，缩短工期；栈桥板体系可重复利用，节约资源，在实际工程中具有以下优点：

（1）预制栈桥板和栈桥连接板可以重复利用，降低施工费用，提高经济效益，经测算，在基础施工中应用本技术可节约混凝土 50% 以上；

（2）预制栈桥板和现浇栈桥基础均可采用回收再利用的混凝土制作，节约混凝土资源，减少固体废弃物，保护环境；

（3）栈桥体系采用模数化尺寸，适用性强，构造简单，施工方便，缩短施工工期；

（4）现场根据需要拼接预制栈桥板，形成不同的运输路径，灵活多变，提高施工效率；

（5）预制栈桥板的接缝处采用栈桥连接板连接，有效避免了预制栈桥板被机械振动压坏；

（6）特殊情况下，预制栈桥板出现破坏征兆，可对破坏的单个构件进行更换，简单方便，节省时间。

（编写人员：蒋文龙，张忠良，郭志勇，侯静，李磊）

3.6　装配式混凝土结构水平预制构件的施工方法

3.6.1　现有技术局限性

现有装配式混凝土结构水平预制构件的施工方法为：绑扎柱主筋及箍筋、搭设水平构件支撑架、安装预制梁、安装预制板、绑扎叠合层钢筋、浇筑混凝土。

上述这种装配式建筑的安装方法存在以下问题：

（1）柱主筋数量较多且较密，预制梁钢筋容易与柱主筋发生碰撞，增加定位及就位的难度，影响安装的效率；

（2）梁柱核心区箍筋安装难度大：如果梁柱核心区箍筋先安装，则预制梁无法吊装；如果先吊装预制梁，则核芯区箍筋不方便安装；

（3）柱钢筋安装时需要搭设绑扎钢筋的操作平台，造成了一定的安全隐患。

3.6.2 新型预制构件施工方法

为克服现有装配式建筑施工中存在或潜在的技术缺陷，本节提供了一种装配式混凝土结构水平预制构件的施工方法，以提高装配式混凝土结构的安装效率（图3.6-1）。

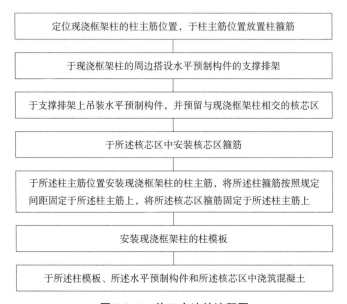

图 3.6-1　施工方法的流程图

施工步骤如下：

（1）定位现浇框架柱的柱主筋，于柱主筋位置放置柱箍筋11，如图3.6-2所示；

（2）于现浇框架柱的周边搭设水平预制构件的支撑排架12，如图3.6-3所示；

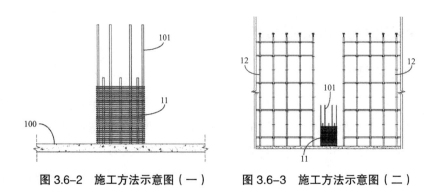

图 3.6-2　施工方法示意图（一）　　图 3.6-3　施工方法示意图（二）

（3）于支撑排架 12 上吊装水平预制构件，并预留与现浇框架柱相交的核心区 14，如图 3.6-4 所示，核心区 14 为现浇框架柱与水平预制构件相交部分的区域，宽度为现浇框架柱的柱宽，高度为水平预制构件的高度；

（4）于核芯区 14 中安装核芯区箍筋 15，如图 3.6-5 所示；核心区箍筋 15 为核心区 14 处的柱箍筋，通常需要加密，以提高现浇框架柱与水平预制构件的交接部位的强度，核芯区箍筋 15 的安装难度较大，若核芯区箍筋先安装，则可能水平预制构件不便吊装；若先吊装水平预制构件，则可能核芯区箍筋不方便安装；

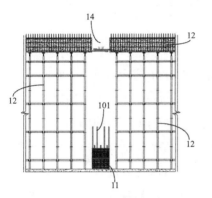

图 3.6-4　施工方法示意图（三）　　　图 3.6-5　施工方法示意图（四）

（5）于柱主筋位置安装现浇框架柱的柱主筋 10，将柱箍筋 11 按照规定间距固定于柱主筋 10 上，将核芯区箍筋 15 固定于柱主筋 10 上，如图 3.6-6 所示；

（6）安装现浇框架柱的柱模板；

（7）于柱模板、水平预制构件和核芯区中浇筑混凝土，如图 3.6-7 所示。

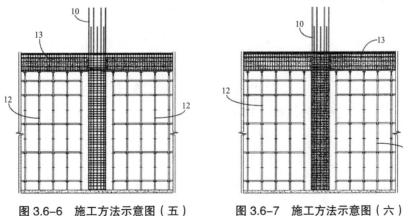

图 3.6-6　施工方法示意图（五）　　　图 3.6-7　施工方法示意图（六）

3.6.3　小结

本施工方法通过合理调整柱主筋、柱箍筋、水平预制构件及核芯区箍筋的安装顺序，采用先安装水平预制构件和核芯区箍筋，后安装柱主筋、柱箍筋，能够有效避免后安装的水平预制构件与柱主筋与核芯区箍筋安装不便的问题，提高装配式混凝土结构水平预制构件的安装效率。

（编写人员：陈永亮，颜峻生，章小葵，张学伟，胡亮，夏凌云，刘欣，赵健健，杨永辉）

3.7 超大弧度大管径管道制作安装施工技术

珠海歌剧院项目位于珠海市情侣路野狸岛，项目总占地面积 57669m²，总建筑面积 59000m²，主体结构为框架 - 剪力墙结构，按 1600 座大剧场、600 座多功能小剧场的规模建设。大剧场结构高度 60m，构筑物高度 90m；小剧场结构高度 36m，构筑物高度 56m。构筑物大部分为异型结构，其中地下室车库、大小剧场主体，包括观众厅、后舞台、钢结构外架等管道繁多，安装专业设计的管道为配合建筑外形，均设计为弧形，该部分给排水及消防管道的弧形部分管径分布为 DN15 ~ DN250，大量的弧形管道安装给施工带来一定的难度。同时由于其不规则弧形的特殊性，该部分弧形管道在二次安装的过程中，前期管道确定半径、弯管制作、开三通、法兰焊接、管道搬运、二次安装中与直管段的连接等各道工序都均较一般的直段管道难度增大。

3.7.1 施工工艺流程

基于 BIM 技术的超大弧度大管径管道制作与安装施工工艺流程，如图 3.7-1 所示。

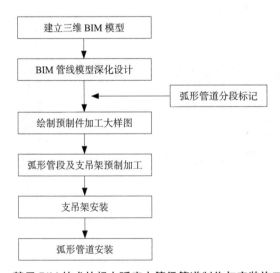

图 3.7-1 基于 BIM 技术的超大弧度大管径管道制作与安装施工工艺流程

3.7.1.1　根据二维设计图纸建立三维 BIM 模型

根据设计二维图纸利用 BIM 建模软件（如 Autodesk Revit）建立三维模型，该模型包含建筑模型、结构模型和机电专业模型（图 3.7-2 ~ 图 3.7-5）。

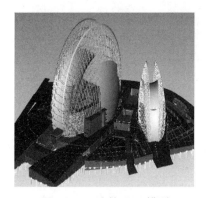

图 3.7-2　建筑 BIM 模型

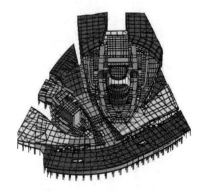

图 3.7-3　结构 BIM 模型

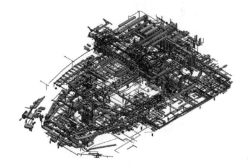

图 3.7-4　机电 BIM 管线模型

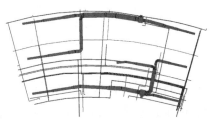

图 3.7-5　某弧形结构区域 BIM 管线模型

3.7.1.2　BIM 管线综合深化设计

采用 BIM 软件（如 Navisworks）实现碰撞检查功能，依据相关安装规范要求调整三维管线模型，直至零碰撞且符合净高及验收规范要求（图 3.7-6、图 3.7-7）。

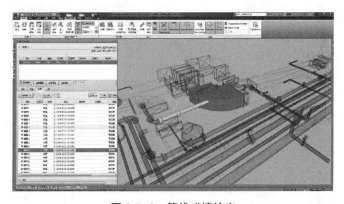

图 3.7-6　管线碰撞检查

碰撞

Report 批处理

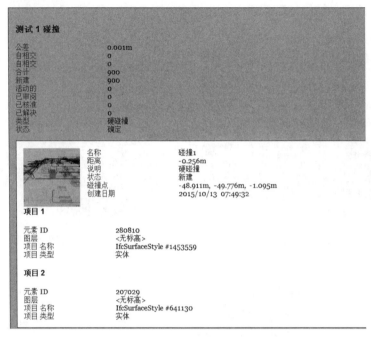

图 3.7-7 碰撞检查报告

依据设计院图纸，弧形区域的管道未优化前，不规则角度管道连接需使用多个规则角度管件组合连接，如图 3.7-8 所示。

通过 BIM 模型深化设计，将不规则连接部分设计为连续弧形管道连接，管段连接只需用普通管件连接即可，既减少了管件使用，又增加了净高，且安装简便美观，如图 3.7-9 所示。

图 3.7-8 优化前弧形区域管道
连接方式及布置图

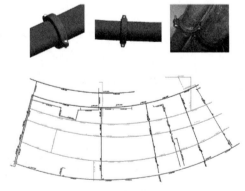

图 3.7-9 优化后弧形区域管道
连接方式及布置图

3.7.1.3　弯管道分段及大样详图绘制

确定管线综合深化设计完成后，将弧形结构区域弧形管道按照材料型号规格特点及现场实际情况，尽可能综合为同一弧度，即弯曲半径一致，并将各分段管段的系统、管径、长度、曲率半径等参数及所在位置标记下来。分段完成后将所有分段管段的信息统一编号录入预制构件管理表格，对应生成包含该段管段信息的二维码，用于预制件材料管理（图 3.7-10 ~图 3.7-12）。

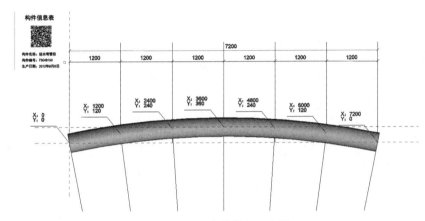

图 3.7-10　弯管段加工大样

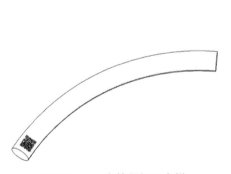

图 3.7-11　弯管段加工大样

图 3.7-12　普通支吊架构件图

3.7.1.4　支吊架及弧形管段预制加工

根据建筑对抗震支吊架系统的设计要求，在完成管线深化设计的基础上，确定抗震支吊架的位置、取向、设计荷载、支架形状、尺寸并在图纸相应位置做好标记（图 3.7-13 ~ 图 3.7-15）。

在上一步的基础上，采用 Autodesk Revit 生成加工详图进行各管段的下料，根据各管段支吊架尺寸参数，自动生成支吊架构件预制加工表，以满足现场施工备料要求（图 3.7-16）。可将二维码粘贴至对应预制弯管段，便于预制管段运送回施工现场统一管理。部分小管径弯管可根据现场情况考虑使用液压弯管器进行弯制。

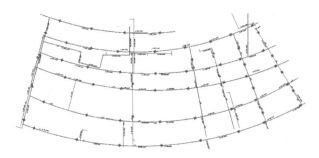

图 3.7-13　某弧形区域管线支吊架定位图

支架编号	公称直径	管重（N/m）	管长（m）		数量	地震系数	水平荷载（N）		
			侧向	纵向			侧撑	纵撑	双撑
D-001	DN150	428.75	6.3	/	1	0.5	1351	/	/
D-002	DN150	428.75	5.3	/	1	0.5	1136	/	/
D-003	DN150	428.75	10.4	20.6	1	0.5	2230	4416	/
D-004	DN150	428.75	10.1	/	1	0.5	2165	/	/
D-005	DN150	428.75	10.1	15	1	0.5	2165	3216	/
D-006	DN150	428.75	4.2	5.1	1	0.5	900	1093	/
	DN65	114.66	4.1	/	1	0.5	235	/	/
	总设计荷载						1135	1093	/
D-007	DN150	428.75	8.5	16.9	1	0.5	1822	3623	/
D-008	DN150	428.75	9.6	19.2	1	0.5	2058	4116	/
D-009	DN150	428.75	4.7	/	1	0.5	1008	/	/
	DN65	114.66	5.6	/	1	0.5	321	/	/
	总设计荷载						1329	/	/

图 3.7-14　某弧形区域抗震支架荷载计算

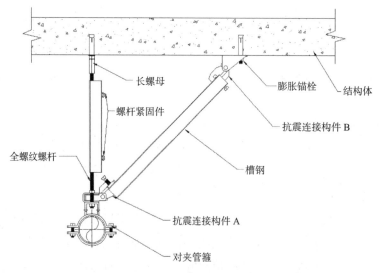

图 3.7-15　抗震支吊架大样图

支吊架构件预制加工表						
序号	1	2	3	4	5	6
构件简图						
构件名称	P 形夹	U 形管吊架	Ω 形夹	槽钢螺母	管夹	长螺母
序号	7	8	9	10	11	12
构件简图						
构件名称	抗震连接座 A	抗震连接座 B	可调式铰链 A	可调式铰链 B	全螺纹吊杆	槽钢

图 3.7–16　抗震支吊架构件预制加工表

3.7.1.5　支吊架及弧形管道安装

将满足现场施工要求的预制弯管段运送至施工现场,根据最终管线深化设计图纸中支吊架的位置,将对应成品支吊架按要求完成安装。由于不同管材、管径连接方式不一,尤其对于用丝接管道部分更是增加了安装的操作难度,因此在现场安装前将三通等管件安装完毕,并进行管道严密性试验,现场安装时尽量采用卡箍连接或者焊接完成两段预制弧形管的连接,确保一次安装合格。预制弯管段运至施工现场后,充分利用预制件上粘贴的二维码快速识别管理预制件。

3.7.2　施工准备

3.7.2.1　技术准备

(1)首先通过各专业图纸深化设计,进行管线综合布置,确定弧形管道的弯曲半径。这一步骤是弧形管道施工的起始点,也是以后各道工序的基础,决定着整个弧形管道施工的其他技术数据,因此最为重要,故要求必须确保其精确度和与其他管线的空间合理分配。

(2)绘制弯曲部分管道下料详图,合理排布各个专业管道、风管及支架位置,并在图纸上标出弯曲管道及其支架安装的具体位置。

(3)熟悉项目土建现场的施工进度、施工部署及施工工序,紧密配合土建进行施工,保证合理、有序的展开。

(4)施工前应认真仔细地做好口头和书面技术交底及主要技术准备工作,其中关键要点为:

1)管道的连接工艺有螺纹连接、压槽连接、卡压连接及焊接等,需要顶弯的管道在顶弯之前应将丝口、压槽及焊接坡口加工好，丝口应用丝口帽加以保护。

2）弯管加工时对接焊口应在距顶弯点大于等于管径的位置，焊接管的焊缝应避开受控（压）区。

3.7.2.2 物资准备

（1）材料的准备：在施工的前期，按照图纸计算其工程量，根据材料计划表中的型号、规格，购买合格产品。

（2）材料的检验：管材必须有制造厂提供的合格证和质量保证书。管材应逐根进行外径和壁厚的测量；管标的外表面应光滑，无裂纹和过腐蚀现象。具体各种材料的质量要求及进场验收参照相关验收规范和质量管理手册等相关规定，送检材料严格执行相关规定的要求，确保材料质量满足工程需要。

3.7.2.3 劳动力准备

为保证弧形管道安装质量，拟将弧形管道安装工序分为弧形管道煨弯预制、弧形管道安装两个班组。班组一经指定操作人员，不得变动，针对各单体制定施工作业计划表，合理安排施工时间段保证人员时间的合理安排及工程进度的正常推进。同时在每个单体进行煨弯施工前，对具体作业人员进行技术交底以及安全交底，以确保各节点的弧形管道预制安装质量。

3.7.3 安全措施

（1）参加弯管施工的人员要经过安全交底及技术交底教育，熟知本工种的安全操作规程后方可进行施工作业。

（2）组织对作业人员进行弯管机、分体式油压千斤顶的性能和操作要领的详细技术交底。

（3）各施工用电设备的线路必须绝缘良好，电动机必须按规定作保护接零或接地，并设专用开关柜。

（4）弯管机、分体式油压千斤顶应设防雨罩。

（5）管道在搬运过程中，应根据现场实际采取安全防护措施，防止出现安全事故。

3.7.4 质量控制

3.7.4.1 给水管道系统

（1）室内给水管道的水压连路由必须符合设计要求。当设计未注明时，各种材质的给水管道系统试验压力均为工作压力的 1.5 倍，但不得小于 0.6MPa。

（2）给水系统交付使用前必须进行通水试验，并做好记录。

（3）生活给水系统管道在交付使用前必须冲洗和消毒，并经有关部门取样检查，符合《生活饮用水卫生标准》GB 5749—2006 方可使用。

（4）室内直埋给水管道（金属管）应做防腐处理。埋地管道防腐层材质和结构应符合设计要求。

（5）给水引入管与排出管的水平净距不得小于 1m。室内给水与排水管道平行敷设时，两段间的最小水平净距不得小于 0.5m；交叉铺设时，垂直净距不得小于 0.15m。给水管应铺在排水管上面，若给水管必须铺在排水管的下面时，给水管应加套管，其长度不得小于排水管管径的 3 倍。

（6）管道及管件焊接的焊缝外形尺寸应符合图纸和工艺文件的规定，焊缝高度不得低于母材表面，焊缝与母材应圆滑过渡。

（7）焊缝及热影响区表面应无裂纹、未熔合、未焊透、夹渣、弧坑和气孔等缺陷。

（8）给水水平管道应有 2‰～5‰ 的坡度坡向泄水装置。

（9）地下管道铺设必须在房心土回填夯实或挖到管底标高后完成，沿着管线铺设位置清理干净，管道穿墙处预留管洞或安装套管，其洞口尺寸和套管规格、坐标、标高正确。

（10）给水管道必须采用与管材相适应的管件。生活给水系统所涉及的材料必须达到饮用水卫生标准要求。

3.7.4.2　排水管道系统

（1）隐蔽或埋地的排水管道在隐蔽前必须做灌水试验，其灌水高度应不低于底层卫生器具的上边缘或底层地面高度。

（2）排水主立管及水平干管管道均应做通球试验，通球球径不小于排水管道管径的 2/3，通球率必须达到 100%。

（3）埋在地下或地板下的排水管道应设置检查口。

（4）在转角小于 135° 的污水横管上，应设置检查口或清扫口。

（5）污水横管的直线管段，应按设计要求的距离设置检查口或清扫口。

（6）金属排水管道上的吊钩或卡箍应固定在承重结构上。固定件间距：横管不大于 2m；立管不大于 3m。楼层高度小于或等于 4m，立管可安装 1 个固定件。立管底部的弯管处应设支墩或采取固定措施。

（7）通向室外的排水管，穿过墙壁或基础必须下返时，应采用 45° 三通和 45° 弯头连接，并应在垂直管段顶部设置清扫口。

（8）由室内通向室外排水检查井的排水管，井内引入管应高于排出管或两管顶相平，并有不小于 90° 的水流转角，如跌落差大于 300mm 可不受角度限制。

（9）用于室内排水的水平管道与水平管道、水平管道与立管的连接，应采用 45° 三通或 45° 四通和 90° 斜三通或 90° 斜四通。立管与排出管端部的连接，应采用两个 45° 弯头或曲率半径不小于 4 倍管径的 90° 弯头。

（10）安装未经消毒处理的医院含菌污水管道时，不得与其他排水管道直接连接。

3.7.5　结语

随着国民经济的飞速发展，人民对建筑审美的要求越来越高，近年来涌现出大量异型歌剧院、剧场、城市综合体、超高层等，这些建筑外形大多设计为弧形，给人带来视觉上的美感，但是要想建筑物内管道安装与异型建筑结构相协调，对异型建筑中管道安装要求会进一步提升，特别是弧形管道安装，不仅要满足管道本身给水排水的功能要求，还要与弧形建筑结构相协调，达到内部美观效果。传统的施工工艺多采用现场测量弧形区域弯曲半径等参数后使用弯管机器完成弯管段制作，再进行安装等方法来解决此项难题，但使用上述方法往往耗时耗力，弧形区域施工存在偏差较大、施工进度慢、成本高、材料浪费严重等不足。本项目位于珠海野狸岛，建筑物大部分为异型结构、管道繁多、工期紧、管线抗震要求高，经过多方协商讨论决定，弧形区域管道安装借助 BIM 技术进行管线布置，有效地避免管线碰撞，提高弧形管道安装精确度，降低施工成本，使整个弧形管道安装过程在精细化管理下高效进行。

（编写人员：方速昌，张世宏，叶强，周红燕）

3.8　BIM 电缆敷设安装施工技术

3.8.1　工程概况

宝钢大厦（广东）项目位于广东省广州市，总建筑面积约 144613.5m²，建筑高度 139.65m，由办公塔楼、商业裙楼、地下室三部分组成；其中塔楼地上总建筑面积为 78087m²，共 29 层，首层为大堂，7、15 层为避难层及设备层，其他均为高级办公用房；商业裙楼约 7470m²，共 3 层，主要功能为商业、餐饮、银行；地下共 3 层，约 59056m²，主要功能为设备用房、物业用房、自行车库、汽车库等。机电共有给排水、暖通、电气 3 个专业。其中，电气专业包括：变、配、发电系统、动力配电系统、照明配电系统、建筑物防雷、接地系统及弱电系统，强电约 168 个回路，主电缆回路总长约 50000m。低压配电房分布在地下室核心筒北面东西两侧，电缆沟深度 680mm，宽度 560mm。

3.8.2　施工工艺流程

基于 BIM 技术的电缆敷设安装施工技术主要采用 BIM 软件创建电缆及关联模型，通过 BIM 相关软件（如 Navisworks）模拟电缆敷设安装施工，对模拟敷设电缆过程中出现的交叉碰撞、电缆桥架空间不足和支吊架尺寸不符等问题及早发现并在施工前优化解决,提高施工效率,缩短工期,减少返工,节约施工成本。将优化后的模型导出每个回路电缆规格型号和长度等信息,提供给电缆生产厂家,确保生产电缆准确无误,实现电缆敷设安装施工精细化管理,如图 3.8-1 所示。

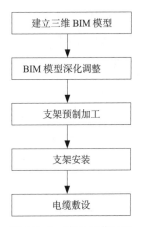

图 3.8-1　施工工艺流程

3.8.2.1　数据采集

在建立三维 BIM 模型前采集设备、材料及场地的参数,提高模型的精准度,使 BIM 模型与现场一致,数据收集作为建立模型的第一步,起着至关重要的作用,具体数据包括:

(1)电缆沟尺寸。电缆沟的宽度与高度决定了电缆沟的容量,它决定了此电缆沟能放几层电缆,电缆能够排布多宽,准确的数据是保证电缆能合理敷设完成的前提。

配电柜(箱)尺寸 配电柜(箱)的尺寸以及进出线方式,是合理预留电缆长度的重要参考指标,不准确的数据可能会造成电缆浪费或电缆长度不足。

(2)电缆外径。电缆外径可以根据以往的数据来获取,也可以要求电缆厂家提供,本项目电缆外径由厂家负责提供,更好地保证了数据的准确性。

(3)线槽尺寸。线槽的功能与电缆沟一样,都是电缆的载体,线槽的容量同样决定了电缆的敷设数量。

(4)电气回路整理。此步工作主要是整理原设计的桥架及电缆沟中有多少电气回路及相应回路的电缆型号等。

以上数据相互独立,但相互关联,任何一组数据的变化都会影响电缆的合理敷设,所以在收集数据时一定要准确,并根据实际情况及时调整相关参数。

3.8.2.2　模型建立

根据设计二维图纸及收集的各种设备材料的相关参数利用 BIM 建模软件(如 AutodeskRevit)精确建立三维可视模型,该模型包含设备模型、电缆沟模型和电缆敷设模型,完成效果如图 3.8-2 ~图 3.8-4 所示。

图 3.8-2　设备模型

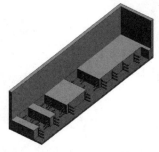

图 3.8-3　电缆沟建筑模型

图 3.8-4　配电房整体模型

运用 Revit 软件建立电缆敷设模型是整个工作中工作量最大的部分，同时也是后期直接应用部分，模型的质量高低直接决定了后期应用的效果，其具体分为以下 4 个步骤。

（1）建模：首先是建立土建模型，也就是电缆沟的模型，此部分较为简单，按照设计院提供的施工图纸尺寸建立即可。建立电缆沟模型后，接下来就是电缆模拟敷设建模，此步骤根据电缆厂家提供的电缆外径表，建立相应的电缆族，然后在对应的电缆沟及线槽内标识出相应大小的电缆，在绘制电缆的时候，每根电缆的属性要标注清楚，包括回路编号、用途等，方便后期调整和检修。

（2）模型调整：按照第（1）步建立的模型往往不是最优的模型，不能直接用来指导施工，这就需要再次对模型进行调整，主要调整内容是对已有模型进行电缆二次排布，调整范围包括电缆排布几层、每层多宽，调整后再进行碰撞检测，重复上述步骤，直到模型碰撞检测为零，最终得到施工模型。

（3）出图：模型调整完毕后，根据相应的截面绘制出综合支架大样图，然后出施工图纸，对线路复杂的地方出截面图和三维可视图。

（4）施工交底：根据三维模型结合对应的截面等视图对施工班组进行施工技术交底，重点交底电缆敷设优先顺序及线路复杂地方施工要求等。

3.8.2.3　BIM 电缆敷设模型深化调整

采用 BIM 软件 Navisworks 碰撞检查功能，结合现场安装条件，调整电缆安装位置，直至最后碰撞位置数量为零，得到最终施工模型。

依据设计院图纸，电缆敷设路径未深化前，西侧配电房共 4 个电缆沟入口，经过 BIM 模拟电缆敷设，取消由南至北的第 3 个电缆沟入口，同时在配电房西北角增加 1 个电缆沟入口，很好地解决了由于电缆集中经过 3 号沟入口造成的敷设空间不足问题，同时使得敷设更加方便快捷，如图 3.8-5、图 3.8-6 所示。

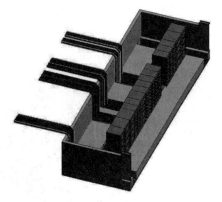 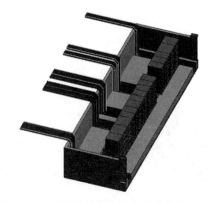

图 3.8-5　低压配电房深化前电缆沟入口　　图 3.8-6　低压配电房深化后电缆沟入口

3.8.2.4　支架预制加工及安装

电缆密集的地方，绘制电缆的剖面分布图，显示电缆在桥架中的位置；结合电缆剖面分布图，选择最佳的电缆敷设顺序，减少电缆交叉的情况。

（1）材料准备：根据 BIM 模型提取出的工程量，编制材料进场计划，进行电缆配盘。

（2）人员、机具准备：敷设电缆需要大量的人员，电缆敷设前，根据电缆的数量及电缆敷设进度安排，提前做好人员的准备工作，保证敷设电缆时人员满足施工要求，同时对进场人员进行安全技术培训。施工电缆前准备充分敷设电缆用的机具，如电缆放线架、电缆滑轮、通信联络工具等。

（3）现场准备：检查桥架安装是否完成及其支架的承重情况，并清理桥架及电缆沟内的杂物。清理电缆敷设沿途的障碍，为放电缆创造一定的外部条件。

（4）敷设电缆顺序以及数量的确定：敷设前根据电缆敷设模型确定电缆的敷设顺序，编制电缆敷设顺序表。留有适当的空间以保证电缆间最小的间距，弯曲半径，固定件及终端盒的安装，发生故障时所有电缆应能移动和互换。电缆敷设完毕，须绑扎固定，水平方向以尼龙带扣将电缆束牢，垂直方向以电缆夹或鞍型夹固定。

（5）电缆识别标志：在电缆两端、转角处、交叉处及确定电缆敷设模型深化设计完成后，读取各支吊架数据，导出剖面图，用于支吊架预制加工及安装定位，如图 3.8-7 所示。

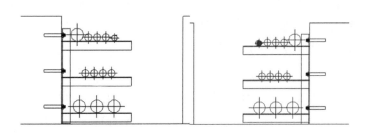

图 3.8-7　电缆沟内支架截面

根据已建立的电缆敷设模型，运用 Revit 明细表导出功能，导出各规格电缆总长度，同时读取每条电缆的长度，制作材料表格，用于指导电缆敷设安装施工。

3.8.2.5　电缆敷设

前期技术准备完毕后，即可进行电缆敷设，电缆敷设主要技术和施工工艺流程要求如图 3.8-8 所示。

图 3.8-8　施工工艺流程

在技术准备阶段，根据前期运用 BIM 技术建立的电缆敷设模型，掌握电缆的分布情况，对每根电缆进行编号，并标明电缆的起始位置、回路号、规格型号等。在其他需要识别电缆路径处设置电缆识别标志，电缆标志由椭圆形的 PVC 标记、穿标记带及尼龙扎带组成。多组电缆在桥架内敷设时，每隔 10m 设置电缆标志。电缆敷设前，进行绝缘监测。采用 1000V 摇表测量线间及对地的绝缘电阻值，不应低于 10MΩ。

电缆敷设方式主要有以下两种：

方式 1：采用卷扬机辅助"从下往上"敷设

电缆盘设在配电间。

（1）在电缆需要敷设的最上层楼层的楼板上设置卷扬机，从电缆盘的上端引出电缆和牵引钢丝绳夹紧后缓慢提升施放。

（2）将电缆顶端用 1 个专用金属网套固定，通过回转接头同卷扬机钢丝绳连接；检查各个环节是否准备好，检查无误后点动卷扬机将电缆提升，在提升过程中，卷扬机只能是点动，底部电缆盘用人力转动，电动卷扬机处和电缆放线架处，必须有专人负责指挥，遇到危险时要及时停止点动卷扬机，选择的卷扬机的牵引力和速度应符合国家规范的要求，机械敷设电缆的速度宜 ≤ 15m/min。

（3）在电气竖井内吊装电缆，由于不同楼层的岗位人员无法目视相互的操作要求，只能依靠通信设备进行联络。通信设备以有线电话为主，对讲机为辅。指挥人、主吊操作人、放盘区负责人需配备对讲机，确保联络畅通无阻，万无一失。

（4）竖井照明设置：竖井每层设置 36V/60W 节能灯一只，电源利用 220V 电源变压后使用。

（5）卷扬机和电缆的布置：在电缆转弯时设导向滑轮，在每层的桥架预留洞口边设置防止电缆偏向的电缆导向滑轮，电缆敷设前，先对卷扬机等起重设施进行 120% 负荷试验。

（6）电缆夹安装：竖井内敷设电缆完成后，采用电缆夹或鞍型夹固定。电缆夹或鞍型夹必须上报样品于建设单位，批准后方可使用。

方式 2：采用"从上往下"敷设

超高层建筑多采用电缆垂直敷设施工工法进行施工，利用高位势能把电缆从上往下敷设，用分段设置的"阻尼缓速器"对下放过程的重力加速加以克制，经阻尼缓速器衰减重力加速度。"阻尼缓速器"构造由 3 个木制或橡胶导轮和角支架组成，导轮的摆设位置和电缆绕经路径是"阻尼缓速"的关键。其施工程序为：

（1）按模型编制电缆表。

（2）电缆盘设在电缆需要敷设的最上层楼层。

（3）电缆在吊装过程中，由人力将电缆盘上的电缆经水平电缆滑轮牵引至楼层电气竖井口，绑扎钢丝绳，向下牵引敷设。

（4）电缆通过人力敷设时，通过钢丝绳牵引，在重力与外力的双重作用下，会存在一定的摆动，容易刮伤电缆；且电缆垂直向下，自重较大，存在一定的安全风险。为解决此问题，采用带自锁功能的阻尼器辅助电缆敷设。

（5）阻尼器在电缆引出的第 2 个竖井口设置 1 个，向下每隔 5 层设置 1 个。电缆通过阻尼器往下敷设时，能有效地防止摆动，并能有效地缓冲电缆重力。阻尼器上带有自锁滑轮，电缆敷设 5 层后，通过阻尼器上的自锁装置将电缆锁紧，有效防止电缆下坠；检查钢丝绳绑扎、人员状态无误后，再解锁继续展放电缆，以此类推，每 5 层做一次自锁、检查。

（6）阻尼缓速器的安装要靠近电缆桥架（便于电缆从导轮移入桥架排列），固定在结构主体上。

（7）主体沿敷设路径必须有专人负责指挥，且人手一部对讲机，以便敷设过程的指令传送和各环节的信息反馈。

3.8.3　模型后期应用

用 Revit 建立的电缆敷设模型是按照相应的比例建立的，可以根据模型导出相应回路电缆明细表，根据明细表可以更好地进行材料管理，对成本控制有着很好的作用。由于每根电缆都有单独的属性，在属性里面包括电缆所属回路、电缆型号等参数，后期维护只需一台平板电脑，将模型导入电脑内，即可准确查询每根电缆的参数，极大方便后期故障查询及维修。

3.8.4　小结

新型超大型建筑专业繁多，系统复杂，所以电缆数量多，敷设难度大，本工程应用 BIM 技术很好地解决了电缆敷设中常见的布局混乱，预留长度不合理等问题。通过 BIM 技术预模拟电缆敷设，有效提高了电缆敷设效率和敷设质量，节约了时间和材料成本，对空间做到充分利用，真正做到绿色施工。

（编写人员：方速昌，张世宏，吴键，韩杰）

3.9　BIM 技术实现塔式起重机平面布置系统及方法

3.9.1　背景技术

BIM（建筑信息模型，Building Information Modeling）技术是一种应用于工程设计建造管理的数据化工具，通过参数模型整合各种项目的相关信息，在项目策划、运行和维护的全生命周期过程中进行共享和传递，使工程技术人员对各种建筑信息作出正确理解和高效应对，为设计团队及包括建筑运营单位在内的各方建设主体提供协同工作的基础，在提高生产效率、节约成本和缩短工期方面发挥着重要作用。

在运用 BIM 技术进行场地平面布置及吊装方案模拟过程中，现有技术忽略了平面布置的构件的重量参数，在场地平面布置过程中，塔式起重机与自身范围内的构件并无关联，进而使得实际施工时，出现场地布置的构件因超出塔式起重机的吊重范围而无法吊装的问题，需要设置其他吊装设备进行吊运，导致施工成本增加，且对施工工期也有较大的影响。

3.9.2　基于 BIM 技术的塔式起重机布置方法

为克服现有技术的缺陷，提供一种基于 BIM 技术的塔式起重机平面布置系统及方法，解决现有技术中在场地平面布置时塔式起重机与自身范围内的构件毫无关联而使得构件的重量超出塔式起重机吊重而无法发现，继而增加施工成本和影响施工工期的问题，其流程见图 3.9-1，主要包括以下步骤：

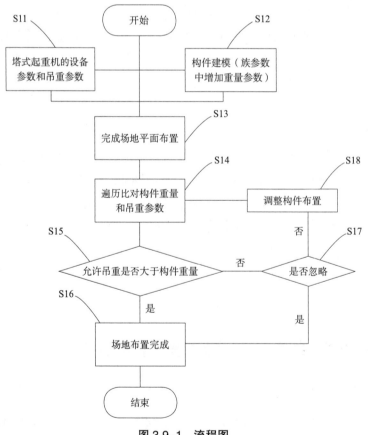

图 3.9-1　流程图

（1）基于 BIM 技术对施工现场需吊运的构件进行建模，在建模时增加构件的重量参数；

（2）获取塔式起重机的设置参数和吊重参数；

（3）基于 BIM 技术对已建模的构件进行平面布置以得到构件的堆放位置；

（4）对经平面布置的构件进行吊重检查，遍历检查塔式起重机覆盖范围内所布置构件的重量是否在塔式起重机的吊重值内，若构件的重量大于塔式起重机的吊重值，则提示错误信息；若构件的重量小于或等于塔式起重机的吊重值，则继续检查下一个构件，直至遍历完成；

（5）为构件赋予重量参数，在场地布置完成后，进行塔式起重机吊重与构件重量的比对，实现塔式起重机覆盖范围内的吊重检查，从而实现智能化的平面布置。提高塔式起重机和构件平面布置的合理性，也提高了垂直运输的效率，对施工成本有较好的控制，也不会影响施工工期，很好地解决了现有技术中存在的构件超出塔式起重机吊重而无法发现的问题。

该流程各步骤如下：

步骤一：（图 3.9-2，S11、S12）：构件建模和获取塔式起重机的设置参数和吊重参数，基于 BIM 技术对施工现场需要吊运的构件进行建模，在建模时增加构件的重量参数，为需要吊运的构件的族参数中增加重量参数。在增加构件的重量参数时，输入需吊运的构件在单次吊运时的总重量作为构件重量参数中的重量值。以钢筋为例，输入钢筋构件的重量参数时，需输入单次吊运的一捆钢筋的重量，而不是单根钢筋的重量。获取塔式起重机的设置参数和吊重参数包括：基于 BIM 技术设置塔式起重机在施工现场的搭建位置；依据塔式起重机的说明书设置塔式起重机的吊重参数，该吊重参数包括塔式起重机的大臂上各节点距塔身的距离和与节点对应的吊重值，在不同的大臂距离赋予最大的允许吊重值。接着执行步骤 S13。

基于 BIM 技术的塔式起重机平面布置系统

图 3.9-2 系统框图

步骤二：（图 3.9-2，S13）：完成场地平面布置，基于 BIM 技术对已建模的构件进行平面布置以得到构件的堆放位置。在场地平面布置时，同时也布置塔式起重机的设置位置，并获得塔式起重机的覆盖范围。接着执行步骤 S14。

步骤三：（图 3.9-2，S14、S15）：遍历比对构件重量和吊重参数，判断允许吊重是否大于构件重量，若是则执行步骤 S16，若否则执行步骤 S17。对经平面布置的构件进行吊重检查，遍历检查塔式起重机的覆盖范围内所布置构件的重量是否在塔式起重机的吊重范围内，若构件的重量大于塔式起重机的吊重值，则提示错误信息；若构件的重量小于或等于塔式起重机的吊重值，则继续检查下一个构件，直至遍历完成。

步骤四：（图 3.9-2，S16）：在遍历完成所有构件，且构件的重量均在吊重范围内后，即完成了场地布置。

步骤五：（图 3.9-2，S17）：在允许吊重小于构件重量时，判断是否忽略，给操作人员提示信息，由操作人员选择是否忽略，若选择忽略，则执行步骤 S16，若选择不忽略，则执行步骤 S18。

步骤六：（图 3.9-2，S18）：调整构件布置，可对构件进行布置位置及重量的调整。接着执行步骤 S14。

3.9.3 基于 BIM 技术的塔式起重机平面布置系统

基于该方法，本节也研发配套的平面布置系统，主要由建模单元、存储单元、平面布置单元和吊重检查单元组成。各单元组成关系见图 3.9-1。

（1）建模单元，用于基于 BIM 技术对施工现场内需吊运的构件进行建模，并为所建模的构件增加重量参数；

（2）存储单元，用于存储塔式起重机的设置参数和吊重参数；

（3）平面布置单元，与建模单元和存储单元连接，用于对建模单元已建模的构件进行平面布置以得到构件的堆放位置；

（4）吊重检查单元，与建模单元、存储单元和平面布置单元连接，用于对经平面布置的构件进行吊重检查。

该系统可采用 Revit 建模软件来实现建模。在进行场地平面布置时，为场地中的构件赋予了重量参数，在平面布置后，能准确地与塔式起重机在布置位置的允许吊重值进行对比，实现了智能化的场地平面布置。塔式起重机的吊重值与塔式起重机的大臂距离相关，使得布置过程更加的精确，提高了场地平面垂直运输智能布置的效率。而现有技术中，在运用 BIM 技术进行场地平面布置及吊装方案模拟过程中，塔式起重机布置未加入吊重分析，当塔式起重机范围内的构件重量超过最大吊重时，系统无法发现，也就不会进行提示或者报错，而会继续进行吊装模拟。这样在实际施工过程中，因构件的重量超出塔式起重机的吊重范围，而无法适用塔式起重机进行吊装，需要选择其他吊装设备进场施工，增加了施工成本，也增加了施工困难，相应地还会影响施工工期。而本节提出的塔式起重机平面布置系统充分考虑了构件的重量和塔式起重机的吊重，在完成平面布置后，对吊重进行检查，能够及时发现构件的重量超出塔式起重机的吊重范围的情况，以令操作人员早做准备，或是减少构件的重量，或是调整构件的位置，或是更换塔式起重机的型号等，就能够较好地避免在施工过程中出现突发情况，避免了对工期和成本的影响。

（编写人员：蔡大伟，沈鹏，方涛，丁奇杰，周宏，王小园，王恒兴，顾介椿）

3.10　基于 BIM 技术的室外作业场地照明模拟方法

3.10.1　背景概况

在工程施工过程中，为了达到施工进度的要求，施工现场往往采用轮班制不间断施工，在施工现场夜间的照度、照射面积等因素没有满足相关规定的情况下，工人的工作效率、安全以及作业的舒适度和身体健康等都会受到严重的影响，从而导致工程质量和施工效率的降低。

施工照明贯穿于施工的全过程，针对夜间施工、地下室施工以及大型公共建筑或超高层等项目中许多工序对照明有较高要求等情况更是如此。目前国内的施工现场的夜间主要照明往往采用高耗能的镝灯，保守而粗放的施工照明设计只会导致大量的能源浪费，施工照明设计需与施工现场的施工进度及周边措施项目相结合，仅凭经验和传统的简单分析既耗时耗力，又无法满足准确性、科学性和可靠性的要求。

施工过程中不同阶段的照明方案的不同，照明设备的维护和保养的成本都相应提高。施工现场夜间施工的照明照度过高或者过低都会影响施工的质量和效率，在行业内普遍存在夜间抢工加班的现状下，缺乏科学合理性的夜间施工照明往往导致施工质量的缺陷和施工效率的地下。只有科学合理的施工照明设计，综合考虑施工现场照度要求、水平照度均匀度、眩光值（GR）以及显色指数（Ra）等因素，才能在实现其方案本身高效节能的同时，辅助实现最佳的施工质量和效率。

与此同时，传统的照明设计与分析手段和实施平台在室外照明领域均存在较大的欠缺与不足。传统的照明设计与分析通常有两种方法，第一种方法是利用手算，运用"利用系数法"计算照明区域的照度要求，倒推场地照明所需的灯具数量和安装高度，基本没有核算与校验的过程，更无法进行模拟和校核。另一种方法是利用照明计算与分析软件，例如 DIALux、AGI32 等，快速准确地计算出在一定照度要求下的照明灯具数量与安装要求，但是这种方法往往是在二维平面上完成计算与分析的，对于光照的计算和分析也是基于二维空间的模拟，对于实际照明效果，并没有明确的表达。一方面，这种基于专业计算与分析软件进行照度计算的方法，往往是针对室内照明，软件默认的计算环境也是室内空间，往往很难计算和模拟室外空间的照明效果。另一方面，这种利用软件平台的计算和模拟得到的结果往往没有考虑现场的灯具安装问题。实际上在室外空间的照明计算中存在一个很重要的因素，即灯具的可安装位置往往是固定的，不可能只要满足相应的照度要求就能随意安装在任意位置。这一欠缺也导致了传统的计算和分析手段与实施平台往往难以胜任室外作业场地照明计算这一缺少关注的领域，只能寻求新的技术手段和能够适应室外作业场地照明的计算和分析工具。

3.10.2 模型内容

本节提出一种基于 BIM 技术的室外作业场地照明模拟方法，通过构建场地 BIM 模型中各个区域的作业面，调整作业面标高，对各个标高各个区域的工作面的照明效果进行三维可视化演示，以模拟实际施工中各个阶段的照明情况，如图 3.10-1 所示。

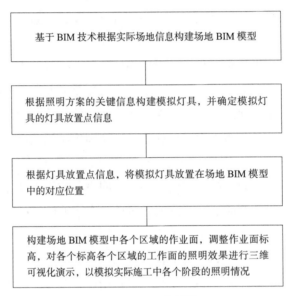

图 3.10-1 流程图

3.10.3 实施案例

该方法主要基于既有的照明方案，利用 BIM 技术的可视化特性，将照明设计成果予以可视化展示，直观地查看一般照明、分区一般照明、混合照明、局部照明以及高杆或半高杆照明的设计成果。不同的施工阶段应当有不同的施工作业照明设计方案，其模拟也同样依据需要分为不同阶段进行模拟，这个过程中能够通过简单的参数调整和模型的设定来实现模拟的动态化。

一方面，在模拟过程中施工场地以场地 BIM 模型作为参照，建立轻量化简化模型，该模型必须保证外观几何尺寸的准确性，构件或设备的内部构造及做法则不要求或在不影响光照模拟的前提下力求简化；除此之外，现场的大型固定机械设备及其他相对固定措施设备等影响照明方案实施的部件予以可视化展示。模型构建及设备的具体位置参考施工方案的具体安排，根据施工现场的实际布局布置，力求在特定阶段的场地模型与该阶段的施工实际情况保持一致。

另一方面是将灯光可视化模拟，灯光的光束、光场、安装点及其照射角度等予以可视化模拟，并且保持和实际施工现场的灯具及其安置情况一致，实现模拟与实际保持一致。

如图 3.10-2 所示，主要分为四个步骤：场地还原、仔细阅读照明方案、模拟过程与定性分析过程，其中的场地还原和仔细阅读照明方案两个步骤可以同步进行。

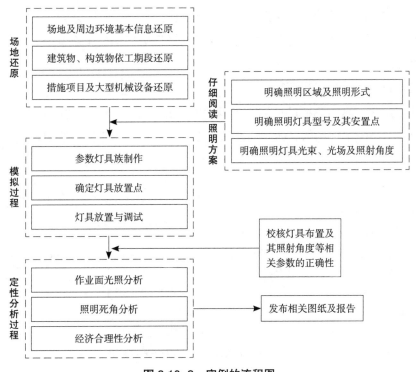

图 3.10-2 实例的流程图

根据模拟流程，从工作分解的角度可以将模拟的前期准备分为"场地还原"与"明确照明方案的关键信息"两部分。以某大型项目为实际案例，选取该项目的地下施工阶段阐述室外作业场地照明模拟。

（1）场地还原

场地还原的原则是：1）影响照明方案的场地信息及设备构件等需要准确还原；2）与照明方案无关的场地及设备构件不需要还原；3）还原的场地及设备构件需要有准确的外轮廓几何形体，且能够满足现场因工期不同而呈现的场地不同阶段的参数化要求。

还原的场地 BIM 模型部分构件应该能够利用参数驱动，实现场地随工期的变化而动态变化，例如作业面可以参数化控制标高，以反映不同标高段的不同工序施工作业要求；各个楼层的外框筒和核心筒建筑物可以分块隐藏或显示，以模拟不同工期段的现场施工状况；塔式起重机可以参数化控制高度和臂长等，以模拟现场可能存在的临时局部照明需要。

对于该项目地下部分场地还原的内容包括：1）场地及周边环境基本信息；2）不同工期段的建筑物或构筑物；3）影响照明的措施项目和机电设备等。

在该项目地下部分施工场地的还原中，还原对象包括基坑、基础底板、钢架及楼梯、塔吊、核心筒及外框筒等，这些构件的基本尺寸与空间位置均与施工现场保持一致。

（2）明确照明方案的关键信息

原照明方案的关键信息包括照明区域及其照明形式、灯具的具体安置点以及灯具的具体型号及其参数等，除此之外的其他信息对照明方案的模拟影响不大或没有影响，视为非关键信息。

1）明确照明区域及照明形式

如图 3.10-3 所示，不同的照明类别及照明方式对于不同区域内的照明方案有着巨大的影响，结合施工现场的具体布局及施工需要也会体现出不同的照明特点。

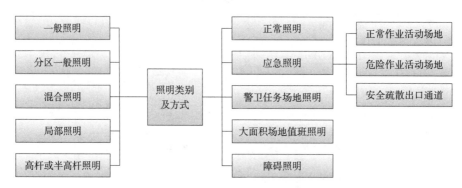

图 3.10-3　照明类别及照明方式示意图

照明方案的模拟在于将抽象的施工照明方案具象化，能够直观地查看施工现场的照明情况，便于工作人员理解和管理的同时为项目参与各方提供了一个可视化的协调与交流平台。作为方案校核和优化的前提，对于以上目的没有影响或者影响不大的照明形式与照明区域则不需要模拟，例如应急照明中的部分指引性照明、场地的短期临时照明，或者非作业区外（非施工照明区域）的照明等。如果刻意追求模拟效果，则会造成时间与成本的浪费。

2）明确灯具安置点

根据原照明方案平面布置图上各个灯具放置点的具体位置，明确该放置点的具体标高、安装点、依附物体等。

3）明确灯具型号及其参数

在确定放置点的具体信息后，需要明确该放置点上照明灯具的具体信息，这些信息包括：灯具的型号、个数、照射角度和指向、光场角度、光束角度等。对于灯具的其他信息，如照度、光通量等信息，在模拟阶段并不会影响模拟结果，暂时可以不予考虑。

（3）模拟过程

1）灯具的制作

依据灯具的光照实际光谱将模拟灯具的照明范围抽象为三个层次，光照直射区 11、光照有效区 12 和光照影响区 13，如图 3.10-4、图 3.10-5 所示。光照直射区是指灯具的光束直射区域，能够提供最好的照明效果的区域；光照有效区是指灯具光场提供的在光束直射长度范围内的照明有效区域，能够提供较好的照明效果；光照影响区是指灯具光场提供的超出光束直射长度范围外的照明区域，该区域光照较弱，提供较差的光照效果。其中光场角度 a、光束角度 b 及其长度都是可以通过修改参数进行调整的。

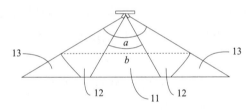

图 3.10-4　模拟灯具示意图

图 3.10-5　模拟灯具外形图

基于模拟阶段只要求做定性分析，不需要定量分析，所以模拟灯具没有照度值、眩光值、显色指数、功率值、光通量等参数。光场、光束及照射角度能满足模拟阶段的定性分析要求，能够实现对照明效果的可视化模拟和分析。

2）灯具放置点

由于灯具模型是"基于面的族"，只能放置在特定的面上，对于灯具的照射方向与角度等参数难以在复杂多变的灯具安置点位上准确反映，为了简化灯具模型的放置工作且能够满足精确放置角度的要求，将灯具放置点独立形象化为一个直径 100mm 的基于面放置的球体。如图 3.10-6 所示，该球体表面分布有经纬参考线，纬线包含 30°、60° 以及 90° 三个角度值，经线以 30° 为刻量度旋转 180°（经线与纬线的间隔度数可以根据实际需要确定）。灯具放置点是基于面的场规模型，模型实体是一个旋转球体，利用模型线绘制经纬线和指向箭头。模拟灯具（基于面的常规模型）放置在该放置点上，放置时灯具柄端可以在球面网格上自由转动，依据放置点上的刻度可以较为精确地控制灯具照射的角度，如图 3.10-5 所示，该灯具的俯角为 30°，灯具轮廓 10 如图 3.10-7 所示，灯具柄端在 30° 纬线上。

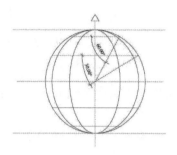 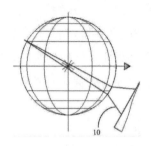

图 3.10-6　灯具放置点示意图　　图 3.10-7　灯具放置角度的示意图

3）灯具的放置与调试

确定灯具放置点信息后将灯具放置点球体放置在场地还原模型中的对应位置。选择对应灯具将其放置在该放置点上，并调整照射角度和指向以满足要求。

为了更方便地观察模拟结果，需要对模型视图进行编辑。设置场地基坑三维视图，在该视图中只能看到场地、塔式起重机等相关模型；设置外框筒三维视图，在该视图中能查看场地基坑中外框筒与照明灯光的关系；设置核心筒三维视图，在该视图中能查看场地基坑中核心筒与照明灯光的关系；设置外框筒＋核心筒三维视图，在该视图中能查看外框筒和核心筒与照明灯光的共同关系；同时根据现场具体需要可以设置局部三维视图，查看个别局部区域的照明灯光效果。

各个视图利用过滤器和视图可见性设置不同的显色和构件透明度，以便于观察。

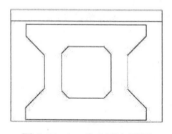

图 3.10-8　作业面布置图

4）作业面的设置

作业面是将虚拟的工作面（在照明模拟与分析中，作业面的照明情况往往才是模拟和分析的重点，而不是灯光到达的地面）实体化，如图 3.10-8 所示，利用实体构件（板构件）建立各个区域的工作面，该工作面的标高可以随设定标高改变而改变，满足对各个标高各个区域工作面照明效果的演示要求。

完成以上设置与步骤后，可以开始实施定性分析，调整模型建筑物及作业面标高，使之与实际施工的不同阶段相适应；在该项目中的地下部分，三个主要工作面的面积及区域位置没有较大变化，不需要再次分解。观察并捕捉各个阶段的光照情况。

（4）定性分析

1）作业面光照效果分析

调整作业面标高，使其到达指定高度。截取作业面位置水平剖面，连接作业面上光束投影外轮廓线和光场投影外轮廓线。光束投影外轮廓线围合区域为光照直射区域，提供最佳照明效果，如图 3.10-9 所示。如果夜间施工作业面不在该区域内，则需要适当调整灯具指向，以使该区域在光照直射区域内。光场投影外轮廓线围合区域为光照有效区域，提供较好照明效果，为夜间施工提供一般照明。

　　由于灯具较多情况下的截面灯光线条较多，灯光叠加较多，光场与光束交叉较多，给外轮廓曲线的绘制带来一定难度，可行的方法是先隐藏部分相互干扰的灯具，暂时不考虑多个灯具的灯光外轮廓线，分别绘制每一个灯具的灯光外轮廓线，绘制完成后再将轮廓线合并，绘制多个灯具的共同外轮廓线，结果如图 3.10-9 所示。

　　通过图 3.10-9 所示的作业面光照效果图可以非常明确地看出整个场地该工作平面上灯光的分布情况，可以较为轻松的查找出灯光的相对集中区和稀疏区域，在图 3.10-9 中，能够明确判断的是图中左上角巨柱管廊内的位置灯光较稀疏，可能会产生照度不满足要求的情况。从整个场地来看，四个角落的灯光均比较稀疏，可能出现照度不满足要求的情况。如果需要更准确地判断是否达标，则需要更精确的量化分析。

　　2）照明死角分析

　　根据光照投影线外轮廓图的覆盖面与施工场地的关系，绘制光场与光束均未到达的区域外轮廓线，围合的区域即为照明死角，如图 3.10-10 所示。在不影响原光照要求的前提下调整灯具角度，减少照明死角范围，提供灯具调整后灯具安装指向图。

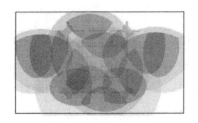
图 3.10-9　作业面光照效果图

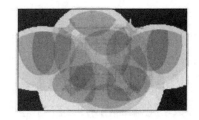
图 3.10-10　作业面光照死角示意图

3.10.4　小结

　　该方法通过仿真的方式得到了实际照明模拟的效果，实现了基于 BIM 技术的室外作业场地照明的仿真模拟。在该过程中，完成了施工场地的还原（考虑实际工期和现场环境），创新性地制作了模拟灯具 BIM 模型，解决了灯具安置的问题和灯具参数集成的问题。通过施工照明模拟，可以直观地查看现场夜间照明的效果和场地进度形象。可以说施工照明的模拟不仅仅是解决了照明方案的三维可视化问题，还为施工现场的可视化交流、施工管理提供了平台，同时有利于施工进度，保证安全质量、降低成本。

（编写人员：于新平，谭建国，江林，陈杰，李亚伟）

第4章 设计建造运维集成技术

4.1 建筑全过程数字化智慧建造体系研究与实践

经过多年数字化设计建造全过程工程实践，三维 BIM 相关技术已逐步成熟，多个应用难点通过集中攻关已取得一定的成果。如在设计阶段，通过三维 BIM 平台及二次开发，能完成满足加工精度要求的建造信息模型。在钢结构建造过程，通过焊接机器人实现焊接、上下料、磨削抛光等作业应用，并通过定制化的控制系统数据衔接，实现构件深化模型的精细化建造。在装配式建造构件加工制造过程，采用 3D 打印技术已具有一定的实用性。

在数字化建造过程中，计算机技术贯穿始终，从计算机辅助设计、建模，到计算机辅助建造、施工，虚拟数据成为作业主线。其中冲压成型、数控切割等技术手段早已广泛应用于各个行业，但属于碎片化应用，独立解决项目的个别基本问题。同时，具体工程实施周期通常持续数年，由于参与企业和人员在时间维度不连贯、不同参与方对成果应用需求各异，导致较难直接承接设计成果进行加工、制造、装配，也无法充分发挥数字化精细化设计建造的优势。

本节通过广泛统筹各专业各阶段的数字化成果与实用方法，通过规范化的数字设计建造技术及落地化的施工设备，实现工程建设全过程信息的一体化集成、现代先进建造实践及建设流程的规范化，提高了工程质量与经济性。

4.1.1 数字化设计施工集成体系

基于目前行业多参与方、多工种协作发展模式，本节提出一种设计 - 建造 - 交付运维全过程数字化衔接集成体系。该体系的核心是通过全过程需求反馈与关键节点双向串联，建立现代产业化设计体系，建立与数字化设计相适应的先进制造工法与生产管理手段，建立设计手段与生产手段的信息化协同平台，通过数字化交付实现运维阶段承接，形成实施全过程的信息化集成和全产业链信息闭环，关键节点串联模式如图 4.1-1 所示。

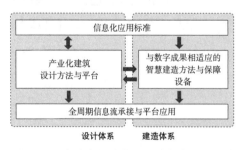

图 4.1-1 数字化集成体系关键节点串联模式

该体系的主要组成有：(1) 数字化设计体系，含适用于产业化建造的建筑设计方法、构件库、户型组合库、项目设计管理体系、模型数据标准等；(2) 智慧建造生产体系，含与数字化设计成果相适应的定位放样、数字化吊装、3D 打印、产业化施工工法等；(3) 产业链集成应用，含数字化预拼装、设计深化平台、智慧工地与多方管理平台、智能加工运输及物联追踪协同管理平台等；(4) 建筑全周期运维，含施工模型交付标准与运维信息转换标准、数字化运维架构与应用软硬件平台等。

其中，在产业化生产建造环节，通过研发三维深化软件、模型轻量化软件、施工运维模型转换软件，实现"设计 + 建造"的成果资源衔接，解决多方项目管理的问题。在复杂构件、复杂空间关系、复杂地形设计与建造过程中，研究基于三维扫描、BIM 高精度放样、3D 打印解决方案，改变传统粗放、修补式的工程建造模式，实现精细高效建造，提高建造品质。

在资源整合与科学管理环节，施工阶段通过与数字化 BIM 设计成果的无缝承接，对建造过程进度、质量、成本进行动态管控，实现工程建造各方数据有效共享，高效协同管理，助推设计施工各方深度融合。

本节基于多个工程总承包项目，在设计建造全过程通过需求的正负反馈，整合产业链多个环节数字化成果的全过程应用，建立起较为完善的标准机制、建造工法与平台软件，经工程实践验证，取得较大的经济效益，并在工程建设质量、多方沟通协调、绿色节能建造等方面都有所提升。

4.1.2 数字化设计体系

随着建筑功能的日益复杂和建造水平的日益提升，通过符合需求的技术整合形成数字化设计体系是目前设计行业信息化中后段的着力点。本节针对现代产业化的建筑设计相关方法理论及实践，提出目前设计体系中的四大主要环节，并针对各环节形成相应的技术集成实现。

(1) 现代产业化建筑设计原则、设计标准，可满足现代人居要求的产业化设计理论与设计原则要求，见图 4.1-2，通过满足产业化需求的模组化设计和信息互通原则要求，为后续生产体系奠定数字化的信息基础。

(2) 建立适用于产业化建造的各类建筑一体化节点构造、图纸表达与实施体系。在工程实践过程中，为实现防水、保温、装饰层的建造整合，利用数字化技术进行装饰工程的深化设计，对板缝节点、板材穿管节点、板材固定连接节点、吊顶灯具节点等各种交接节点进行深化，实现工厂的准确

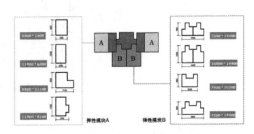

图 4.1-2 符合产业化生产体系的弹性组合套型设计方法

预制加工，最大程度发挥总承包单位的资源整合能力，有效发挥集成建造的优势。

（3）数字化设计的设计方法、成果三维表达方式、项目协同与信息交互、软件及辅助工具研发，通过数字化技术进行设计原则的封装，为长效应用与多元应用提供支持。针对协同、建模、拆分、计算、出图的技术解决方案，建立建筑工程信息模型制图、交付与应用标准，总结形成全过程成套技术标准。将装配式构件详图集成到部品库中进行三维模型建模，实现了二维图纸与三维模型的统一，为设计与施工各阶段建筑信息应用提供了重要技术支撑。

（4）针对全过程正向设计和数据共享，编制实用企业项目管理标准和技术标准，解决企业在推广 BIM 技术中控制设计质量和提高标准化程度的问题，以及企业数字化设计项目管理和模型标准问题，提升数字化设计的质量和效率。

4.1.3 智慧建造生产体系

在现代化建造过程中，针对高难度、高精度节点施工技术，本节也展开了相应的施工工法实践与研制，研究适用于现代信息技术的先进工法。该新型工法有效承接了数字化设计成果，并在新型工业化建造中，通过信息化管理平台进行一体化集成，实现"数字化三维设计＋先进工法＋施工管理平台"三者相结合，解决实施问题，具体包括以下两部分内容。

4.1.3.1 基于 3D 打印的现代先进加工装备及其生产体系

针对工业化建造的模式，本节研制 RC 柱、RC 梁、RC 节点 3D 打印的新型建筑工业化建造设备，并通过配套的数字化下料、吊装定位、测量等辅助软硬件设备、编制工艺流程通用标准和平台，实现了数字化成果与建造的统一，在某多层住宅中开展应用试点，见图 4.1-3。

图 4.1-3 构件 3D 打印及数字化装配

4.1.3.2 数字化的总承包管理体系及工艺管理平台

对体量较大和复杂的结构，在传统计划管控下难以实现多体系多部门的联动，同时工程参建各方工程项目管理人员、各专业分包、建设单位难以高效沟通，对施工时间与施工成本的控制造成较大负面影响，不利于进度、质量、安全的高效有序管理。

常规协同管理软件中仅能做到计划与模型互通，仍无法高效应用于实际，需要专职 BIM 人员手动进行模型更新管理，模型更新的管控与利用也只限于专职 BIM 人员，其他管理人员难以监管流程模型可能与现场实际的偏差，也就失去了协同管理的意义。另外，因需要专人维护进行手动更新，这大大增加了重复工作量且时效性较差。本节针对上述应用需求，建立总承包管理平台，采用物料追踪等系列功能，一方面承接设计阶段的交付模型，并进行编码转换与施工阶段适应性重划分；另一方面，二维码功能的模型构件作为工程中的信息载体，通过对模型构件（材料）的跟踪使建筑施工流程与各追踪节点一一对应，紧密关联。同时，对模型构件标以不同颜色区分不同的进度状态，也可对各构件的施工时间施工状态进行查看管理。

4.1.4　设计体系与生产体系的一体化集成

在工程实践过程中，设计成果与建造过程管理的有机结合是充分发挥工程总承包价值的体现，也是集成体系的核心所在。因此，本节通过设计参数化数字化的应用模式，将建造数据正向传递至下游，建立中心化协同管理平台，配合施工阶段采用虚拟样板、机电安装综合管线数字化模拟与加工等多个技术进行研究，实现复杂管线建造、数字化放样与智能加工、数字预拼装与施工模拟等全方位保障技术，研发配套软件，为实现复杂工程建设提供技术支撑，典型应用有设计建造的数字化管理集成和全过程虚拟孪生集成。

4.1.4.1　设计建造数字化管理集成

高度集成化是建筑产业化的一大特点，在运用数字化技术进行建筑设计、加工、施工的整个过程中，模型信息如何有效地传递到后续工业化生产体系中，是建筑产业化的一大要点。

目前数字化建造主要向 3D 可视化、三维快速成型、逆向三维扫描等方向快速发展。较为先进的 BIM 数字软件，不仅实现了原材料的管控，还包括了节点的质量标准、验收标准，每一个流程都在数字化建造管控体系内得以实现。数字化建造打破了以往建筑蓝图的束缚。例如管道长度、内径、外径等数字可以直接读取，各种管线的立体设计一目了然，避免在施工时才发现管线交叉、碰撞，减少了设计失误带来的成本。

本节参考传统制造业信息化工业化的相关做法，对在分包单位中应用较广泛的 ERP（企业资源计划）系统和制造过程的 PDM（产品数据管理）、CAPP（计算机辅助工艺过程设计）加工辅助平台开展数据对接工作。通过建立数据库，将模型构件相应的 ID 编号及基本信息存储在数据库中，建立总承包工艺管理系统，指导分包单位对数据库内容进行补充和完善，实现数字化模型信息全过程利用与闭环，如图 4.1-4、图 4.1-5 所示。

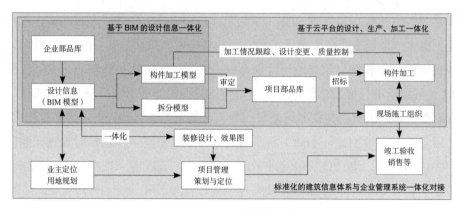

图 4.1-4　项目一体化管理流程

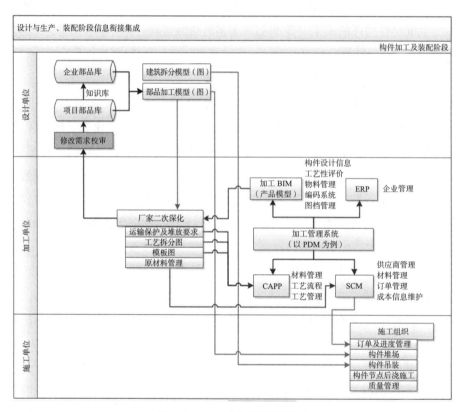

图 4.1-5　设计生产集成体系

4.1.4.2　设计建造的全过程虚拟孪生集成

随着国家经济技术发展与建筑工程复杂程度日益提高，不可避免地出现一些超高层、大型复杂、结构施工困难、建筑造型独特的建筑，此类项目的建筑施工是一个高度动态的过程，采用传统的设计方法无法考虑施工过程中可能出现的各类情况。采用设计建造过程数字化模拟分析，可以对现场施工进行预演，其意义在于：（1）发现施工过程中可能出现的最不利工况以及各类安全隐患，并及时给出解决方案，从而保障建筑施工阶段的安全可靠。（2）指导现场施工找平、构件下料切割尺寸、组立组装矫正等工艺流程。（3）设立施工关键阶段的预警值。（4）将数字化施工模拟分析与现场建造过程的实时监测数据进行对比，为施工现场的建筑安全和工人安全保驾护航。本节以大疆天空之城超高层建筑塔楼项目为例，通过物联网技术进行工地现场的数据采集，并对其进行数据处理，最终通过智能算法实现对人、机、料、法、环等各要素的精细化管理，以及对有效数据的智能处理，为项目各要素的精细管理提供依据，见图 4.1-6。

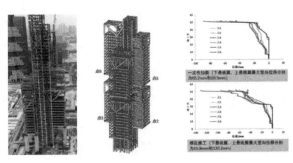

图 4.1–6　数字化模型与施工实测

4.1.5　数字化建造平台集成研发

目前在工程建造分阶段均有各类型的数字化平台，然而在工程实践中，无论在流程层面、权限层面，或数据层面，平台之间均存在不同程度的断层。笔者认为，工程建设的复杂程度决定了多平台的必要性，平台整合对工程推进的作用有限。因此，本节提出采用标准化数据体系，通过设计协同施工，对于具有共性的数字化成果通过BIM 模型实现统一，除此以外，采用基于离散化的数据管理模式，各阶段数据采用多个独立分层维护、层间采用基于 ID 互通的方式，兼顾多平台间的独立性与互通性。基于该模式，本节主要围绕设计深化加工平台、集成管理平台、物联管理平台开展相应的应用实践。

4.1.5.1　设计深化加工平台

建筑设计行业的 BIM 技术应用大都选择了 Revit 软件作为平台，故基于 Revit 结构模型实现直接建模、计算、自动出图和装配式深化设计是大势所趋。本节针对目前 Revit 结构设计功能较弱，尚不满足我国制图规范和设计规范要求的问题，在基于 Revit 开发一套满足我国设计规范要求的结构 CAD 平台，通过基于 Revit 的结构 BIM 正向系统，实现报建、设计、深化加工、施工管理、造价控制、竣工交付全过程的数字化三维集成平台。在 Revit 平台基础上，研发 GSOPT 建筑工程的数字化智能优化设计系统（图 4.1-7），实现满足我国需要的建筑行业精细化与经济性的并行发展，实现 BIM 技术的落地应用。

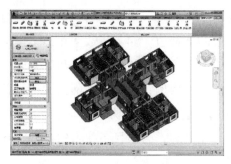

图 4.1-7　数字化加工模型

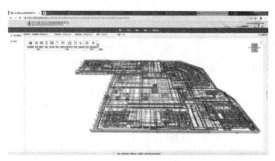

图 4.1-8　体系集成管理平台

4.1.5.2　集成管理平台

随着移动互联网、云计算、物联网的发展，建筑信息化管理的手段也在不断丰富，本节利用"设计＋施工"的数字化模型信息，采用相应的编码系统对 BIM 模型信息进行轻量化后，存储于网络数据库中进行管理应用，研发基于数字化建造信息的多方协同管理系统，应用到各类建筑的设计、加工、施工全过程，见图 4.1-8。同时，通过 API 接口与相关系统数据对接，进一步挖掘数字孪生模型的信息价值。

4.1.5.3　物联管理平台

通过建立物料管理平台对构件进行全过程管理，以项目为单位的模型及结构信息转换为以工序为单位的加工准备、采购、制造和其他跟踪信息，并具备过程管控功能，见图 4.1-9。钢结构数字化建造主要体现在深化设计、材料采购、构件制造、构件安装等阶段的数据转换、数据共享、数据采集、数据跟踪等方面。该平台以条码为桥梁，全面接驳物联网系统，无缝跟踪和接受物联网信息，并通过对全过程大数据的分析，辅助项目管理。

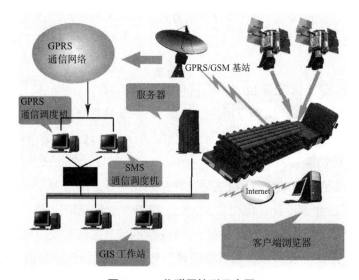

图 4.1-9　物联网接驳示意图

4.1.6　建造－运维数据流承接体系

　　根据项目在不同阶段所需要的信息，制定与运维有关的信息，并由施工 BIM 团队按既定交付标准开展工作，删减与运维阶段所需信息无关的数据后，进行模型交付与运维管理阶段的应用，信息交换模式见图 4.1-10。

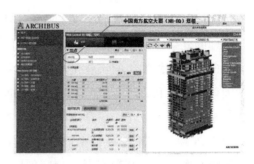

图 4.1-10　南航大厦可视化空间库存管理与分配

　　在项目的设计、施工阶段，有关的 BIM 模型静态数据与 IBMS（智能化集成系统）动态数据对于后期的运维阶段至关重要，这些数据构成了运维管理门户，其中包括图档管理、空间管理、运维管理以及应急预案。运维数据流会根据运维业主的需要，完善竣工 BIM 模型的信息部分，从而保证竣工模型数据准确、无遗漏地直接应用于后期运营平台。本节结合现阶段技术路线，确定搭建了以 "IBMS+FM+BIM" 为中心的智能化集成平台，强调分散控制、集中管理，保证建筑空间持续、高效运转。全生命周期的 BIM 模型为平台提供静态的物业设施数据，IBMS 向平台传输动态的楼宇自控数据；而在 FM 软件的选择中，考虑到软件功能模块全面性、数据标准支持度、能耗集成等方面的需求，确定以 ARCHIBUS 作为 FM 软件平台；最终依托 FM 系统集成空间管理、资产管理、设施设备管理三大运维模块，从而实现可视化的智能运营管理。

　　随着业主等单位运维理念的转变以及国家建筑行业信息化、工业化的发展趋势，BIM+FM 技术自身强大的功能及其理论上对建筑工程项目后期运维管理巨大的价值终将实现，BIM+FM 技术的应用已是大势所趋。

4.1.7　小结

　　本节针对设计 - 建造 - 交付运维三阶段中的产业化设计方法逻辑、数字化加工、数据标准及转换等关键应用环节，通过工程总承包等方式进行需求反馈与集成，联合设计 - 建造 - 交付运维提出并完善了全过程数字化集成应用体系，在工程实践中，将目前建筑 BIM 应用，从点状应用进一步展开，形成串联多方、涵盖多专业多工种的带状、面状工程实践应用，取得了一定的经济效益和社会价值。

（编写人员：焦柯，杜佐龙，杨新，方速昌，庄志坚）

4.2　BIM 装配式建筑协同管理系统研发

　　装配式建筑高度集成化、工业化的特性，决定了其在设计施工过程中，信息协同与管理的复杂性和重要性。当前装配式住宅项目运用 BIM 技术进行模型构建及应用已逐步成熟，构件加工的工业化水平也在不断提高。但在工程协同与管理方面，由于企业间信息壁垒和管理方式的不一致，目前在跨企业的协同过程中，仍主要采用传统方式，未能体现工业化、信息化的优势。本节采用 B/S 模式构建基于互联网的管理系统 GDAD-PCMIS，将 BIM 模型信息进行轻量化存储，针对协同管理过程的相关需求进行系统开发，以使 BIM 的信息贯穿项目建设的全生命周期，并得以充分运用。

4.2.1　国内外相关研究概述

　　在基于 BIM 模型进行 AEC 全流程应用中，对数据交互有 buildingSMART 制定的 IFC 标准格式、《建筑信息模型应用统一标准》GB/T 51212–2016 等；在行业细分上，轨道交通、路桥基建已有《城市轨道交通建筑信息模型（BIM）建模与交付标准》等；在模型构建及交互上，主要有 Revit、ArchiCAD、P-BIM、Tekla 等建模软件；在建造管理阶段有广联达 5D、鲁班 BIM 等；在运维阶段有广州地铁综合类管理系统等；大型房地产开发商也采取自行开发等方式基于 BIM 模型进行企业内部管理系统的拓展应用。

　　而在加工制造业，生产企业在综合管理上有 ERP（企业资源计划）系统，在制造过程有 PDM（产品数据管理）、CAPP（计算机辅助工艺过程设计）等各类加工辅助平台，已在机械制造、车船生产、电子产品装配等行业广泛应用。

　　BIM 的各种底层及应用层均已有较多研究，构件的工业化制造管理也十分成熟。但与制造业不同的是，建设项目参建方的职能和工作内容均存在不同程度的差异，而在参建多方之间如何协同、信息如何传递、如何进行多方决策，这些方面尚未有较为系统可行的方式及多方共建的信息平台。

　　本节针对装配式住宅设计施工过程中的协同流程及要点，架设基于 BIM 模型的跨企业协同平台，以装配式住宅为例，进行需求分析及开发。

4.2.2　平台概况

4.2.2.1　应用背景

　　随着装配式建筑应用的日益广泛，在实际设计施工中，面对装配式建筑的综合性与复杂性，更凸显沟通协同以及项目管理的重要性。在运用 BIM 模型进行设计加工与建造的过程中，如何有效运用模型中的信息，如何对信息进行合理处理，如何实现信息在时间空间传递是信息化的核心。

　　在传统的建筑协同模式中，各专业图纸单独绘制 CAD 平面图，通过邮件及电话对图纸问题进行沟通和提资，并由现场施工单位分别查阅各专业图纸，对木模板进行切割留洞和预埋管等处理，钢筋等也依靠现场放样、下料、绑扎、掰弯微调进行处理。对于上述问题，目前基本靠现场多工种汇总，遇到问题也是现场解决，造成大量人力、物力、财力的浪费，也使得施工进度计划无法得到准确控制。

而装配式建筑需要将设计、工种配合、施工措施、施工模拟等内容都安排在前期，通过计算机技术和协同管理平台进行信息的汇总，部件生产也都安排在工厂车间中一体化完成。体现装配式建筑优势的地方正是建设项目信息的高度集成化，这就意味着不同工种间、企业间信息的高度集成。在设计前期，就要充分考虑和整合不同工种的成果。在施工过程中，现场需提前合理安排各层各类型构件的加工、运输、装配、后浇及检测等环节。

4.2.2.2　需求分析

（1）参建企业间协同管理的需求

在装配式住宅设计、加工、现场装配、后浇等过程中，各专业集成度高，对构件生产工艺要求也较高。各单位协同内容及流程见图 4.2-1。装配构件厂家作为总包下属的分包单位，层级关系也不易管控，如果该流程仍采用传统的邮件及微信群进行协同，流程将会较为反复、低效。

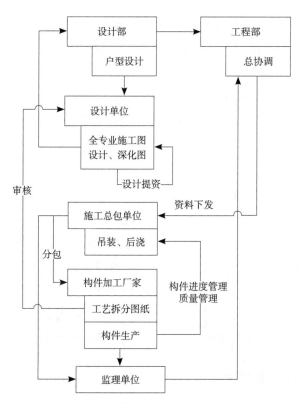

图 4.2-1　各参建方协同管理流程需求

（2）各设计工种间的协同需求

设计阶段各专业的内容需统一协调后反馈在深化图上进行预留，需通过BIM模型可视化协同并进行调整，集中制作项目部品模型，最后生成加工图。

（3）设计与现场问题的沟通需求

深化图由设计单位协调各专业完成，并提交厂家确认具体措施和节点连接做法。在预拼装和各标准层施工过程中，设计问题和现场安装的情况可通过协同系统及时反馈到各单位，共同进行处理。

4.2.3 预制构件资料跟踪与可溯的需求

在各层流水施工过程中，通过协同系统，可协调深化图修改与确认、工厂设计模板图、构件预制、运抵现场堆放、现场单位吊装和节点浇筑、现浇区域施工、质量检测等不同流程及不同单位的各项工作。在不同阶段，均可对数量众多的各类构件进行跟踪查询，其采购、加工、验收等文件材料均可统一归档，帮助各参建方对现场进度和质量进行准确控制。

4.2.3.1 协同流程人员职责及层级

协同过程中，各参建方主要包括：业主、勘察单位、设计单位、施工单位、构件加工厂家、监理单位、质监站。

业主及其授权的项目管理单位作为项目的总指挥，对设计成果进行审核及招标、下发施工单位；对各项联系单、签证进行审核；对项目进度进行总体控制。其中设计部与设计单位对接，工程部与施工单位对接。

勘察设计单位的各专业之间进行提资与确认；对构件加工厂家的加工图进行审核；在施工过程中，与业主设计部对接处理事项；对施工单位提出的洽商单及各事项进行审核并提交意见。

施工单位作为总包单位，要完成工程施工过程的各种事项。构件加工由施工单位进行招标投标，施工单位统筹构件加工、运输、吊装过程的各种事项。

监理单位与质监站作为工程的监督方，在整个生产施工过程中，应对材料质量、施工质量进行监督。验收时，由业主牵头，由施工单位整理相关资料交付验收。

各方层级关系见图4.2-2。

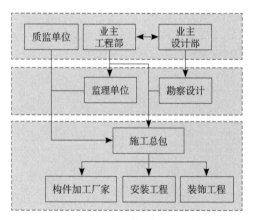

图 4.2-2 项目协同层级关系

4.2.3.2 平台实施技术路线

结合相关工程案例的实施流程，本节采用 B/S 模式，采用 Revit 进行 BIM 模型的建立，对各阶段的模型进行轻量化后存储在 MySQL 数据库，采用 PHP 进行 Web 端及移动端的交互界面开发，相关成果亦可反馈到模型上。平台根据权限需求，提供 API 数据接口，供各单位与其内部管理系统对接。平台技术路线见图 4.2-3。

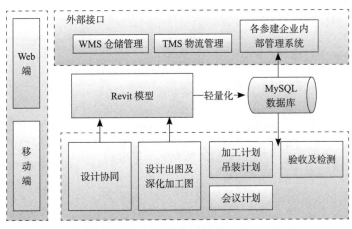

图 4.2-3 平台技术路线

4.2.4 平台开发技术要点

4.2.4.1 SaaS 模式

传统 BIM 应用管理系统均采用商业软件的方式，将相关功能需求整合在软件中。但装配式建筑需要多单位协同，如各方分别配置相关软件和硬件，则成本较高，也较为麻烦。随着网络及移动互联发展，SaaS 模式日渐成为主流。SaaS 全称为软件即服务，将服务所需的所有信息放置在软件商的服务器中，用户访问即可完成相应的应用功能。

4.2.4.2 核心数据存储

传统的 Revit 模型采用中心文件，存储于服务器中，数据存储及操作需要通过基于 Revit 平台的二次开发进行，效率及开放性不如架设于服务器中的数据库。

ODBC 是微软公司建立的一套数据库访问操作规范，Revit 等软件也遵照其标准，可方便地进行数据导出。本节采用 MySQL 数据库，MySQL 作为开源的关系型数据库，广泛应用在互联网行业中，各类接口操作均十分完善，各类仓储系统（WMS）、运输系统（TMS）均可直接接入数据库中，不需要全套系统都只局限于采用一个厂家的产品。

GDAD-PCMIS 系统将 BIM 模型数据导出到数据库中，轻量化后进行数据库的存储，供后续协同读写操作。

4.2.4.3 数据可视化

文本数据采用 Web 端进行表示，文本、图表、平面简图等内容可采用 Javascript

相关库进行可视化，并支持跨终端浏览，主流的计算机或手机浏览器均可直接浏览，系统界面见图 4.2-4。

图 4.2-4 模型部品数据轻量化管理页面

4.2.4.4 模型轻量化

模型轻量化的内容查询相当于 Revit 的明细表，内容进行一定的轻量化处理后存储在网络服务器中。根据加工安排进行构件分组，创建部品集。扫描条形码后，显示其所在栋、层、阶段（深化图审定、加工、现场堆放、吊装）、质监情况。来料进场、外观检查、合格证等相关信息通过手机拍照录入，存储在对应构件的附件内容中，并显示涉及本构件的相关洽商单、设计联系单、验收文件、设计文件、相关内容索引。

4.2.4.5 协同内容信息化

协同内容信息化是指将常用的一些文本类信息直接整合在管理系统中进行提交与查阅，并辅以权限管理及电子确认等机制及已推进项目进程信息等，具体包含以下内容：

（1）通用表格及内容系统，如联系单（发文、设计变更、提资单、设计变更洽商单等）、会议纪要、图纸会审记录、签到表、验收文件（分项工程验收记录、工艺试桩记录表、隐蔽工程施工记录表、静载试验结果等）、设计文件（地质勘察报告、各阶段模型及图纸等）、整改通知等。

（2）项目日程表，如会议计划、通用公告、施工进度计划、材料采购供应、到场日期等相关信息。

（3）项目通信录，如项目各公共微信群（设计部及设计单位、工程部及施工方、桩基施工、装配式施工等）、项目各方联系方式。

4.2.4.6 流程权限控制

系统提供的参建人员分为：业主、勘察、设计（建筑、结构、设备、装修）、土建施工、构件加工厂家、安装施工、装修等。其中，根据协同流程，不同角色的权限有所区别。以各项单据事项的处理流程为例，不同角色有不同的权限，并将此整合在系统控制代码内进行交互界面控制，见表 4.2-1、表 4.2-2。其余权限管理内容在此不做赘述。

发出权限　　　　　　　　　　　　　　　　　　表 4.2-1

发出权限	业主	设计	施工	构件厂家	监理	勘察
联系单	√	√	√		√	√
设计变更		√				
工程技术洽商单	√		√	√		
工程签证单			√			
检测方案			√			
材料进场签收单				√		
整改通知	√	√			√	√
设计提资单		√				
各阶段出图		√		√		

处理权限　　　　　　　　　　　　　　　　　　表 4.2-2

发出权限	阶段一			阶段二	阶段三
	待办	拒收	签收	结果回复	提出方验证
联系单	√	√		√	
设计变更		√	√		√
工程技术洽商单	√	√		√	
工程签证单	√	√		√	
检测方案	√	√		√	
材料进场签收单	√	√	√		
整改通知	√	√			√
设计提资单		√	√		
各阶段出图	√	√		√	

4.2.5 协同流程及平台应用

4.2.5.1 整体架构

有别于传统的管理系统采用分类电子表格的模式，本节的协同系统以双核心进行项目的推进，即以"时间线"为流程核心，"部品库"为数据核心，而各类事项和表格条目则连通部品库和时间管理，具体架构见图 4.2-5。

由于 Revit 等建模软件在模型构建及关系处理上已经足够完善，基本能达到

LOD300～LOD400 的层次要求，本系统对几何模型信息不做操作，而对读取信息进行项目模型及预制构件厂家、日期等方面的信息协同，以完成 LOD500 的相关内容需求。

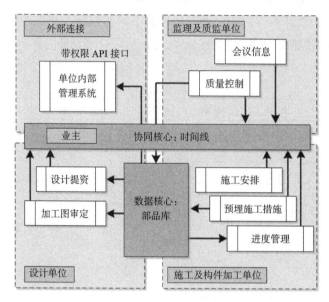

图 4.2-5　双核心架构图

4.2.5.2　基本功能

（1）页面的登录、浏览、权限管理、填表、信息确认等基本的管理系统功能。

（2）协同管理横道图功能。该功能除传统的施工进度计划外，还提供参建各方基于时间线的信息聚合（如设计进度信息、深化加工信息、会议信息、现场材料及进度管理信息），见图 4.2-6。

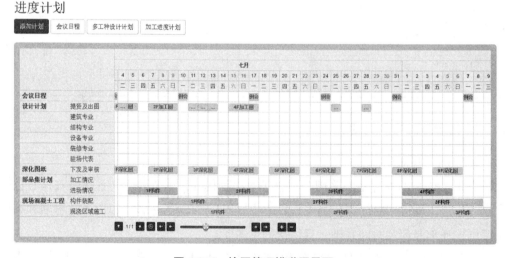

图 4.2-6　协同管理横道图界面

（3）对 Revit 模型进行轻量化处理，以每个部品信息为单位存储在数据库中，供各端口读取，进行清单表格查询。并提供二维码进行移动端扫码查阅进度及构件资料，以及基于平面图纸、立面的图片示意，辅助以施工阶段亮显及交互。

4.2.5.3 设计协同

在采用 BIM 进行全专业设计过程中，信息交流不如采用 CAD 平面图那么简单。本系统对模型轻量化后，点击相应构件或部品，即可进行模型提资，在页面显示基本的情况，设计人员填写、修改及待确认内容，在各专业确认后可在系统中同步至模型进行修改。

4.2.5.4 深化设计协同

预制构件的深化图由设计单位各专业配合后出图。在系统中进行深化图审定，提供给中标厂家进行加工图、模板图、加工进度计划等内容的编制，然后在系统内可交付设计单位及业主单位进行审核确认。

4.2.5.5 进度计划总控

在设计蓝图、加工图确认、下料加工、运输及现场堆放、吊装、现浇区域施工等阶段，装配式住宅与普通住宅相比，参建单位更多，流程也更为复杂。在特定时间内需要管理好各单位各阶段的工作，GDAD-PCMIS 系统将各类型信息集中汇总在时间横道图上。与传统的 Project、Excel 等相比，该时间进度是动态的，随着每个单位进行提交、修改及确认后，即会实时更新并可在页面中直接浏览，见图 4.2-6。

4.2.5.6 全流程资料可溯

采用 BIM 模型后，各阶段的联系单、装配式预制构件的出厂检验合格资料、运输至现场后的外观检测及进场等环节的相关资料，均可在系统内进行归档，并可以根据不同参建单位的权限进行查阅、确认、下发等操作处理，见图 4.2-7。

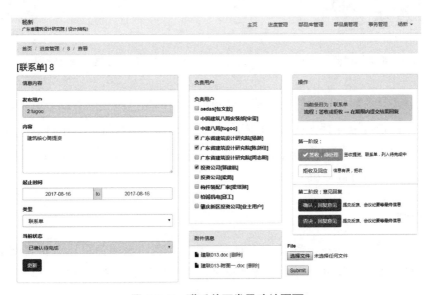

图 4.2-7 联系单下发及确认页面

4.2.5.7　可扩展的 API 接口

由于不同参建方的职能、工作内容、参与时段、应用需求等均有所差异，如果参照制造业的做法，需要通过一个庞大的系统才可完成，这在实施过程中难度很大，其效率也未必更高。

GDAD–PCMIS 系统根据参建方在协同流程中的相关需求权限，提供 API（应用程序接口）与参建各方的管理系统对接，如业主的成本及项目管理系统、构件厂家的仓储管理系统、运输管理系统、物业单位的运维管理系统等，具体操作有：修改部品状态、创建部品集、监控数据提交、事项条目提交、读取进度计划等。可远程提交 HTTP 请求至系统服务器进行数据的交互，进一步开拓建筑信息的应用范畴。

4.2.6　案例

以广州市某保障房项目为例，在设计阶段采用 Revit 及相关插件进行构件拆分及加工图设计。在模型中均存储有构件的各项设计属性，见图 4.2-8、图 4.2-9。采用 GDAD–PCMIS 系统导入 Revit 模型并进行轻量化处理后，存储于网络数据库中，供各终端进行查阅。

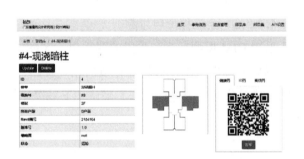

图 4.2-8　某保障房标准层模型　　　　　图 4.2-9　部品数据查询及管理

在深化设计阶段，通过协同管理系统可对每类部品进行扫码查阅及管理。项目部品数据库中的内容也一直贯穿后续的构件加工、运输、现场堆放、吊装、后浇及验收等各阶段。同时，在项目推进过程中，业主及各参建方也通过本系统进行进度管理，有效准确地把控项目进程和工程质量。

4.2.7　小结

在装配式建筑项目中，其设计、加工、装配等各阶段的信息均需要高度集成化，各参建方的相关信息协同过程也有较严格的层级关联性和时间关联性。因此，在设计阶段可运用 BIM 技术，规范统一项目的设计信息。笔者开发的基于 BIM 的装配式建筑协同管理系统 GDAD-PCMIS 将模型信息轻量化后，存储于网络服务器中。系统提供协同管理、协同文件管理、信息确认、部品管理等功能，并提供 API 接口供参建企业内部管理系统对接部分信息，将模型应用从设计阶段，进一步外延至构件深化、工厂加工、施工吊装、后浇、验收等建造全过程，充分发挥 BIM 内含的数据信息，进行全生命周期的应用。

在后续研发中，系统将深化权限控制、部品库属性、构件进度质量管理、文件电子签名、实时监测数据等功能，开发微信服务号以提高移动端使用的便捷性，并与典型工业化构件生产管理系统的流程配合，完善协同管理的信息体系。

（编写人员：杨新，焦柯）

4.3　BIM 虚拟样板在工程中的应用

样板间即样板展示区，是根据设计及相关标准要求，在施工现场选定的一个特定区域，用以展示本工程所采用的材料、施工工艺、施工流程及施工质量等。样板间不仅是展示施工工艺与施工流程、明确施工质量等的一种有效手段，而且是向外界展示工程品质和企业形象最直观的招牌，还是工程施工交底的主要场所之一。样板间通常需要展示的样板包括基础结构、地下室、主体结构、砌体、装饰抹灰、楼梯、厨卫、管线安装、给排水井、预留预埋、屋面、幕墙石材干挂、独立柱及相关特殊构造或节点等，这些样板均为依据设计及相关标准的要求，完全按照 1：1 的比例打造的与工程本体采用相同材料、施工流程、质量标准的实体。随着 BIM 技术的出现与应用，"样板间"也以一个全新的面目展现在建筑领域。

BIM 在我国已有十几年的发展历程，其应用已渗透到项目管理的各个环节，其中之一就是虚拟样板—用 3D 模型展示结构构造，用静态 4D 模拟施工工艺和流程。尽管虚拟样板脱离 BIM 技术也可以做，但其在 BIM 技术的推动下，得以深度挖掘和应用。以下主要从虚拟样板间布局、样板说明与标注、样板绘制标准及展板制作标准等方面进行详细阐述。

4.3.1　BIM 虚拟样板间的布局

由于 BIM 虚拟样板的载体是展板，不再是实实在在的实体构造，故样板间的布局不再与实体展示区相同，仅需优化观摩路线，做到"流水化观摩"—从基础、地下室至建筑最顶层，观摩者或被交底者只有 1 个入口、1 个出口，且从入口到出口只有 1 条线路，如图 4.3-1 所示，讲解人员或交底人能够在这一条线路上将所有的展板，包括所有专业、构造及节点依次讲解清楚。此外，展板与中心布置对象（如文化墙、讲解台等）间距不应小于 2.0m，以便于观摩。由于样板间一般为露天场所，其面积也不会太大（虚拟样板间较实体样板间面积大大减小），观摩和培训交底时也是分批进行，所以没必要再设置专门的消防疏散通道。

除以上要求外，样板间门口宜设置样板间引导牌，对该区域名称和内部陈设等内容进行简要概述。

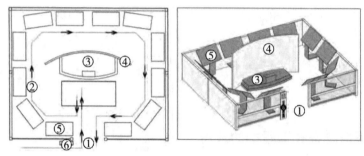

①入口、出口；②观摩路线；③交底、讲解台；④文化墙背景；⑤BIM 虚拟展板；⑥门口引导牌

图 4.3-1　BIM 虚拟样板间布局示例

至于样板间外围墙体的构造要求和结构做法，企业根据自己的 CI 要求进行设计和施工，但建议外围墙体不低于 1.8m，且样板间进出口处墙体最好采用玻璃幕墙。

4.3.2　样板绘制标准及标注

样板绘制标准包括建模标准、着色标准、标注与标记标准及其他标准。其中最主要也是最核心的是建模标准，因为要通过模型将建筑实体的构造、材质、关键尺寸信息等很完整地呈现出来。

4.3.2.1　建模标准

采用 BIM 软件建模时，首先要求建筑物的形体正确，并完全按照设计尺寸进行建模。其中钢筋层、防水层的结构层次均要精准呈现，建模精度达到 LOD500 深度的要求，如图 4.3-2 所示。对于加工厂加工完成的成品件（如隔震支座），其内部构造可不再进行展示，按照设计尺寸进行外观建模即可，如图 4.3-3 所示。

4.3.2.2　着色标准

一个好的样板，一定是让观摩者或被交底人看一眼就对建筑物的构造、施工工艺及质量标准有较深的了解。这在实体样板中很容易做到，因为实体样板很客观地展现在观摩者或被交底人眼前，其形体和构造都很直观。而在虚拟样板中，要通过 3D 模型和静态的 4D 模拟展示这一切，因此色彩搭配就很重要。

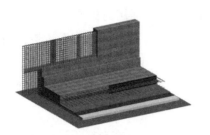

图 4.3-2 虚拟样板模型创建

图 4.3-3 隔震支座模型创建

在 BIM 虚拟样板中，在能很直观地辨别不同材质的情况下，最好直接用真实材质展示各构造层及材料，以便于观摩者或被交底人根据常识就能够清楚辨别并能快速联想到其施工工艺；对于层次较多且材质视觉效果很接近的情况，建议最好不要用真实材质体现各构造层，以免造成视觉混乱。例如机电专业中的新风管、送风管、回风管及排风管等，在实际工程中如果都用同一种材质，在 BIM 虚拟样板中就很难对其进行区分。在这种情况下，搭建管综模型时，就必须对不同用途的管道用不同的颜色加以区分，而且这个颜色标准（在软件中统一采用 RGB 色彩模式统一标准）在 BIM 工作策划阶段就必须规划好，而且在 BIM 实施全生命周期都不允许改变。常见机电管线及桥架 RGB 值如表 4.3-1 所示。

常见机电管线及桥架 RGB 值　　　　　　　　　　表 4.3-1

管道名称	代码	RGB 值	管道名称	代码	RGB 值	管道名称	代码	RGB 值
冷水供水管	KRG	255, 128, 30	消火栓管	XH	255, 0, 0	动力桥架	DDJ	28, 128, 180
冷水回水管	KRG	255, 128, 30	自动喷水灭火系统	SP	255, 0, 0	控制桥架	RDJ	255, 0, 0
冷冻水供水管	LDG	0, 255, 255	消防水炮	DZP	120, 120, 230	消防桥架	XFQJ	255, 0, 0
冷冻水回水管	LDH	0, 255, 255	生活给水管	J	0, 250, 20	厨房排油烟	PYY	128, 51, 51
冷却水供水管	LQG	102, 153, 255	污水 - 重力	W	100, 100, 51	排烟	PY	179, 32, 32
冷却水回水管	LQH	102, 153, 255	污水 - 压力	YW	100, 100, 51	新风	XF	0, 0, 255
热水给水管	RJ	255, 51, 128	重力 - 废水	F	155, 155, 51	正压送风	XFSF	0, 255, 255
热水回水管	RH	255, 51, 128	压力 - 废水	YF	153, 153, 51	空调回风	HF	255, 0, 255
冷凝水管	KLN	0, 0, 255	重力雨水管	Y	0, 0, 255	送风 / 补风	SF/BF	0, 255, 255
冷媒管	LM	102, 0, 255	压力雨水管	YY	0, 0, 255	中水供水	ZJ	20, 220, 220
空调补水管	KB	0, 153, 50	通气管	T	0, 255, 0	柴油机输油管	CYG	255, 128, 0
膨化水管	PZ	30, 200, 30	消防细水喷雾	PW	255, 0, 250	厨房污水	CW	100, 100, 120
照明桥架	ZMQJ	255, 100, 0						

4.3.2.3 标注与标记标准

样板标注主要是指尺寸标注，需将有代表性且通用的相关尺寸在样板中标记清楚，如图 4.3-4 所示。尺寸标注样式与施工蓝图相同，不仅要求能看清楚，而且要能保证美观，同时要求同一个样板展示区各样板上的尺寸标注样式完全一致。对于不具有代表性和通用性的其他尺寸，考虑到样板展板的整洁美观和样板通用性要求，在样板中不再进行标注。

样板标记主要指构造名称标记和材质名称标记，在对样板进行标记时，要用带圆点或带箭头的引线明确标记对象的位置。为让被交底人或观摩者能很清楚地了解到相关构造或材质属性，其名称和相关属性（如厚度）宜直接标记在引出横线上，不建议以数字或字母代替，再另行对数字或字母进行注解。此外，引出横线宜彼此平行，不可以任意角度绘制，以免影响版面美观。

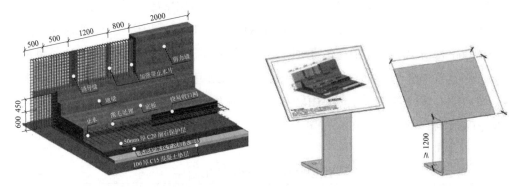

图 4.3-4 样板尺寸标注与构造、材质标记   图 4.3-5 展板尺寸要求与成品展示

4.3.3 展板排版与制作要求

展板的排版可根据企业自身的 CI 要求进行设计，但版面简洁、整齐和清晰是排版的前提。除样板名称、工艺说明和质量要求等相关内容外，版面不宜布置其他冗余内容。此外，对于能直接利用图表来描述的施工工艺和质量要求等，尽量不用纯文字进行阐述。

展板尺寸根据样板展示区的平面布置及所需展示的内容确定，不过展板成品的离地高度建议不宜低于 1200mm，如图 4.3-5 所示。至于整个成品展板的样式，根据企业自己的 CI 要求进行制作或按照不同需求进行选择。然而考虑到整个样板间的观感要求，同一个样板展示区的各样板宜选择统一的样式。

除此之外，成品展板底部宜设置固定所需的螺栓孔，将成品展板与预埋的展板基础进行固定，防止展板因风力或其他人为失误操作发生倾倒，导致展板出现破损，同时也可避免给观摩人员带来相关安全威胁；在需要将展板移开或调换位置时也可直接松开固定螺栓进行操作。

4.3.4　小结

经过十几年的发展，BIM 建模技术已进入成熟阶段，伴随 BIM 技术的发展，与 BIM 相关的应用也在迅猛发展。尽管本节所阐述的"虚拟样板"是依托 BIM 工具实现的，本节也极力引入相关 BIM 的概念和应用点，然而目前所谓的 BIM 应用点，其实大部分在工程领域还没有"BIM 化"之前就已经可以实现了，只不过因为最近几年 BIM 的发展如火如荼，这种应用才被挖掘出来，可挖掘更多能为项目创优创效的应用点，让 BIM 技术真正为工程项目及其管理服务，从而实现为项目节省成本、提高效益的目标。

（编写人员：卢育坤，郭思壮，田忠贵，梁华站，郭建宏，王磊）

4.4　从设计 BIM 到施工 BIM 的延续——宝境广场项目 BIM 应用

宝境广场项目原名"宝钢大厦（广东）项目"，位于广州市海珠区琶洲电子商务与移动互联网产业总部区，业主为广东宝钢置业有限公司。业主对本项目的品质及建设效率提出了高要求，在项目之初即确立了设计和施工阶段均应用 BIM 技术的目标。

本项目的 BIM 应用有三个鲜明的特点：一是业主的主导与深度参与使 BIM 应用得以顺利推进；二是贯彻了从设计 BIM 到施工 BIM 延续的理念，避免了重复建模与信息断层，提升了 BIM 应用的效益；三是通过技术上的深入探索与二次开发，弥补软件不足，打通技术路线，使技术得以"落地"。

4.4.1　工程概况

4.4.1.1　项目简介

该项目为超甲级写字楼，配套商业裙楼及三层地下室车库。项目总建筑面积约 14.7 万 m^2，建筑总高度 149.50m，建筑层数地上 29 层，地下 3 层。地下室为钢筋混凝土结构，地上塔楼为钢管混凝土框架 - 钢筋混凝土核心筒结构，地上裙楼为钢结构。整体外立面为铝合金玻璃组合幕墙，通过方格元素的组合表达精炼简洁的商务风格（图 4.4-1）。

图 4.4-1　宝境广场效果图

4.4.1.2 BIM 应用概况

项目业主期望通过 BIM 技术搭建有效的协同沟通平台，在设计阶段发现并解决各专业系统之间交叉冲突的问题，通过三维校审及管线综合、净高校核，确保设计质量；在施工阶段，通过 BIM 模型对施工组织方案进行模拟与研讨，消除现场各专业施工的冲突，通过可视化模拟与交底提高沟通效率，提升施工质量，实现精细化的施工进度控制，同时为运维阶段的 BIM 应用打下基础。

本项目的技术特点有以下方面：

（1）坚持 BIM 模型与信息的持续原则，贯彻从设计 BIM 向施工 BIM 延伸理念，保持主干 BIM 数据的完整性和可持续性，避免施工阶段的重复建模，实现从设计模型、施工模型、4D 模型的有序无缝连接，为 4D 施工进度管控的实现提供保障。

（2）对 4D 施工进度管理进行了深入的研究与应用，对基于 Synchro 的 4D-BIM 技术路线做了探索与开发。

（3）通过二次开发，缩短模型创建、深化、调整时间，提升整体建设效率。

本项目主要 BIM 建模软件为 AutodeskRevit2014，土建专业和设备专业的 Revit 模型如图 4.4-2 所示。

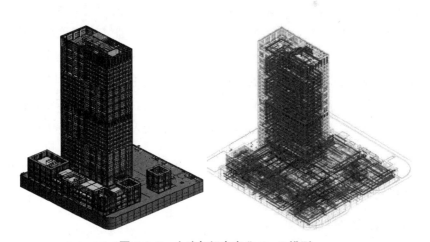

图 4.4-2　土建与机电专业 Revit 模型

4.4.2　BIM 应用技术重点

4.4.2.1　从设计 BIM 到施工 BIM 的过渡

我们经常听到"设计院所做的 BIM 模型在施工阶段用不上"这样的说法，这种说法产生的原因主要有以下方面：

（1）设计 BIM 模型的组织方式不满足施工需要，比如连续多跨的结构梁、整层楼板没有按施工区段拆分，这样的模型无法做施工进度模拟；

（2）设计 BIM 模型的信息不完整，比如仅作管线综合应用的 BIM 模型，混凝土强度等级没有区分、梁柱编号没有输入等；

（3）设计 BIM 模型部分构件的扣减关系没有处理，或处理不对，如果不影响出图的话可能被忽略；

（4）设计 BIM 模型对施工安装需求考虑不足，如管线综合排布的方式不能满足施工要求；

（5）设计 BIM 模型本身质量可能欠佳。

除最后一个原因外，其他几方面的问题都可以通过模型的调整来解决。但这种模型调整的工作量非常大，经过深入的研究，我们提出通过两种方式来减小调整的工作量：（1）建模规则；（2）插件处理，如图 4.4-3 所示。

通过前期制定好建模规则，对后续的信息需求与模型处理需求提前进行考虑，并对模型组织方式

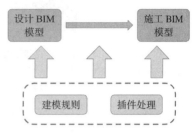

图 4.4-3　从设计 BIM 到施工 BIM 转换的技术路线

做好规划，可以大幅度减小后期模型处理的工作量。通过二次开发插件，可以对模型进行批量的处理，比如批量的扣减处理、批量的信息录入、批量的构件拆分、批量的构件替换等，大大减少手工操作工作量，极大地提高效率。

本项目在设计 BIM 模型的基础上对以下部分进行了细化处理：

（1）土建主体模型：地下室分区拆分（图 4.4-4）、压型钢板组合楼板细化（图 4.4-5）等。

图 4.4-4　地下室楼板按施工分区拆分　　图 4.4-5　压型钢板组合楼板细化

（2）机电专业模型：深化管线综合模型、补充管线支吊架、制冷机房、给水泵房等设备机房深化等（图 4.4-6、图 4.4-7）。

（3）节点深化模型：幕墙节点精细化、钢结构节点精细化、模板支撑体系及混凝土柱钢筋节点布置等。

除了模型的处理外，施工阶段还需在设计 BIM 模型基础上，进行补充、替换等工作。本项目在施工阶段补充了以下模型：临水临电的布置情况、临时建筑用房、施工

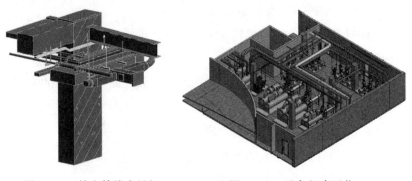

图 4.4-6　补充管线支吊架　　　　图 4.4-7　设备机房深化

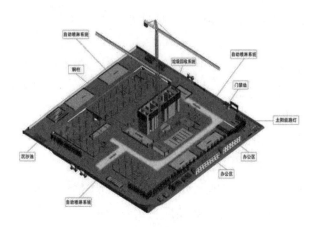

图 4.4-8　补充施工相关 BIM 模型

机械排布、安全围护构件、爬模和铝模板布置、材料加工场和堆放场规划、基坑内支撑体系等施工模型，如图 4.4-8 所示。

施工阶段需替换的模型则有：

（1）钢结构模型：替换为钢结构厂家深化设计后的钢结构模型，需通过软件接口进行数据转换（Tekla），由于 Tekla 与 Revit 之间区别很大，且接口也不完善，转换前需经过构件过滤，避免细微构件导入 Revit 整体模型中影响转换速度；转换后需对部分构件进行整理，本项目通过二次开发实现构件的分段信息重新录入。

（2）幕墙模型：替换为专业幕墙公司深化设计后的幕墙模型，按单元组合方式、施工组织方式进行拆分重组。

（3）厂供设备模型：大型机械设备替换为设备厂商提供的、与实物一致且带有完备的技术参数与产品参数族（图 4.4-9）。

通过上述处理，本项目顺利将设计 BIM 模型过渡到施工 BIM 模型，保持了主干模型与信息的完整性与延续性。

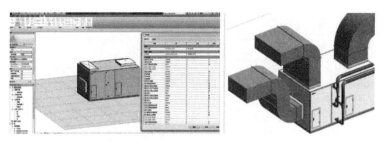

图 4.4-9　设备厂商提供的构件族

4.4.2.2　4D 施工进度模拟管控

基于 BIM 的施工进度控制是在现有进度管理体系的基础上引入 BIM 技术，综合发挥 BIM 技术和现有进度管理理论与方法相结合的优势。通过将施工进度计划与 BIM 模型相关联，形成 4D 的施工进度模拟，项目团队可据此分析施工计划的可行性与科学性，并根据分析结果对施工进度计划进行调整及优化，实现精细化的进度管控。在本项目中，通过 4D-BIM 模拟实现精细化进度管控是重中之重，因此我们也做了详细的策划与技术准备（图 4.4-10）。

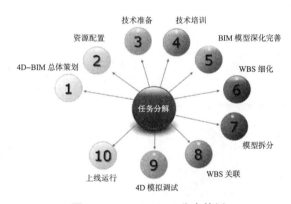

图 4.4-10　4D-BIM 分步策划

本项目的 4D 模拟软件平台选用了 Synchro 软件。作为一款专业 4D 软件，Synchro 有良好的兼容性与强大的模拟功能，显示效果良好，支持对模型与计划的局部修改替换，支持多个计划的同步对比，因此是施工阶段理想的 4D 应用软件。

但 Synchro 也有操作较为繁琐的缺点，在构件的分类过滤选择方面支持度较弱，因此，直接将 Revit 模型导入 Synchro 会带来后续操作低效的问题，为此，广东省建筑设计研究院 BIM 团队专门开发了一套名为"向日葵 4D-BIM"的工具集，并编写了操作规程，以实现 Revit 与 Synchro 的良好配合。这套工具集主要基于模型拆分的思路，通过一系列步骤，将模型按照"专业 >> 楼层 >> 分区 >> 构件类别 / 系统"的层级进行拆分，并批量导出单个 dwf 文件，从而实现在 Synchro 中可以快速与 WBS（任务分解）相关联（图 4.4-11）。

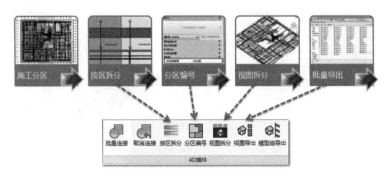

图 4.4–11　二次开发插件实现 Revit 与 Synchro 的良好配合

　　解决了 Revit 与 Synchro 的配合问题后，即可将细分后的 BIM 模型与细分后的 WBS 进行关联，实现 4D 模拟。在本项目中，通过 4D 模拟，将施工计划细化到一周以内，并将原施工计划中不合理的地方显现出来，从而实现精细化的管理与进度优化。

　　在 4D 模拟完成、正式上线运行后，每周由施工总包方录入实际施工进度，并与计划作对比（图 4.4-12），直观展现计划完成情况，在每周的监理例会上，对上周完成情况进行审核，并在 4D 模型上对下周计划进行安排，通过可视化的方式交底，使各方沟通更加便捷高效（图 4.4-13）。

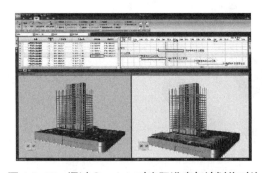

图 4.4-12　通过 Synchro 对实际进度与计划作对比

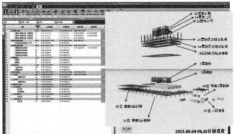

图 4.4-13　监理例会上的任务回顾与安排

4.4.3　BIM 应用总结

　　本项目 BIM 的顺利实施，得益于业主的深度参与与统筹部署，以及业主、设计院、施工总包、监理单位的多方共同参与。

　　经过长时间的应用实践发现，BIM 实施的道路上，一定会有一些管理上或技术上的障碍，使得实施过程不那么顺畅，效果不那么理想，影响了 BIM 的落地。但一旦突破这些障碍，BIM 的优势就可以充分发挥出来：管理方面的障碍，有赖于多方的协作得到了突破，尤其是业主的强力主导；技术上的障碍，则通过技术上的研发予以突破，在这个过程中，软件的二次开发技术可以发挥巨大的作用，弥补软件不足，减轻 BIM 操作人员工作量，提升效率与准确度，使 BIM 技术如虎添翼。

另外，本项目对于 5D-BIM 及运维阶段的应用，仍处于初始的探索阶段，随着项目推进与技术研发，我们将继续探索更深入的 BIM 应用。

（编写人员：杨远丰，袁捷，吕峰，许志坚）

4.5　广州白云机场二号航站楼及配套设施项目 BIM 应用技术重点

4.5.1　工程概况

4.5.1.1　项目简介

广州白云国际机场扩建工程项目为超大型公共交通枢纽建筑，整体效果图如图 4.5-1 所示，以建设满足 2020 年旅客吞吐量 4500 万人次的使用需求为目标，用地面积约 122.5 万 m^2。扩建工程主体二号航站楼如图 4.5-2 所示，总建筑面积约 68 万 m^2，建筑总高度 43.5m，建筑层数地上 4 层，局部地下 1 层，结构形式采用大跨度钢筋混凝土框架结构和大跨度网架结构。项目还包括航站楼下部的地铁、城轨、下穿隧道段的建设和管理。在本项目的建设过程中，BIM 技术的运用覆盖设计与施工组织管理的各个环节。

图 4.5-1　白云机场整体效果图

图 4.5-2　二号航站楼效果图

4.5.1.2　工程特点和难点

（1）工程体量巨大，设计专业数量众多，协调规划难度大

在目前的软硬件技术条件下，单体 68 万 m^2 这样的体量对各种 BIM 软件平台都是一个挑战（图 4.5-3），同时项目包含众多专业系统（图 4.5-4），这些系统可能由多种软件建模而成，如行李系统、钢结构等系统均采用不同格式，多种格式的模型如何兼容、定位及更新，都需要提前做好详尽的规划。

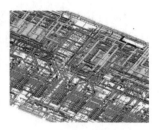

图 4.5-3　二号航站楼整体 BIM 模型　　图 4.5-4　包含众多专业系统的 BIM 模型局部

（2）专业多、接口多，碰撞多

本项目是一个大型复杂交通枢纽项目，涉及民航、地铁、城轨、市政和民用建筑等诸多专业，各种专业设备错综复杂。只有通过 3D 虚拟、碰撞检查，才能快速预见问题，整体控制项目实施风险。

（3）施工单位众多，现场协调规划复杂，平面布置优化调整工作量巨大

二号航站楼涉及的专业分包单位众多，包括钢结构、屋面、幕墙、机电安装、装修、消防、行李系统、电梯等 100 多家分包单位，从场地布置、界面协调、工序穿插等各个方面来说管理协调工作难度都很大。同时整个扩建工程中的其他项目，如交通中心、外围站坪等也在同期施工，对工程管理也造成一定的难度。

（4）工期紧张，工序繁多

通过优化工序及顺序是保证进度的重要环节。如何通过 BIM 技术合理优化众多工序，界定工作界面，是本项目应用的一个难点。

4.5.2　BIM 组织与应用环境

4.5.2.1　BIM 应用目标

本项目 BIM 应用目标为：作为工程项目管理和技术手段，解决在设计和施工过程中的方案可视化、设计成果优化、技术交底与会商、参与方协同管理、综合管控（进度、质量、安全、成本）、变更管理以及信息共享传递等诸多方面的问题并收获实效，提高工程建设质量和项目综合管理水平。

4.5.2.2　技术路线

针对本项目的特性和挑战，技术团队做出一系列的创新突破，使本项目的 BIM 应用从设计阶段顺利过渡到施工阶段，实现既定目标。总体技术路线如图 4.5-5 所示，其中 BIM 项目标准、二次开发是支撑起整个技术路线的两大支点。

4.5.2.3　团队组织

为实现上述目标，本项目的设计方广东省建筑设计研究院、施工总包方广东省建筑工程集团有限公司均组织了专项 BIM 团队，一起相互协作，将设计 BIM 模型转换

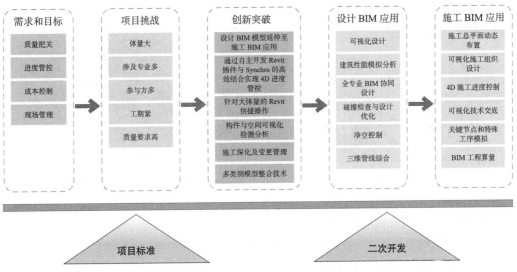

图 4.5-5　BIM 应用技术路线

为施工 BIM 模型，在施工现场应用 BIM 技术辅助各方协调，实施各阶段的各个应用方向。业主方广东省机场管理集团有限公司工程建设指挥部也专门组建 BIM 团队，从业主角度出发，对 BIM 的实施过程进行策划、管理与验收。

4.5.2.4　BIM 软件配置

本项目的 BIM 软件以 AutodeskRevit2014 作为主要的 BIM 建模软件平台，以 Tekla 作为钢结构深化建模软件，以 Autodesk Navisworks Manage 2014 作为模型整合与浏览软件，以 Synchro 4.0 作为主要的 4D 模拟软件，此外还有 AutoCAD、Project 等配套的软件。BIM 团队在 Revit 平台上作了大量的二次开发，以应对项目的各种需求与挑战。

4.5.3　设计阶段 BIM 应用

4.5.3.1　建筑性能模拟分析与绿色优化

BIM 技术结合专业的分析软件进行建筑性能模拟分析与优化，避免了重复建立模型和采集系统参数。通过结合 BIM 技术对二号航站楼进行冷热负荷、采光、通风、能源消耗、人流分析等方面的建筑性能模拟评估，实现可持续设计。

4.5.3.2　碰撞检查及设计优化

机场航站楼体系复杂，除常规的设计专业外，还有轨道交通、设备管廊等专业接口，以及行李系统、自动步道、值机岛等特殊的工艺子项，因此极易发生冲突与碰撞。通过 BIM 碰撞检测的技术手段，逐步检测并消除专业间的碰撞。图 4.5-6 所示为碰撞检查报告示例，图 4.5-7 则为行李系统及其支撑体系与设备管线之间的碰撞检查与协调示例。

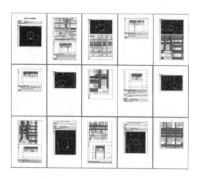

图 4.5-6　碰撞检查报告

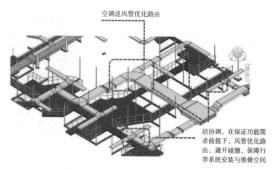

空调送风管优化路由

经协调，在保证功能需求前提下，风管优化路由，避开碰撞，保障行李系统安装与维修空间

图 4.5-7　行李系统与管线的协调优化

4.5.3.3　管线综合与净高控制

机场航站楼的设备管线系统繁多、布局复杂、技术难度大，因此对管线综合设计的要求极高（图 4.5-8）。按照业主要求，设计师制定了各区域的净高控制图，BIM 团队据此进行精细化的三维管线综合排布，并通过插件对净高进行分颜色校核（图 4.5-9）。

图 4.5-8 管线综合模型局部

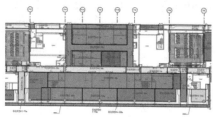

图 4.5-9 可视化净高校核

4.5.4　施工阶段 BIM 应用

4.5.4.1　可视化施工组织与施工总平面动态布置

作为超大型建设项目，施工组织可以说错综复杂、千头万绪。如图 4.5-10 所示，在设计模型的基础上建立各阶段、各工况的施工平面布置模型，并赋予各临时场地的使用时间节点，为现场平面管理提供直观形象的依据。

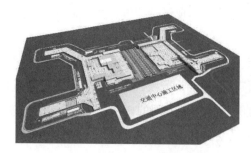

图 4.5-10　动态变化的总平布置

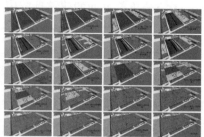

图 4.5-11　可视化施工组织

针对项目参建施工单位众多、交叉作业繁杂、区域管理责任变动多及界定困难等
情况，通过 BIM 模型划分各施工空间的责任单位，并根据工况变化制定阶段性管理网格
立体网络，结合实际施工进展及时调整完善，明确界定各参建单位的管理范围和责任，
推动了工程科学管理，取得了良好的效果（图 4.5-11）。

4.5.4.2　4D 施工进度管控

为精细化控制施工进度，应用 Synchro 软件将施工进度计划与 BIM 模型相连接，
形成 4D 的施工模拟，同时将人员及物料安排信息与任务相关联（图 4.5-12）。项目团
队据此分析施工计划的可行性与科学性，并于每个月记录实际进度，与计划进行对比
（图 4.5-13），及时纠正进度偏差。4D 施工模拟相较于传统计划方式，有直观可视化、
多子项整合、界面划分清晰、可对比优化等多方面的优势，为二号航站楼施工的稳步
推进提供了有效的技术支撑。

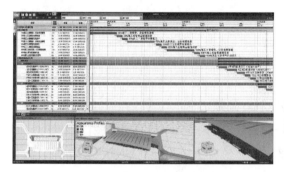

图 4.5-12　Synchro 进度模拟界面

图 4.5-13　计划进度与实际进度对比

4.5.4.3　可视化工序模拟与节点优化

BIM 模型可以直观地展示施工工序，本项目对外脚手架、高大支模等危险性较大
的作业项目，以及超厚地坪空心板等特殊的工序工艺，利用 BIM 模型对一线施工管理
人员和作业班组进行安全与技术交底，使现场施工人员迅速理解各种空间形态、施工
顺序与装配流程，显著提高技术交底的质量与效率。

部分钢管柱节点钢筋众多，施工复杂，涉及土建单位和钢管柱单位的施工配合和
工序穿插，通过对节点大样进行建模，发现钢筋无法穿过节点肋板、节点不易施工等
问题并及时协调解决。

4.5.5　BIM 技术创新

4.5.5.1　设计 BIM 模型延伸至施工 BIM 应用

对设计 BIM 模型延伸至施工 BIM 应用，项目团队根据以往项目经验作了系统的
策划，从 BIM 模型的组织及拆分、构件信息、BIM 模型扣减关系、施工安装需求、

BIM 模型质量等多个方面综合考量，制定项目 BIM 技术标准，避免后续的 BIM 应用出现混乱现象，为 BIM 模型跨阶段延续使用打下基础。

4.5.5.2　针对大体量的 Revit 快捷操作

本项目体量巨大，单层面积达 20 万 m^2，无论是建模操作、模型浏览、专业协调等，都面临着极大的困难。为了解决这个难题，项目团队开发了一系列的插件来辅助各种操作。如图 4.5-14 所示为"视图导航"插件，通过缩略图快速进行视图定位，方便超大平面的操作；图 4.5-15 所示为"批量布图"系列插件，实现快速、统一的视图拆分与出图。

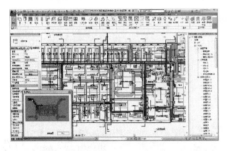
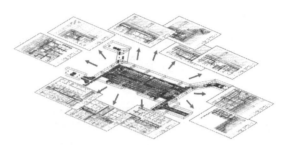

图 4.5-14　"视图导航"实现快速视图定位　　　图 4.5-15　"批量布图"提高出图效率

4.5.5.3　自主开发 Revit 插件与 Synchro 高效结合

本项目的 4D 模拟软件 Synchro 与 Revit 配合效率不高。项目团队专门开发的"向日葵 4D-BIM"工具集（图 4.5-16），可对 Revit 模型进行批量化和规范化处理，从而实现 Revit 与 Synchro 的良好配合。

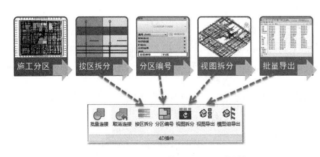
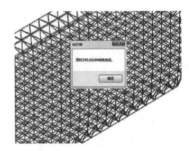

图 4.5-16　向日葵 4D-BIM 插件　　　　　图 4.5-17　Midas 桁架模型转换

4.5.5.4　多类别模型整合技术

航站楼包含多个专项设计，大多采用专业设计软件进行建模，需通过软件接口转换到 Revit 平台进行整合。对于不同软件平台的模型整合，目前还没有通用的解决方案。项目团队对多类别模型整合进行了一系列的探讨与研究，如 Midas 桁架模型通过插件转换（图 4.5-17）；Tekla 模型通过设置过滤条件进行轻量化转换；行李系统通过 dwg 格式文件结合分区拆分进行轻量化导入等，解决了多类别模型的整合难题。

4.5.6　小结

广州白云国际机场扩建工程作为目前我国在建的规模最大的航站楼综合体项目，同时也是我国近期最大的单体建筑之一，在项目设计、施工乃至运维过程中全面应用BIM技术，这在行业内是一个意义非凡的具有典型示范性的项目。

BIM作为工程项目管理和技术手段，覆盖设计与施工组织管理的各个环节，包括协同设计、管线综合优化、深化设计、施工组织、进度管理、成本控制、质量监控等，保证了项目的成功实施，提高了工程建设质量和项目综合管理水平，实现了项目全生命周期内的技术和经济指标最优化。

（编写人员：杨远丰，黄健，饶嘉谊，肖金水）

4.6　新福港禅城项目施工 BIM 的落地应用

4.6.1　工程概况

4.6.1.1　项目简介

新福港禅城项目为佛山地铁魁奇路站上盖物业，总建筑面积约 52 万 m^2，建筑总高度约 180m；主体结构以混凝土与型钢相结合；地下室4层、地上裙楼5层（主要功能为客运站和大商业空间），裙楼屋面有九栋超高层住宅塔楼，是一个集高端住宅、商务公寓、购物中心、城际交通枢纽站于一体的城市综合体，也是佛山市重点建设工程之一。项目效果图如图4.6-1、图4.6-2所示。

图4.6-1　项目鸟瞰效果图　　　　图4.6-2　项目低点效果图

本项目的挑战：（1）项目施工周期短，必须在地铁完工前提交连接部分场地；（2）可利用施工场地紧张，地下室边缘基本与建筑红线平齐，大型机器设备选型、布置安装困难；（3）主体结构复杂，混凝土与型钢梁柱相结合，二三十米的大跨度梁随处可见，对施工单位来说是一大挑战；（4）项目机电相当复杂，由多个机电施工单位组成，协调困难。

4.6.1.2　BIM 应用概况

业主明确提出 BIM 技术应用目的为控制质量、控制进度。从施工图设计阶段提前介入，对设计图纸进行三维校审，校核管线布置后的净空，控制好设计质量，再通过模型信息延续到施工阶段进行二次深化与应用，提高现场施工质量与施工进度管控效率。

本项目的技术特点有以下方面：

（1）对施工工艺与施工流程进行模拟与研讨，消除现场各专业施工的冲突。

（2）项目结构复杂，与相邻建筑距离接近，大型机器选型及定位通过实际的三维模拟方案确定，可更快地进行决策。

（3）对型钢混凝土构件进行型钢二次深化与钢筋布置优化，通过三维深化确定施工方案，导出图纸提交给工厂进行预制加工；根据型钢深化结果综合优化钢筋排布方案，加快施工进度。

（4）管线布置复杂，传统施工流程对于质量和施工顺序有一定的难度，通过 BIM 技术确定管道布置标准，从而高效确定管道布置顺序。

（5）通过现场实际需求定制二次开发，加快项目整体施工进度。

4.6.2　BIM 组织与应用环境

4.6.2.1　BIM 应用方向

本项目的 BIM 应用主要集中在施工阶段，主要目的为提前预测并解决在施工时将会遇到的问题。这其中包括了型钢混凝土的深化、场地的布置、基坑支护模拟、模板布置的模拟、机电深化与净高校核、预埋工程的深化、施工管理模拟、施工变更管理等应用方向。

4.6.2.2　实施方案

在项目启动之前，制定一套完整的 BIM 实施规则，通过前期的项目策划，提前考虑后续的信息需求与模型处理需求，包含构件的命名规则、模型材质的命名、Revit 视图浏览器的布置规则、机电颜色的规则、几何构件信息的输入、保存的格式等，通过对模型组织方式的提前策划，大量减少后期的模型调整工作量。

此外，通过二次开发编写 Revit 插件，可以对模型进行各种批处理操作，比如批量的扣减处理、批量的信息录入、批量的构件拆分、批量的构件替换等，大大减少手工操作工作量，极大地提高了效率。

4.6.2.3　软件配置

在项目中主要使用的 BIM 建模软件为 Autodesk Revit2014，模型浏览软件 Autodesk

Navisworks Manage 2014、钢结构模型软件 Tekla、项目管理软件 Microsoft Project、4D 模拟软件 Synchro 等。

4.6.2.4 BIM 应用

本项目中 BIM 技术的应用体现在以下方面：

（1）设计成果校核：项目施工阶段，为配合设计进程，实时反映设计成果，及时发现并解决设计过程中的问题，BIM 团队建立各专业模型，通过模型整合与碰撞检查对设计成果进行校核。通过编写基于 Revit 的"竖向墙柱对位检测"插件，如图 4.6-3 所示，对竖向结构特殊变化部位进行直观展示，在对结构设计进行校核的同时，协助施工交底。

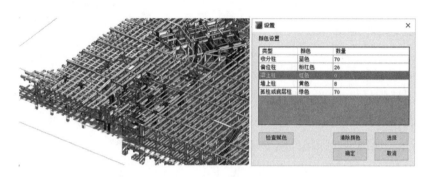

图 4.6-3　竖向结构特殊部位可视化检测

（2）型钢混凝土深化：本项目采用大量的型钢混凝土结构，而且梁的跨度比较大，BIM 团队利用 Tekla 软件进行钢结构的二次深化后，结合钢筋在 Revit 软件进行综合布置，发现原设计部分节点存在钢筋尺寸和布置数量无法按原图纸施工、部分节点无法按规范互相搭接和穿插等问题。通过 BIM 实体钢筋与钢结构模型的整合协调，大幅提高节点深化质量与效率，显著减少返工。并且在设计审核后，直接提供套筒数量、尺寸、位置给钢结构工厂进行加工，从而大大提高了施工现场的效率，降低现场出错率。图 4.6-4 示意了部分型钢混凝土深化后的节点大样。

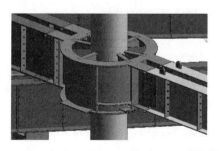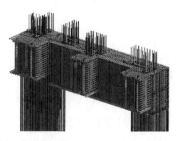

图 4.6-4　型钢混凝土钢筋深化

由于钢筋实体建模难度大，行业内应用不多，因此项目团队编写基于 Revit 的"钢筋建模"插件，如图 4.6-5 所示，大大地降低了手工操作工作量。

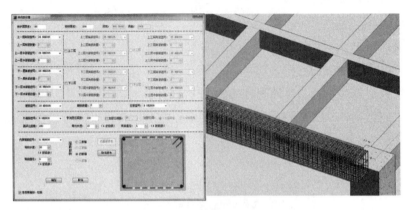

图 4.6-5 钢筋生成插件

在施工期间，发现部分钢筋实际布置间距不足，横向、纵向钢筋碰撞等问题。针对此问题，项目团队编写了基于 Revit 的"钢筋合理性审查与等强替换"插件，如图 4.6-6 所示，协助钢筋深化，减少施工返工，提高工作效率。

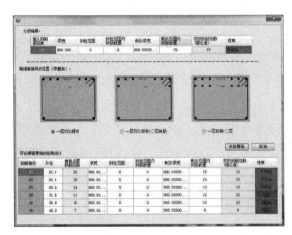

图 4.6-6 钢筋合理性审查与等强替换插件

（3）机电深化与净空校核：在机电深化方面，通过 BIM 三维管线综合排布对项目进行全专业的碰撞检查与优化，减少因设计考虑不全而导致施工返工的情况，同时对机电管线安装顺序作出合理安排，确保大型设备摆放位置合理。如图 4.6-7、图 4.6-8 所示为设备机房部位的管线综合模型。在净空校核方面，通过可视化的分析展示插件，为净空校核提供了有效的插件技术手段，消除和解决业主对净空的顾虑及相关问题（图 4.6-9）。

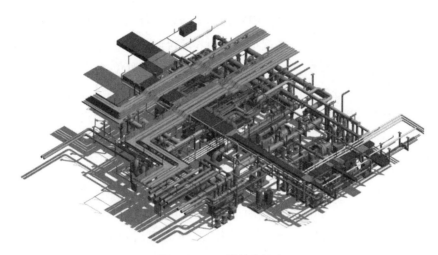

图 4.6-7　三维管线综合

图 4.6-8　冷冻机房深化

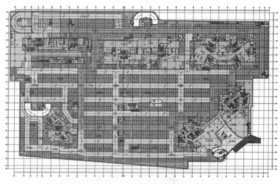

图 4.6-9　空间净高分析

（4）预留预埋工程深化：本项目地下室部分管线众多，传统的方法难以全面精确提供预留孔数据。如图 4.6-10、图 4.6-11 所示，项目团队根据 BIM 机电深化模型，提供结构预留孔定位数据，以平、剖面图汇总出图，辅以三维视图的形式，指导现场施工，减少返工。

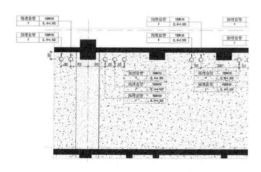

图 4.6-10　预留孔剖面定位

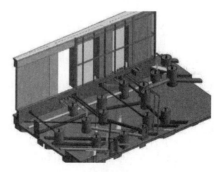

图 4.6-11　幕墙基础预留孔

（5）三维场地布置与安全管理：BIM团队动态模拟场地平面布置，按区域明确责任单位，提高场地使用率。在塔式起重机选型和定位运行方面，通过BIM模型直观表达塔式起重机与构筑物之间的关系，保证设备精准安装，避免碰撞。

（6）基坑支护：此项目建筑主体与地铁相连接，距离周边建筑较近，因此对基坑支护的要求非常高。要确保周边建筑不受影响，基础部分只能通过人工挖孔桩方案实现。通过BIM技术，制作施工流程，提前预知施工问题与难点，将交叉作业清晰明朗化，减少互相之间的协调工作，保证工期。

（7）模板工程：由于项目施工分区多，涉及参与施工方多，导致施工区域紧张，支模板堆放位置有限，为解决木模板的合理采购和使用规划问题，项目团队编写了基于Revit的"模板生成插件"，如图4.6-12所示，实现灵活分区统计模板量，根据施工阶段合理安排物料采购量。

（8）BIM工程算量：根据施工界面划分对BIM模型进行拆分处理，得出具有参考价值的分区作业量，辅助施工方根据施工分区、进度计划采购相应的材料量，避免造成不必要的浪费与场地占用。

（9）施工管理：人员编排和分配是现场管理的一大难题。项目团队开发了Revit"施工简排"插件，如图4.6-13所示，根据施工分区面积与工期安排，快速计算所需施工人员数量，提高施工管理效率，降低人工成本。

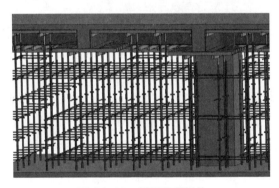

图 4.6-12 模板生成插件

图 4.6-13 施工简排插件

（10）施工变更管理：项目存有大量的变更情况，纸质版的变更单不便于翻查且容易丢失。针对此问题，编写基于Revit的"施工变更记录"插件，将变更单与BIM模型关联，可以双向查看变更单号及变更位置，方便施工变更管理工作。

4.6.3 应用效果

BIM作为工程项目管理和技术手段，对设计成果进行全面校核，解决了在施工过程中的方案可视化、设计优化、施工深化、技术交底、协同管理、综合管控等多方面的问题，提高了工程建设质量和项目管理水平。期间提前发现专业冲突 300 个以上、解决型钢混凝土节点 148 个、钢筋冲突 1000 个以上。在施工管理方面，班组人员安排效率提高了 20%、模板物料安排效率提高了 30%、净高和管综方面优化效率提高了 70%，最终得到业主与施工单位的一致好评。

4.6.4 小结

本项目工期紧、现场部分内容急需 BIM 模型的辅助与指导，所以留给 BIM 团队的时间非常紧张。项目团队基于 Revit 软件平台开发二次插件，提高了建模、校核与配合的效率，效果得到了业主与设计的高度认可。

应用 BIM 模型指导现场施工是非常艰难的一件事，有一些管理上或技术上的障碍，使得实施指导过程不流畅、效果不佳的情况出现，从而影响了 BIM 的落地指导。但只要解决效率、现场配合的问题，就能发挥出 BIM 在协同管理等方面的优势。在未来的路上项目团队将继续研究探索更多更深入的 BIM 应用。

（编写人员：杨远丰，张伟锐，饶嘉谊）

4.7 BIM 在基坑工程中的应用

尽管 BIM 还未实现其真正意义上的价值（因为其信息还不能很完整地传递和应用），但其在主体结构以及管线综合方面已经得到了比较广泛的应用。尤其在管线综合方面，BIM 已经体现了传统平面图不可比拟的价值。然而在基坑工程中，BIM 的应用还不尽如人意，尤其在国内，甚至可以说处于停滞状态，关于 BIM 技术在基坑工程中应用方法的相关研究也屈指可数。早在 2012 年，彭曙光就 BIM 在基坑设计中的优势和实现做了理论性的阐述，然而具体借助什么工具来实现，并没有详细说明；2016 年，谭佩等通过一个实例从建模、监测、复杂节点配筋以及 4D 模拟 4 个方面对 BIM 在施工过程中的应用进行了阐述，不过许多应用点主要体现主体结构中 BIM 的应用价值（例如复杂节点的配筋）。

纵观目前 BIM 在基坑工程中的应用，除了与主体结构相同的"复杂节点"的三维展示之外，无外乎两点：一是工程量计算，二是效果图。这两个应用点完全没有体现出 BIM 的价值，也不能凸显 BIM 的优势。本节以美兰国际机场二期扩建项目为例，主要从场地布置、基坑开挖、基坑支护、基坑监测及基坑回填 5 个方面就 BIM 在基坑中的应用及其价值予以浅析，主要内容及思想如图 4.7-1 所示。

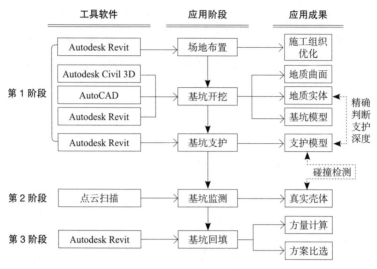

图 4.7-1　主要内容及思想

4.7.1　场地布置（平面规划）

场地布置是施工组织在现场空间上的体现，反映了已建工程和拟建工程之间，以及各种临时建筑、临时设施之间的位置关系。场地布置得合理，就可以使现场管理得好，能够加快施工进度、保证施工质量，并为安全文明施工创造条件；反之，如果场地布置不合理，就会导致施工现场道路不畅通，材料堆放混乱，从而大大影响施工进度和质量，甚至酿成相关安全事故，同时也会增加工程建造成本。主体工程如此，基坑工程亦如此。

4.7.1.1　道路规划

为了保证基坑施工的质量和安全，并加快施工进度、节约工程成本，首先需要对道路进行合理的规划。在美兰国际机场二期扩建项目航站楼工程中，利用 Revit 软件中的"楼板"工具来模拟施工道路，如图 4.7-2 所示。

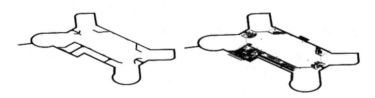

图 4.7-2　坑外路线规划与机械设备布置

4.7.1.2　机械设备布置

机场项目专门创建了机械设备族库，包括中国建筑标准化的塔式起重机、打桩机、钢筋棚以及套丝机和钢筋弯曲机等。由于机场航站楼有局部地下 1 层，故机械设备的布置在考虑施工道路限制的条件下，还需结合施工队伍及作业面的情况，合理安排出土路线（后文详述），故材料堆场及机械设备的布置极为重要。机场基桩基开挖阶段场地布置采用 Revit 软件完成。

4.7.2　基坑开挖

4.7.2.1　地质模型创建

地质模型在建筑工程领域的应用屈指可数，因为许多工程师认为其没什么实质性的意义，更何况在当前 BIM 应用环境下其工作量特别大，很难实现并加以利用。尤其在当下各 BIM 软件没有统一的数据接口的环境下，很难将不同软件创建的模型应用于其他软件，数据信息的传递更是难上加难。然而，地质模型在建设工程领域的应用价值却不容小觑。例如，基坑支护过程中，可以通过地质模型很直观、很清晰地判断基坑边坡支护锚杆打入了什么地质层，是否满足受力要求；在桩基施工过程中，也可以很直观、很清晰地判断桩基深入了什么地质层，是否满足其受力要求（尤其是端承桩）。当然，对于端承桩，不仅可以判断其是否打入持力层，以保证建筑物安全；同时也可以防止桩基过深，浪费工程成本。

4.7.2.2　地质曲面（地质层）建模

在主体结构建模方面，当前国内市场上应用最广泛的两款建筑工程 BIM 软件——ArchiCAD 和 Revit 已经能够满足大多数用户的需求，前者采用"GDL"进行可视化编程，后者利用"族"直接参数化建模。然而这两款软件在地质方面的"能动性"几乎是一片空白，因为除了"场地"外，根本没有与地质相关的其他功能。美兰国际机场二期扩建项目航站楼工程中采用 Autodesk AutoCAD Civil 3D 软件通过导入设计院勘察设计数据生成地质曲面，如图 4.7-3 所示。

有了地质曲面的模型，地质体的建模是水到渠成的事情，通过布尔运算就可以完成，如图 4.7-4 所示。事实上，国内现在应用的地质建模、分析软件已经有很多，如GoCAD、GeoEngine、GeoMo3D 以及网格天地等。

图 4.7-3　地质曲面模型　　　　图 4.7-4　地质实体模型

4.7.2.3　基坑开挖建模

基坑开挖在施工现场原本是在基坑支护（主要是支护桩的施工）完成后进行，由于此处仅针对 BIM 的应用进行阐述，故将基坑开挖放在基坑支护桩施工之前进行阐述。

在当前 BIM 环境下，实现基坑开挖模拟着实不容易，尤其是在"地质体"模型上直接进行开挖，不借助传统手段很难实现。正如本节开篇所述，目前国内基坑开挖的模拟主要是通过编辑"场地"模型或者通过对"楼板"工具进行布尔运算来模拟。但是，以上这两种模拟都不能体现基坑工程 BIM 化的价值和优势。如若能将 Civil 3D、GoCAD 或网格天地等软件生成的地质体模型直接导入 ArchiCAD 或 Revit 中进行基坑开挖模拟，将会给管理带来很大的便利。

由于不能将 Civil 3D 创建生成的地质体模型直接导入 ArchiCAD 或 Revit 中进行基坑开挖模拟，美兰国际机场二期扩建项目航站楼主体工程采用折中的方法（即只保留模型、失去地质层信息的方法）对基坑开挖进行了模拟，即将 Civil 3D 模型转化成 dxf 格式文件，之后在 AutoCAD 中打开，将地质模型中基坑范围内的地址挖除，最后将处理后的文件保存为 dwg 格式文件，链接到 Revit 中。基坑开挖模型如图 4.7-5 所示。

支护场地模型与基坑模型整合主要是为基坑开挖的出土路线规划提供可视化参考依据，Revit 软件采用"链接"的方式将场地布置模型插入到基坑开挖模型中，如图 4.7-6 所示。

图 4.7-5　基坑开挖模型　　　　　图 4.7-6　场地模型与基坑模型整合

4.7.2.4　基坑内部出土路线规划

由于航站楼局部有地下 1 层，其中有地下室部分基坑标高为 −9.350m，无地下室部分基坑标高为 3.250m（图 4.7-7），故关键出图路线需要分 2 个阶段进行规划。首先，根据现场场地情况，在距离基坑开挖边线 5m 布置 10m 宽临时施工道路，采用 60 厚砖渣进行铺设夯实，便于材料运输和车辆行走；当开挖至 3.250m 标高时，场内道路规划如图 4.7-8 所示，在 Revit 中用"楼板"工具实现。此时由东西两端向中间、由北向南，采用下沉挖进式开挖，即：边开挖边铺垫道路，运输车辆在铺垫路面上行走，由 1 台挖机配合挖进，出土转堆至出土车道处，由另 1 台挖土机挖土装车外运。

以上出土方案是在众多方案中通过三维模型直观对比优化最终选定，对于开挖方案的细节在此不详述。

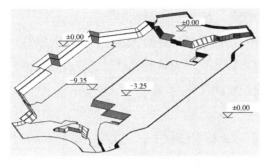

图 4.7-7 基坑开挖成型

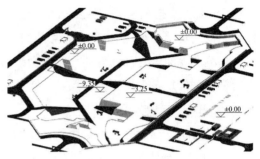

图 4.7-8 场内道路规划

4.7.3 基坑支护

基坑支护是指对基坑采取的临时性的加固、支挡、保护以及对地下水进行控制的措施,以保证地下结构施工及基坑周边环境的安全。本工程主要采用支护桩对基坑进行支护,桩顶设置预应力锚索、浇筑冠梁来提高整体支护性能;其余均采用放坡喷锚支护,钢花管桩及锚杆模型如图 4.7-9 所示,采用 Revit 软件建模。

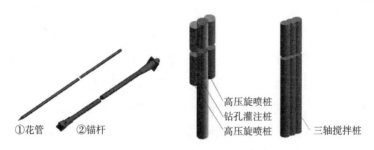

①花管　②锚杆　高压旋喷桩　钻孔灌注桩　高压旋喷桩　三轴搅拌桩

图 4.7-9 支护桩及锚杆模型

完善族库后导入原设计 Autodesk CAD 底图来模拟支护桩及护坡的施工。该过程由于是在地质体模型基础上进行的,故支护桩是否已经穿过不透水层,可以通过模型很直观地了解到;同时,锚杆是否打入持力层,也可以通过模型很直观地予以体现。这从根本上杜绝了无效桩和无效锚杆的出现,保证了基坑支护的安全。支护工程量的计算为 BIM 较为初级的功能,在此不再赘述。

4.7.3.1 基坑监测

根据《建筑基坑工程监测技术规范》GB 50497—2009(现已被 2019 版取代,下同)的 4.1.2 条文,基坑工程现场监测的对象应包括支护结构、地下水状况、基坑底部及周边土体、周边建筑、周边管线及设施、周边重要的道路以及其他应监测的对象。本节仅浅析 BIM 在基坑支护监测过程中的应用。

4.7.3.2 定性分析

根据《建筑基坑工程监测技术规范》GB 50497—2009,基坑工程监测定性分析信息包括：（1）支护结构成型质量；（2）冠梁、围模、支撑有无裂缝出现；（3）支撑、立柱有无较大变形；（4）止水帷幕有无开裂、渗漏；（5）墙后土体有无裂缝、沉陷及滑移；（6）基坑有无涌土、流砂、管涌。以上这些信息主要是管理人员通过对现场的巡查获得，之后将相关信息录入模型中，指导后期基坑安全检测工作。

4.7.3.3 定量分析

定量分析，简而言之就是用数据说话。在 BIM 应用过程中，定量分析就需要用到"碰撞检测"，具体过程如下：首先，采用三维扫描仪对现场基坑进行扫描，然后利用 Civil 3D 直接通过点云来创建一个曲面，这个曲面就是反应现场实际的真实曲面，之后对该曲面进行编辑，将不需要的元素删除，生成实际基坑模型。此时的基坑模型是一个壳体，而不是一个实体。将该模型另存为 IFC 格式文件，导入原 Revit 软件，再导出为 NWC 文件，最后导入 Navisworks 软件中与原设计基坑模型做碰撞检测，此时的碰撞允许值可以根据土质特征、设计结果及当地经验等因素确定；当无当地经验时，可以依据规范要求进行设置。虽然这个过程很繁琐，但精度能够满足检测要求。

4.7.4 基坑回填

4.7.4.1 方案优化

基坑回填阶段 BIM 的应用有两点：方案优化和回填方量计算。由于航站楼工程局部有地下一层，其中浅区（无地下室部分）所有承台均高出楼板面 800mm，同时承台边缘距离深浅交接界线平均距离约 1.0m，大型机械设备很难行驶，且深区（有地下室部分）挡土墙与浅区底板、地梁相连接，需要在原基坑支护顶部冠梁处开凿梁口来完成地梁与深区挡土墙的连接，如图 4.7-10 所示，故深浅交接区的土方回填是本工程土方回填工程的难点所在。对于这种采用传统手段解决比较繁琐的问题，本项目采用 Revit 软件以 1 : 1 比例创建了小型翻斗车模型，并通过既定的路线进行行走模拟，最终确定出了技术上可行、经济上最优的回填方案，而且可以保证回填满足设计要求。

说明：①深区挡土墙；②承合；
③隔震支座；④地下室梁；
⑤首层梁；⑥首层板；
⑦地下室板；⑧基础层板

图 4.7-10 深浅交接区模型

对于航站楼四周的基坑，随主体工程的施工进度分区、分段回填，在技术上没有难度。

4.7.4.2　回填方量计算

回填方量的计算，在 Revit 软件中可以采用创建常规模型来确定，在此不再详述。

4.7.5　小结

BIM 在中国的发展已经有十多年，然而其成熟度还很低，尤其是在本地化和信息化方面仍然不尽如人意。就单从其在基坑方面的应用来讲，所要走的路还很长。如果单单如本节所述为了完成某一项功能在几个软件之间反复进行数据导入、导出，而且其信息数据严重丢失、模型的可操作性大大降低，无异于徒增工作量。所以，今后不仅要在软件的功能上持续改进、二次开发方面有所突破，而且要不断挖掘 BIM 应该有的以及还未发现的功能与价值。

（编写人员：卢育坤，杜佐龙，田忠贵，王磊，杨欣林，赖源）

4.8　BIM 数据与现有运维系统的兼容与应用研究

任何一栋建筑物，大约 80% 的费用消耗发生在其使用阶段，其主要费用包括抵押贷款的收支、租金、投入的保险、能源损耗以及服务费用等。因此，如果能将建筑物使用阶段的运维管理工作做好，就能节省大量成本，从而为业主和运营商带来巨大经济利益，实现良性循环。由此可见，一个高效的运维管理系统对于建筑物是必不可少的。

由于建筑信息模型集成了设计、施工以及运维的建筑物全生命周期内的各类信息，所有信息均集中于 BIM 数据库中，因此将这些 BIM 大数据与现有运维系统兼容从而达到资源共享和业务协同的目的便是 BIM 大数据应用的核心。

本节采用的运维系统包括 ARCHIBUS 系统和 IBMS 系统，其中 ARCHIBUS/FM 资产管理平台是一套用于企业各项不动产与设施管理信息沟通的图形化整合性工具，主要管理项目包含建筑物、楼层、房间、机电设备、家具、装潢、保全监视设备、IT 设备、电讯网络设备等各项资产。中国南方航空大厦 ARCHIBUS 系统是立足于大厦空间、设备、资产等一系列主要管理需求，结合 ARCHIBUS/FM 资产管理平台进行自定义开发的一套运维管理系统，可以通过端口与目前最先进的建筑技术 BIM 相连接从而形成有效的管理模式，既提高了设施设备维护效率，又降低了维护成本。

IBMS 系统的设计目标即为商业服务、办公管理，以及大厦机电设备、公共安全设施的运行管理提供一个高效、可靠的管理手段和环境，创造一个良好的、舒适的、多样化的、高效率的工作和优质服务的环境。通过广泛采用符合目前智能建筑主流发展的数字化、网络化、物联化、自动化、智能化技术应用，创造一个具有先进技术应用的弹性空间，以适应未来高新科技发展应用的要求。

4.8.1 研究背景

4.8.1.1 国内研究背景

目前关于 BIM 数据传递以及兼容的问题，存在两个方面问题：一方面是基于传统工程项目，不同阶段、专业、软件之间 BIM 模型的信息和数据传递存在问题；另一方面则基于项目组织管理，项目的意图、具体实施以及运维管理方面的数据传递问题。基于此原因，BIM 标准体系建设以及应用就显得尤为重要。

众所周知，数据编码的统一性决定了 BIM 数据传递效率和集成化交付质量。由于数据信息种类繁多，信息传递效率低而且无法互通共享，因而急需一个统一的数据交换平台。以基于装配式建筑奢华设计和加工为目的的 PC 构件 Revit API 平台开发为例，该平台开发数据导入导出的功能能够打通 PC 构件与企业资源管理信息的阻碍，从而更好地进行精细化管理。

综上，现有的 BIM 数据虽然对运维阶段大有帮助，但需要依托于基于 BIM 数据开展的运维软件或者 API，才能解决信息的失真与不准确问题，继而解决决策失误的问题。

4.8.1.2 实施案例简介

中国南方航空大厦是一栋坐落于广州市白云区白云新城的 5A 甲级写字楼，是中国南方航空集团有限公司的全球总部及营销中心。项目总建筑面积 20.4 万 m^2，采用塔楼裙楼结合的建筑形式，塔楼地下 4 层，地上 36 层，总高 150m；裙楼地上 6 层，总高 30m。

本座大厦的工程概算投资额约为 13 亿元，大楼内部设备整体智能化投入 6000 万元。整合 IoT 设备至少 15000 台。该项目于 2019 年 6 月获得广东省工程勘察设计行业协会评审的"建筑信息模型（BIM）专项一等奖"。

4.8.1.3 实施案例特点

（1）施工复杂。中国南方航空大厦主塔楼采用由钢管混凝土柱、U 形钢组合梁以及外包多腔钢板组合的混凝土剪力墙 - 核心筒结构体系，裙楼及地下室采用空心楼盖，在施工上技术难度较大、技术方案较复杂。因此，项目 BIM 团队从前期规划阶段介入，通过一些常规的 BIM 应用解决方案，例如碰撞检查、管线综合、复杂工序模拟等，在项目的设计、施工深化阶段就提前解决在后期施工中可能遇到的困难。

（2）管理困难。由于项目工期长、施工难度高且施工技术多样等原因，即便在项目初期就采用了 BIM 作为整体设计和施工的辅助工具，本项目在后期施工现场发现的质量及安全问题也仍然较多，且由于项目参与方众多，问题的协调、解决及落实与记录的难度较大，无法生成系统、完善的施工问题处理记录。考虑到项目竣工后在复杂、关键部位检修以及设备管理、空间管理、物业管理等方面运维维护的需要，常规的 BIM 应用解决方案已无法满足本项目的需求。

（3）运维要求高。规划初期项目制定了绿色三星及 LEED 金奖的绿色需求以及单位建筑面积低能耗的节能运营目标。因此，为了满足项目高绿色性能的需求，且更好地处理、记录施工中的问题，形成有效、完善且适用于后期运维需要的信息流、数据流，项目采用 BIM+FM 的技术路线，以 BIM 模型作为运维平台的基础，以 FM 作为工具，把控模型数据的质量，提高运维管理的有效性，结合 BIM 与 FM 的优势，力求提高建筑设施、空间以及其他运维管理上的效果。

4.8.2 BIM 兼容应用到现有运维系统的实施路径

4.8.2.1 运维系统架构

中国南方航空大厦现有 ARCHIBUS 系统架构如图 4.8-1 所示，现有 IBMS 系统架构如图 4.8-2 所示。

其中，搭建蓝色块标识的"机电设备模型"与"机电设施数据"是本次项目实施的重要工作，也是需要集中导入现有 IBMS 系统的数据内容。与此同时，需要整合项目已有的其他专业模型，使大厦整体全专业模型能达到运维级别应用要求，合并导入现有 IBMS 系统或更新 IBMS 系统已有数据内容。

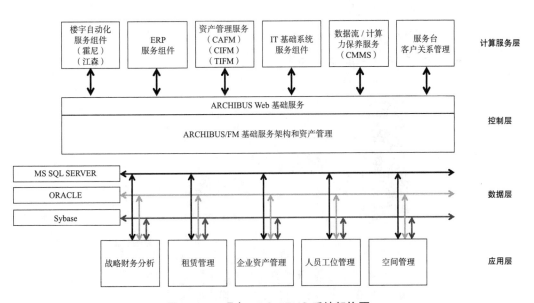

图 4.8-1 现有 ARCHIBUS 系统架构图

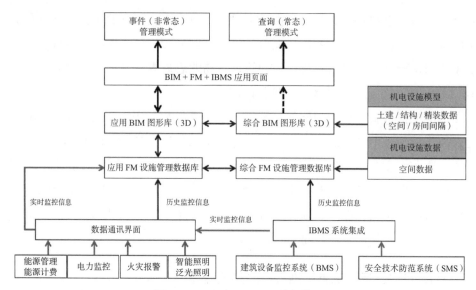

图 4.8-2 现有 IBMS 系统架构图

4.8.2.2 设备分类编码

中国南方航空大厦运维 BIM 模型制作过程中与其对应的 ARCHIBUS 系统始终保持协同，以确保数据的准确性与及时性。根据运维业主的需要，完善竣工 BIM 模型的信息部分，为保证竣工模型可直接应用于后期运营智能平台，其中模型数据可准确、无遗漏地接入运维平台。整合后的运维模型进行统一编码和优化后导入南航大厦资产管理 ARCHIBUS 系统和 IBMS 系统，以便实现资产设施管理功能和三维可视化设施设备数据分析、展示、管理功能。

将相关大型设备信息绑定到模型构件中，如厂家信息、说明书、采购合同、维修指引等信息，完成运维模型信息，如图 4.8-3 所示。

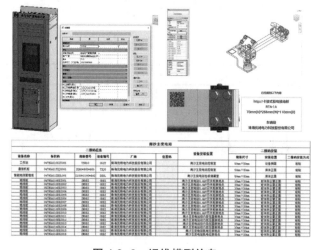

图 4.8-3 运维模型信息

4.8.2.3 运维功能配置

（1）空间管理

由于空间的利用状况和分配情况经常模糊不清，从而导致部门空间成本无法统计，造成了极大的麻烦，因而开发空间管理功能以实现优化空间分配、分析空间利用率以及分摊空间费用的目的。通过将 CAD 与 BIM 结合，以图形化的方式展示空间利用情况，从而进行合理调配，实现精细管理，如图 4.8-4 所示。

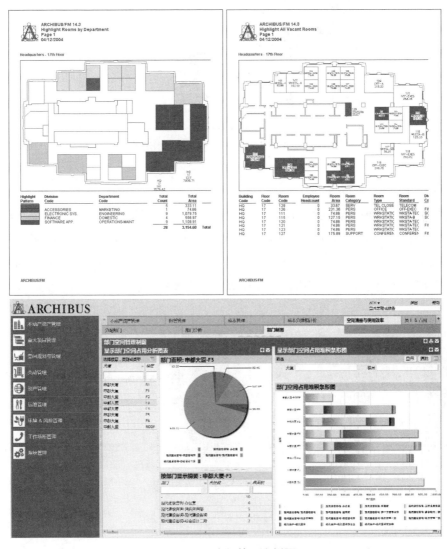

图 4.8-4 空间管理实例图

（2）资产管理

面对传统资产管理的操作繁琐以及数据不直观的问题，特开发此功能以监控固定资产成本和分配、计算折旧以及规划人员和资产的搬迁。通过与 BIM 模型互动达到可视化定位资产的目的，并将定义保修、保险、外包服务合同与每个固定资产相关联，如图 4.8-5 所示。

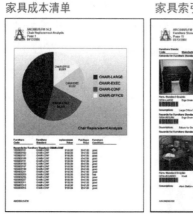

图 4.8-5　家具索引清单以及成本清单

（3）租赁管理

传统的租赁管理虽然能够满足基本的管理需求，但是缺乏对未来空间需求的长远预测，对自建、购买、租赁等不同类型物业的成本也缺少比较分析。针对以上问题特开发此功能，通过准确的空间和人员数据进行空间需求分析，提供对自有、租赁物业的成本分析以协助不动产投资决策，操作界面如图 4.8-6 所示。

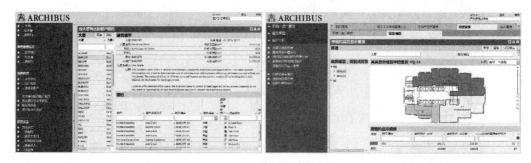

图 4.8-6　租赁资产界面实例图

（4）应急维护

该功能的开发主要是针对设备的维修响应不及时以及维修成本无法准确收集等问题，通过定期安排维护程序和步骤以及精确统计维修备件损耗从而充分控制维修成本。通过 SLA（服务协议等级）保障服务的性能与可靠性，如图 4.8-7 所示，为 SLA 管理界面以及工单管理。

图 4.8-7　SLA 管理界面与工单管理实例图

（5）环境与风险管理

为了能在发生灾难和紧急情况时确保业务连续性以加快设施功能恢复，特开发此功能以解决环境与风险管理缺少可视化工具以及集中管理应急信息的平台的问题。通过与 BIM 或 CAD 结合能够快速准确地访问人员位置、设备分布以及安全出口分布等数据，协助现场决策。如图 4.8-8 所示，为安全出口和抢修队联系方式实例图。

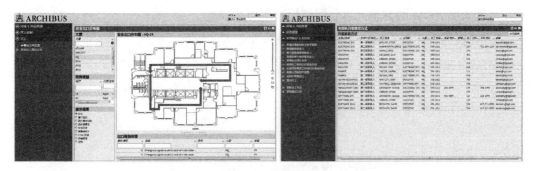

图 4.8-8　安全出口和抢修队联系方式实例图

4.8.3　BIM 与现有运维系统的结合优势

4.8.3.1　BIM 契合运维管理的结构

由于 BIM 模型作为建筑信息的集合，信息量巨大，故为达到 BIM 运维流程的要求，即精细化、流程化、高价值与全过程，根据中国南方航空大厦项目的运维管理需要，分别对两个运维系统进行针对性开发。对于 ARCHIBUS 系统，开发功能为：战略财务分析、租赁管理、企业资产管理、人员工位管理以及空间管理这五大功能；而对于 IBMS 系统，则集成了包括建筑设备监控（BA）、门禁管理系统（包括访客管理系统）、视频监控系统、智能照明系统、停车场管理系统（出入口管理、车位引导）、消防报警系统、梯控系统、广播系统、保安报警系统、能源计费系统、离线式巡更系统、电力监控系统。

4.8.3.2　BIM 提供 FM 数据仓库

作为相对成熟的专业，设施管理于国外已有较多发展经验，许多成熟的产品在此期间诞生，如 ARCHIBUS、FM: Systems 以及 TRIRIGA 等。但由于 BIM 数据标准支持性的问题，直接使用国外成熟技术难度较大，实施过程复杂，因而所需的成本较高。再者，国内开发的一些 FM 应用虽然使用方便，但是也有较多缺陷，如缺少基本模块、缺少 BIM 标准支持以及数据集成方案等。综上，本节提到的针对中国南方航空大厦的 FM 运维系统应运而生，其拥有的良好的 BIM 标准支持以及开放数据接口完美实现 BIM 数据由设计施工阶段向运维阶段的延伸，同时其监控系统以及报警系统能够及时采集实时现场数据，使运维效率大大提升。

4.8.3.3　BIM 体系移植 ARCHIBUS 数据

BIM 的结构化以及数据库特性，使其有能力反向将 ARCHIBUS 等国外先进管理软件的日常运维成果数据迁移到自身的数据结构中。这样做的好处是使得国内管理软件通过 BIM 结构体系也同样可以模仿和开发出满足本国企业实际生产经营需求的管理软件，摆脱对国外管理软件的依赖。

4.8.3.4　BIM 数据单元达到民航标准的可拓展性

BIM 数据单元的特性，使其可以满足诸如电力、安监、地铁、烟草等行业对设备规范的全部要求，并落实在 BIM 数据结构当中，这一部分行业标准的 BIM 数据可以应用到所在行业的各项运营具体事务中。中国南方航空大厦案例的成功也说明 BIM 具有可拓展到民航标准的可拓展性。

4.8.4　小结

本项目提出了 BIM 数据应用于资产管理系统的具体方法，在中国南方航空大厦项目中进行了深入应用，结果印证了在 ARCHIBUS 与 IBMS 系统的协助下，运维大数据能够得到精细化标准化的处理，并且实现数据集成、存储与可视化的目的，充分发挥了大数据在建筑运维管理决策支持以及数据挖掘上的潜力与价值。现阶段由于 BIM 施工模型的数据质量有待提高，因而数据的应用以及分析质量也受其影响，在未来阶段应通过技术手段不断提高 BIM 数据的应用性与准确性，解决运维方面的痛点问题，从而推动 BIM 大数据的发展。

（编写人员：庄志坚，杨城，许志坚，李钦，方速昌）

4.9 中国南方航空大厦项目 BIM+FM 技术应用及探讨

近年来，在国家积极推动建筑工业化、信息化、大力发展建筑信息模型（BIM）技术促进建筑产业转型升级的大背景下，全国各地不断完善相关 BIM 标准、规范以及指导手册，同时许多优秀的 BIM 工程应用实例不断涌现，有力地促进了我国建筑信息模型技术产业的发展与进步。

随着 BIM 技术在设计、施工阶段的主要应用逐渐成熟完善，以及建设单位运维理念的变化——从仅关心物业本身的建筑、设施维护的传统运维管理方式逐步转变为以模型为基础、三维可视、信息集成的运维管理方式，越来越多的企业开始尝试在运维阶段投入 BIM 的使用。本节结合中国南方航空大厦项目运维管理实践的经验，着重介绍本项目 BIM 全过程实施方案技术路线，主要包括项目从设计到运维项目各阶段模型数据的处理、运维管理信息数据的集成以及运维阶段 BIM 应用的成果。

4.9.1 BIM+FM 技术应用发展现状

BIM（Building Information Modeling）技术在 2002 年由 Autodesk 公司率先提出，之后迅速在全球普及并得到了业界的广泛认可。国内引进 BIM 技术较晚，但随着近几年 BIM 技术的发展与国家的大力推广，以及其在设计、施工阶段技术的不断成熟，BIM 技术在项目过程中产生的实际收益让越来越多的企业意识到了 BIM 技术之于未来工程建设的重要性。在部分省份，BIM 技术的应用已然成为建设项目设计、施工等阶段的硬性要求。

FM（Facility Management，设施管理）。自 1980 年 IFMA（国际设施管理协会）的创立使得 FM 正式成为一门专业的学科门类体系以来，在过去的 40 年里，FM 在国外建筑工程行业中已经获得高度的认可和市场规模基础，然而在国内设施管理还处在初期的探索、开拓阶段。

申都大厦项目位于上海市西藏南路 1368 号，是既有建筑多次改造项目，也是国内 BIM+FM 技术应用的典范项目。基于多次改建造成的基础资料流失以及该项目在绿色、科技、智能化上的高要求的现状，申都大厦运维团队探索了一条以 ARCHIBUS 为基础、以自主开发的能耗监管系统为门户的绿色运维管理系统的基本路线，并在后期运维实践中取得了卓越的成效与一致的好评。

中建广场项目临近上海世博园区，位于高科西路东明路交汇口处，是国内少数结合 BIM+FM 的大型商业综合体项目。其运维团队提出的基于国内本土运维平台 ARCHIPLUS FM 的 BIM+FM 运维路线很大程度上解决了目前国外运维产品"水土不服"的问题，验证了技术及数据标准的可行性；并且提出目前 BIM+FM 技术的价值在国内没有得到太多认可的主要原因在于：数据标准的缺失、建造方和物业持有方利益关系无交集、国内运维团队相对于设计施工行业普遍专业技能不高、国内运维专业化程度远不及设计施工等；同时以上问题也是 BIM+FM 技术在国内项目工程实践中研究、讨论的重点。

综上，BIM+FM 技术还处在工程实践的探索阶段，但业主已经逐渐意识到了 BIM 与 FM 结合的重要性与价值，BIM 数据是运维平台的基础，也是运维业务开展的前提。BIM 与 FM 的结合应用是未来发展的必然趋势，该技术路线在建筑运营维护阶段的应用已是大势所趋。

4.9.2　BIM 全过程实施方案

4.9.2.1　总体架构及流程

针对本项目的运维管理需要，并结合申都大厦、中建广场等项目的 BIM+FM 运维管理经验，中国南方航空大厦项目搭建了以"IBMS+FM+BIM"为中心的智能化集成平台，强调分散控制、集中管理，保证建筑空间持续、高效运转。全生命周期的 BIM 模型为平台提供静态的物业设施数据，IBMS 向平台传输动态的楼宇自控数据；而在 FM 软件的选择中，考虑到软件功能模块全面性、数据标准支持度、能耗集成等方面的需求，最终确定了以 ARCHIBUS 作为 FM 软件平台；最终依托 FM 系统集成空间管理、资产管理、设施设备管理三大运维模块，从而实现可视化的智能运营管理（图 4.9-1）。

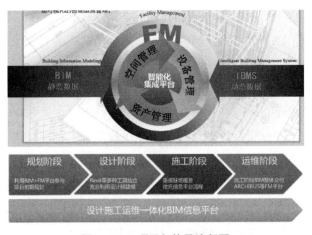

图 4.9-1　项目架构及流程图

为确保形成完整、可靠的模型数据与运维数据，减少后期重复建模以及数据输入等问题，本项目在规划阶段开始便利用 BIM+FM 平台参与项目前期规划；在设计阶段利用 Revit 等多种工具生成、优化模型数据；在施工阶段重点关注施工现场产生的施工问题、安全问题，依托信息集成平台传递到运维阶段；在运维阶段通过 BIM 与 ARCHIBUS 的结合，以 BIM 为设施管理的数据源、可视化工具以及运维数据展现的载体，以 ARCHIBUS 为运维实现的手段，从而完成本项目在运维管理上的全部需求。

4.9.2.2 模型数据流

本项目根据国家标准《建筑信息模型设计交付标准》GB/T 51301–2018、《建筑信息模型应用统一标准》GB/T 51212–2016、广东省地方标准《广东省建筑信息模型应用统一标准》DBJ/T 15-142–2018 等，结合项目实际情况及运维需求，制定项目级《模型发展深度标准》，明确在项目不同阶段，BIM 模型需要包含的构件及信息深度，见表 4.9-1。为了更好地存储、传递模型数据，在施工阶段，除了考虑该阶段常规的 BIM 应用需要，还需要保证施工 BIM 模型的可处理性与信息的准确性，必要时删减部分与运维阶段所需信息无关的数据，从而确保模型在运维阶段适用性。

不同阶段 BIM 模型要求　　　　　　　　表 4.9–1

模型 LOD	模型要求
方案模型（LOD1.0）	在方案设计阶段，直接用 BIM 模型执行设计。模型元素达到"功能级"精细度。与设计意图相关的技术细节可达到构件级精细度。设计信息以属性参数形式附加于模型元素
初步设计模型（LOD2.0）	在初步设计阶段，直接用 BIM 模型执行设计。模型元素达到"功能级"精细度，重要部位到"构件级"精细度。设计信息以属性参数形式附加于模型元素
施工图模型（LOD3.0）	在施工图设计阶段，直接用 BIM 模型执行施工图设计。模型元素达到构件级精细度标准。重要的细部可达到零件级精细度。设计信息以属性参数形式附加于模型元素
施工深化模型（LOD3.5）	在施工深化设计阶段，直接用 BIM 模型执行施工图设计。模型元素达到零件级的精细度；施工相关的工艺信息、造价信息，时间计划信息，都以参数形式附加于模型元素
竣工模型（LOD5.0）	在施工图模型的基础上，根据施工过程中的变更更新模型，模型信息与现场施工成果一致。模型元素精细度和信息内容依造价决算和运维需求
运营维护模型（LOD6.0）	在竣工模型的基础上，去除对运维应用的"无效信息"，保证模型进入运维平台运行顺畅。同时需针对物业运维的实际需求情况检查模型中的属性情况及收集必要信息进行平台的外挂，如物业的空间管理需求则需要在模型中录入所有的"房间信息"；设备运维管理需求则需要制作设备清册表及设备点位图等，能耗管理则需要集成 BMS 系统

4.9.2.3 运维管理数据流

在项目的设计、施工阶段，有关的 BIM 模型静态数据与 IBMS 动态数据对于后期的运维阶段可谓是至关重要，这些数据构成了运维管理门户，其中包括图档管理、空间管理、运维管理以及应急预案。运维数据流会根据运维业主的需要，完善竣工 BIM 模型的信息部分，从而保证竣工模型数据准确、无遗漏地直接应用于后期运营智能平台，如图 4.9-2 所示。其中导入 ARCHIBUS 数据库的数据大致分为：

（1）建筑的空间规划、系统或设备布局和设备规格属性；

（2）建筑中产品的基本信息、完工布局、标签或序列号以及保修、备件信息；

（3）建筑的空间调整、设备的更换情况、维修改造的情况以及信息的集成。

整合后的运维模型，在进行统一编码和优化后才能导入 ARCHIBUS 系统，以便实现资产设施管理功能和三维可视化设施设备数据的分析、展示、管理功能。本项目主要针对机电专业各个系统进行了详细的编码，如表 4.9-2 所示。

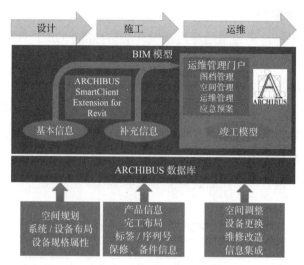

图 4.9-2　BIM 运维管理数据流

机电系统设备系统编码　　　　　　　　　　　　　表 4.9-2

系统	序号	编号	名称	系统	序号	编号	名称
排水系统	1	RP	雨水管	暖通系统	14	SA	送风风管
	2	SP	污水管		15	RA	回风风管
	3	WP	排水管		16	EA	排风风管
	4	VP	透气管		17	CWS/CWR/CS/CR	冰水 / 冷却水管
	5	ACP	空调排水管		18	CAP	冷煤管
给水系统	6	CWI	给水管	消防排烟	19	SF	消防进风
	7	CWU	扬水管		20	PF	消防排风
	8	CW	冷水管	强电系统	21	ET/EP	动力管线
	9	HW	热水管		22	EPN	插座管线
消防系统	10	FSP	撒水管线		23	LP	灯具管线
	11	FOP	泡沫管线	弱电系统	24	TT/TP	弱电管线
	12	FCP	消防连接管线		25	TP	弱电暗管
瓦斯	13	GSP	瓦斯管		26	BA	监控管线

4.9.3　运维实践应用

应用点 1：运维数据准备——全生命周期 COBie 运维信息交换

运维数据的准备与录入是信息发布的关键，全周期 BIM 信息协作通过 COBie 数据转换实现运维数据的无缝移交，保证了运维数据的数量和质量，其中 COBie 运维数据包括项目数据、楼层资料、房间资料、系统数据、类型数据和实例数据，涵盖于建筑模型与机电模型中。基于 BIM 的运维数据传递路径为：由构建参数开始，整合至设备、设备组，以设备功能传递并作用于空间区域，并划分至不同的组织，最终呈现至维护点。Revit 软件通过 ARCHIBUS 插件将模型发布至运维平台，并可在 Revit 中写入房间的各类属性，如图 4.9-3 所示。

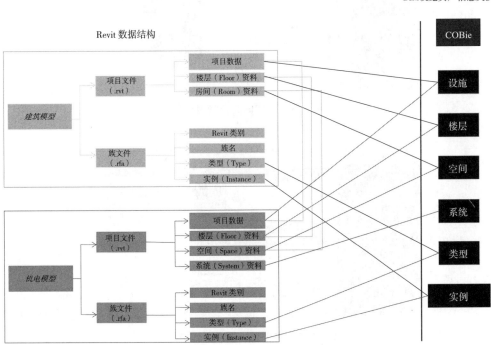

图 4.9-3　运维信息交换

应用点 2：可视化空间库存管理与分配

空间库存指的是对空间编码、空间面积、空间类别、指派部门或员工等信息的动态存储，是空间管理实施的基础数据，数据的精准性至关重要。BIM 技术的应用实现了可视化的空间库存管理，提高了管理的效率和质量，如图 4.9-4 所示。根据用户需求或空间使用标准进行空间分配是空间管理的重要一环。传统的空间分配以二维平面图纸为基础信息，因此不同楼层的分配状况无法在分配过程中进行快速识别。而 BIM 技术的应用则是通过 3D 的方式呈现视觉形态，因此管理人员可快速捕捉组织机构的分布楼层，从而避免因为空间分配而造成的交流障碍问题。

应用点 3：可视化设施设备维护

为了保持设施设备始终处于一个良好的运行状态，应该从 FM 理念整合空间、用户、业务流程、BIM 信息，设计设施设备的运营管理流程与解决方案，实现设施设备状态综合集成、评估与管理。BIM 的应用可以实现故障的快速综合分析解决、远程专家的解决方案和设施设备的状态评估，集成化提高运维效能，如图 4.9-5 所示。

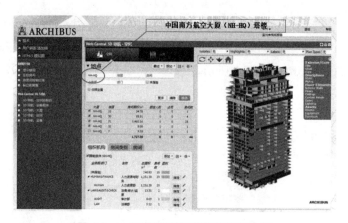

图 4.9-4　可视化空间库存管理与分配

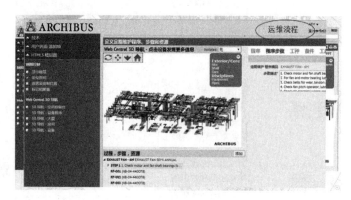

图 4.9-5　可视化设施设备维护

总而言之，在运营阶段中，基于可视化 BIM 运维模型实施空间管理、设施设备管理、资产管理以及建筑能耗监测等，通过数据模型集成与管理集成，大大提升了管理效率与管理精度，节省了运营成本，实现了资产保值增值与建筑可持续运营。

4.9.4　小结

现阶段 BIM+FM 技术的应用并不成熟，而且由于模型信息丢失、适用性低或效益不够直观等诸多原因，并没有得到大范围普及，但随着业主单位等运维理念的转变以及国家建筑行业信息化、工业化的发展趋势，BIM+FM 技术自身强大的功能及其理论上对建筑工程项目后期运维管理巨大的价值终将实现，BIM+FM 技术的应用已是大势所趋。

在中国南方航空大厦项目中，我们通过在项目前期策划阶段制定完善的建筑模型信息深度要求、严格按照要求更迭模型信息形成模型数据流以及在竣工—运维过渡阶段对模型信息进行筛选做轻量化处理，在很大程度上解决了在运维阶段模型信息缺失、不适用的问题；通过基于 BIM 与 ARCHIBUS 的智能化运维平台，实现了对建筑空间、设备设施以及公司资产的管理。

BIM+FM 技术的应用不仅是技术进步上的需要，更是运维观念上的改变，目前针对 BIM 运维的研究工作尚不充分，希望中国南方航空大厦项目的运维管理经验可以为之后有智能化运维需要的工程提供些许借鉴经验，亦希望更多单位加入 BIM+FM 技术的应用实践和创新探索中。

（编写人员：陈卫民，李钦，张东盼，谢东，方速昌）

参考文献

[1] 王友群. BIM 技术在工程项目三大目标管理中的应用 [D]. 重庆大学，2012.

[2] 李杰. 政府在建筑设计企业引入 ISO9001 质量管理体系认证研究 [J]. 建筑设计管理，2009（1）：17-20.

[3] 中建《建筑工程设计 BIM 应用指南》编委会. 建筑工程设计 BIM 应用指南 [M]. 中国建筑工业出版社，2014.

[4] 黄高松，焦柯. BIM 正向设计的 ISO 质量管理体系研究 [J]. 建材与装饰，2018（38）：74-75.

[5] 许志坚，陈少伟，罗远峰，蔚俏冬，焦柯. 基于 Revit 的正向设计族库建设研究 [J]. 土木建筑工程信息技术，2018，10（6）：102-106.

[6] 陈少伟，陈剑佳，焦柯. 基于 Revit 的 BIM 正向设计软硬件配置建议 [J]. 土木建筑工程信息技术，2018，10（5）：99-103.

[7] 中国建筑标准设计研究所. 民用建筑工程设计互提资料深度及图样 [M]. 北京：中国计划出版社，2006.

[8] 焦柯，杨远丰. BIM 结构设计方法与应用 [M]. 北京：中国城市出版社，2016.

[9] 吴文勇，焦柯，童慧波，陈剑佳，黄高松. 基于Revit的建筑结构 BIM 正向设计方法及软件实现[J]. 土木建筑工程信息技术，2018，10（3）：39-45.

[10] 刘腾飞. 浅谈天津市建筑设计院 ISO 质量管理体系的应用 [J]. 建筑设计管理，2012（6）.

[11] 焦柯. 装配式混凝土结构高层建筑 BIM 设计方法与应用 [M]. 北京：中国建筑工业出版社，2018.

[12] 何永祥，潘志广，黄世超. BIM 技术在施工图绘制中的应用研究 [J]. 土木建筑工程信息技术，2013，5（2）：15-22.

[13] 赵清清，刘岩，王宇. 基于 BIM 的平法施工图表达探讨 [J]. 土木建筑工程信息技术，2012，4（2）：64-70.

[14] 欧特克公司. Autodesk Revit 2014 帮助文档 [R]. 2014.

[15] 何波. Revit 与 Navisworks 实用疑难 200 问 [M]. 北京：中国建筑工业出版社，2015.

[16] 刘济瑀. 勇敢走向 BIM2.0[M]. 北京：中国建筑工业出版社，2015.

[17] GB 50007-2011 建筑地基基础设计规范 [S]. 北京：中国建筑工业出版社，2011.

[18] 周凯旋. 基于 Revit 平台的结构专业快速建模关键技术 [J]. 土木建筑工程信息技术，2015（10）.

[19] GDA 0001-2009 建筑工程 CAD 制图标准——广东省建筑设计研究院标准 [S]. 广东省建筑设计

研究院，2009.

[20] 徐博 . 基于 BIM 技术的铁路工程正向设计方法研究 [J]. 铁道标准设计，2018（4）.

[21] 李英男 . 以建模为设计工作的核心任务——通过应用 Revit 研究 BIM 技术 [D]. 河北工程大学，2013.

[22] 杨远丰，袁捷，吕峰等 . 从设计 BIM 到施工 BIM 的延续——宝境广场项目 BIM 应用分享 [J]. 建筑技艺，2016（6）：44-49.

[23] 何关培 . BIM 和 BIM 相关软件 [J]. 土木建筑工程信息技术，2010，2（4）：110-117.

[24] 杨远丰，莫颖媚 . 多种 BIM 软件在建筑设计中的综合应用 [J]. 南方建筑，2014（4）：26-33.

[25] 陈宇军，刘玉龙 . BIM 协同设计的现状及未来 [J]. 中国建设信息化，2010（4）：26-29.

[26] 陈剑佳，焦柯，杨远丰 . 基于 Revit 建筑结构施工图表达的实用方法 [J]. 土木建筑工程信息技术，2015，7（5）：28-34.

[27] 焦柯，杨远丰等 . 基于 BIM 的全过程结构设计方法研究 [J]. 土木建筑工程信息技术，2015，7（5）：1-7.

[28] 陈剑佳，焦柯 . 基于 Revit 的梁平法快速成图方法及辅助软件 [J]. 土木建筑工程信息技术，2017，9（3）：74-78.

[29] 焦柯等 . 基于 BIM 的装配式高层住宅设计关键技术研究 [J]. 土木建筑工程信息技术，2018，10（1）：22-31.

[30] 杨新，焦柯 . 基于 BIM 的装配式建筑协同管理系统 GDAD-PCMIS 的研发及应用 [J]. 土木建筑工程信息技术，2017，9（3）：18-24.

[31] 董爱平 . 基于 Revit 的结构平法施工图运用研究 [J]. 土木建筑工程信息技术，2015，7（1）：44-48.

[32] 叶凌 . P-BIM 推动中国 BIM 应用落地 [J]. 工程建设标准化，2014（4）：22-27.

[33] 杨国平，冯金志，崔年治 . 理正勘察设计阶段 P-BIM 应用系统研究 [J]. 中国勘察设计，2015（4）：92-97.

[34] 张建平，余芳强，李丁 . 面向建筑全生命期的集成 BIM 建模技术研究 [J]. 土木建筑工程信息技术，2012，4（1）：6-8.

[35] 中投顾问产业研究中心 . 2017 ~ 2021 年中国装配式建筑行业深度调研及投资前景预测报告 [R]. 2017.

[36] 黄高松 . 装配式高层住宅立面设计研究 [J]. 建材与装饰，2017，12：74-75.

[37] 袁辉，陈剑佳，焦柯 . 灌浆套筒连接预制剪力墙有限元分析 [J]. 广东土木与建筑 . 2017，5：9-13.

[38] 罗远峰，焦柯 . 基于 Revit 的装配式建筑构件参数化钢筋建模方法研究与应用 [J]. 土木建筑工程信息技术，2017，9（4）：41-45.

[39] Autodesk Asia PteLtd. Autodesk Revit 二次开发基础教程 [M]. 上海：同济大学出版社，2015.

[40] 郭鲁 . 工程项目信息化管理探讨 [J]. 企业经济，2012（1）：52-54.

[41] 黄亚斌，徐钦 . Autodesk Revit 族详解 [M]. 北京：中国水利水电出版社，2013.

[42] GB/T 51231 装配式混凝土建筑技术标准 [S]. 北京：中国建筑工业出版社，2017.

[43] 15G366-1 桁架钢筋混凝土叠合板（60mm 厚底板）[S]. 北京：中国计划出版社，2015.

[44] 15G368-1 预制钢筋混凝土阳台板、空调板及女儿墙 [S]. 北京：中国计划出版社，2015.

[45] 15G365-1 预制混凝土剪力墙外墙板 [S]. 北京：中国计划出版社，2015.

[46] 徐迪 . 基于 Revit 的建筑结构辅助建模系统开发 [J]. 土木建筑工程信息技术，2012（3）：71-77.

[47] 谭健，栗峰 . 参数化编程在 BIM 自动建模技术中的研究 [J]. 建筑工程技术与设计，2015（33）.

[48] Bachmann H，Steinle A. Precast Concrete Structures[M]. Ernst & Sohn，2011.

[49] JGJ 1-2014 装配式混凝土结构技术规程 [S]. 北京：中国建筑工业出版社，2014.

[50] 杜玉兵，曹德万，荀勇等 . 磷酸钾镁水泥砂浆与混凝土粘结抗剪性能试验研究 [J]. 建筑结构，2017（4）：35-38.

[51] GB 50010-2010 混凝土结构设计规范 [M]. 北京：中国建筑工业出版社，2011.

[52] 陈勤，钱稼茹，李耕勤 . 剪力墙受力性能的宏模型静力弹塑性分析 [J]. 土木工程学报，2004，37（3）：35-43.

[53] Santos P，Júlio E N B S. A state-of-the-art review on shear-friction[J]. Engineering Structures，2012，45（15）：435-448.

[54] 陈峰，郑建岚 . 自密实混凝土与老混凝土粘结强度的直剪试验研究 [J]. 建筑结构学报，2007，28（1）：59-63.

[55] 赵为民 . 装配式建筑评价方法对比研究 [J]. 施工技术，2018，47（12）：10-16.

[56] 崔淼 . 装配式建筑评价标准的建筑设计分析 [J]. 建筑技术，2018，49（S1）：35-37.

[57] 张艾荣 .《装配式建筑评价标准》解读 [J]. 城市住宅，2018，49（S1）35-37.

[58] 陈远，康虹 . 基于 Revit 二次开发的 PC 建筑预制率计算方法研究 [J]. 土木建筑工程信息技术，2018，10（4）：32-16.

[59] 陈杰，武电坤，任剑波等 . 基于 Cloud-BIM 的建设工程协同设计研究 [J]. 工程管理学报，2014，28（5）：27-31.

[60] 高慧，王宗军 . EPC 模式下总承包商风险防范研究 [J]. 工程管理学报，2016，30（1）：114-119.

[61] 杨新，焦柯，鲁恒等 . 基于 BIM 的建筑正向协同设计平台模式研究 [J]. 土木建筑工程信息技术，2019，11（4）：28-32.

[62] 李鑫，蒋绮琛，于鑫等 . 基于 BIM 轻量化技术的协同管理平台研究与实践 [J]. 土木建筑工程信息技术，2020，12（3）：59-64.

[63] 方速昌，王朝龙，卢建文等 . C8BIM 协同平台在大型复杂工程项目中的应用 [J]. 建筑技术开发，2020，47（10）：72-73.

[64] 蒋绮琛，李鑫，于鑫等 . 基于 BIM 的项目施工进度与计划应用研究 [J]. 施工技术，2019，48（S1）：357-359.

[65] 《中国建筑业信息化发展报告（2020）行业监管与服务的数字化应用与发展》编委会.中国建筑业信息化发展报告（2020）行业监管与服务的数字化应用与发展 [M]. 北京：中国建筑工业出版社，2020.

[66] 李鑫，于鑫，蒋绮琛等.基于 BIM 技术的施工物料动态管理系统研究与应用 [J]. 土木建筑工程信息技术，2019，11（2）：54-58.

[67] 赵民琪，邢磊.BIM 技术在管道预制加工中的应用 [J]. 安装，2012，1（5）：55-59.

[68] 倪江波等.中国建筑施工行业信息化发展报告（2015）：BIM 深度应用与发展 [M]. 北京：中国城市出版社，2015：146-148.

[69] GB 50242-2002 建筑给水排水及采暖工程施工质量验收规范 [S]. 北京：中国建筑工业出版社，2002.

[70] 李雁，刘成成.公共建筑的"弧形管道安装"工艺 [J]. 安装，2011（1）.

[71] 陈辰，李庆平.BIM 中的三维管线综合 [J]. 工程建设与设计，2013，10（7）.

[72] 李峰，林胜强等.BIM 技术在商业综合体管网中的应用 [J]. 施工技术，2015（S1）.

[73] 王田苗，陶永.我国工业机器人技术现状与产业化发展战略 [J]. 机械工程学报，2014，50（9）：1-13.

[74] 肖绪文，田伟，苗冬梅.3D 打印技术在建筑领域的应用 [J]. 施工技术，2015，44（10）：79-83.

[75] 方速昌，张世宏，吴键，韩杰.基于 BIM 技术的电缆敷设安装施工技术 [J]. 施工技术，2018，47（S4）：986-989.

[76] 吴桂广，焦柯，毛建喜，王文波.带预制双连梁的装配整体式剪力墙结构抗震性能分析 [J]. 广东土木与建筑，2018，25（6）：67-71.

[77] 石文井，于建伟，赵伟.BIM 技术在超高层大型综合体钢结构设计与施工中的应用 [J]. 施工技术，2017，46（S2）：1240-1242.

[78] 周海浪，王铮，吴天华等.基于 BIM 技术的工程项目数据管理信息化研究与应用 [J]. 建设监理.2016（2）：8-12.

[79] 张洋.基于 BIM 的建筑工程信息集成与管理研究 [D]. 清华大学，2009.

[80] 刘星.基于 BIM 的工程项目信息协同管理研究 [D]. 重庆大学，2016.

[81] 周凯旋，焦柯，杨远丰.基于 Revit 平台的结构专业快速建模关键技术 [J]. 土木建筑工程信息技术，2015，7（4）：24-30.

[82] 李呈蔚.基于装配式技术的工程建造项目管理研究 [D]. 天津大学，2015.

[83] 卢育坤，杜佐龙，田忠贵等.浅析 BIM 技术在基坑工程中的应用 [J]. 施工技术，2018，47（S4）：990-993.

[84] 杨红岩，韩玉辉，黄联盟等.BIM 技术在天津周大福金融中心管线综合中的应用 [J]. 施工技术，2017，46（23）：14-17.

[85] GB 50497-2019 建筑基坑工程监测技术标准 [S]. 北京：中国建筑工业出版社，2020.

[86] 张燕. BIM 在基坑工程中的应用探索 [J]. 技术研究，2015（6）: 63-64.

[87] 林孝城. BIM 在岩土工程勘察成果三维可视化中的应用 [J]. 福建建筑，2014（6）: 111-113.

[88] 明镜. 三维地质建模技术研究 [J]. 地理与地理信息科学，2011，27（4）: 14-18.

[89] 彭轶群. 基于 BIM 技术的钢结构工程深化设计应用探究 [J]. 价值工程，2019，38（26）: 192-195.

[90] 王婷，谢兆旭. 基于 4 本英文核心期刊 2004～2014 年 BIM 文献分析 [J]. 工程管理学报，2016，
30（1）: 37-42.

[91] 初士立，夏绵丽，封明明等. 基于 BIM 技术的岩土工程三维地质模型创建方法研究 [J/OL]. 隧
道建设（中英文）: 1-6[2019-09-18].

[92] 陈密，朱记伟. 基于知识图谱的我国项目管理研究热点与演进趋势 [J]. 工程管理学报，2016，
30（3）: 105-109.

[93] 关于推进建筑信息模型应用的指导意见 [EB/OL]. http://www. mohurd. gov. cn/wjfb/201507/t20150
701_222741. html.

[94] 申婉平. 设施生命周期信息管理（FLM）的理论与实现方法研究 [D]. 重庆大学，2014.

[95] 过俊，张颖. 基于 BIM 的建筑空间与设备运维管理系统研究 [J]. 土木建筑工程信息技术，
2013，5（3）: 63-67.

[96] 张眷奕. 基于 BIM 的建筑设备运行维护可视化管理研究 [D]. 同济大学，2007.

[97] 邓朗妮，赖世锦，兀婷等. 基于数据挖掘技术的 BIM 学术热点与学术趋势分析方法研究 [J]. 土
木建筑工程信息技术，2019（6）: 1-10.

[98] 林佳瑞，张建平. 我国 BIM 政策发展现状综述及其文本分析 [J]. 施工技术，2018，47（6）:
73-78.

[99] 孙彦军，刘富亚，张明宇等. 阳光保险金融中心工程 BIM 技术应用 [J]. 土木建筑工程信息技术，
2019，11（5）: 76-84.

[100] 李骁. 绿色 BIM 在国内建筑全生命周期应用前景分析 [J]. 土木建筑工程信息技术，2012，4
（2）: 52-57.

[101] 袁宁，胡庆国，何忠明. 基于知识图谱的工程项目管理领域 BIM 研究热点分析 [J]. 长沙理工
大学学报（自然科学版），2018，15（1）: 72-78.

[102] 冯立杰，贾依帛，岳俊举等. 知识图谱视角下精益研究现状与发展趋势 [J]. 中国科技论坛，
2017（1）: 109-115，128.

[103] 陈光军. BIM 技术在项目运维阶段的应用研究 [J]. 中州大学报，2016，33（4）.

[104] 张彬. 基于 BIM 技术的建筑运营管理应用探索 [D]. 成都: 西南交通大学.

[105] 许璟琳. 建造运维一体化 BIM 应用方法研究——以上海市东方医院改扩建工程为例 [J]. 土木
建筑工程信息技术，2020，12（4）: 124-128.

[106] 王青. BIM 在建筑设计中的应用——北京市羊坊店医院 [J]. 中国医院建筑与设备，2014,15(1):
36-37.

[107]　广州市住房和城乡建设局关于试行开展房屋建筑工程施工图三维（BIM）电子辅助审查工作的通知 [EB/OL]. http://zfcj. gz. gov. cn/zjyw/xxhgz/tzgg/content/post_6434833. html.

[108]　陈光 . FM 基本概念与系列文章 [DB/OL]. http://blog. sina. com. cn/s/blog_6303b8b10100k5g6. html.

[109]　施晨欢 . 基于 BIM 的 FM 运维管理平台研究 - 申都大厦运维管理平台应用研究 [J]. 土木建筑工程信息技术，2014，6（6）: 50-57.

[110]　张飞廷 . 基于 BIM+FM 技术的应用及探讨 [J]. 土木建筑工程信息技术，2017，9（4）: 19-25.

[111]　汪再军 . BIM 技术在建筑运维管理中的应用 [J]. 建筑经济，2013（9）: 94-97.

[112]　陈健，李鹏祖，王国光，蒋海峰 . 水电工程枢纽三维协同设计系统研究与应用 [J]. 水力发电，2014，40（8）: 10-12，100.

[113]　张洋 . 基于 BIM 的建筑工程信息集成与管理研究 [D]. 清华大学，2009.

[114]　刘星 . 基于 BIM 的工程项目信息协同管理研究 [D]. 重庆大学，2016.

[115]　王磊，余深海 . 基于 Revit 的 BIM 协同设计模式探讨 [J]. 全国现代结构工程学术研讨会论文集，2014.